Ulmers Taschenatlas
Flechten und Moose

Volkmar Wirth, Ruprecht Düll,
Steffen Caspari

Ulmers Taschenatlas Flechten und Moose

290 Arten schnell erkennen

320 Fotos
7 Zeichnungen

Inhalt

Flechten

Moose

Vorwort

Viele, die Interesse an Blütenpflanzen haben oder in jener Gruppe bereits sehr gute Kenntnisse vorweisen können, haben den Wunsch, im wahrsten Sinne des Wortes tiefer in die „niedere" Organismenwelt einzudringen und Gruppen kennenzulernen, die weniger auffallen, ja fast ein Dasein im Verborgenen fristen. Der vorliegende Taschenatlas soll die Schwellenangst vor dem Einstieg in die Gruppe der Moose und Flechten mindern, und zwar zunächst auf visuellem Weg, über die Ansprache durch das Foto. Da ein einzelnes Foto nie die ganzen Variationsmöglichkeiten einer Art erahnen lässt, wird mit Hilfe einer ausführlichen Beschreibung der betreffenden Art die Möglichkeit einer Überprüfung der Bestimmung gegeben. Dabei wird auf die Erwähnung von Verwechslungsmöglichkeiten besonderer Wert gelegt. Sofern möglich, wird bei den Arten auch auf biologische Besonderheiten oder interessante Phänomene hingewiesen. Ein sehr einfacher, kurzer Bestimmungsschlüssel soll helfen, eine Vorauswahl infrage kommender Arten zu treffen, damit nicht alle Bilder durchgeblättert werden müssen. Zwar wird man in zahlreichen Fällen eine Art schon mit bloßem Auge ansprechen können, doch ist in der Regel eine gute Lupe vorteilhaft, wenn nicht unerlässlich. Mit ihr erschließt sich eine neue, vielen verborgen gebliebene Welt.

Die Auswahl der Moose und Flechten ist für uns ein Kompromiss zwischen den Kriterien „die Art soll häufig sein" und „die Art sollte gut kenntlich sein". Es ist angesichts der begrenzten Zahl der behandelten Arten nur natürlich, wenn der Benutzer die eine oder andere vermisst. Deutsche Namen gibt es zwar für diese Organismen, aber es sind fast immer Namen, die nicht im Volksmund gewachsen oder seit längerer Zeit eingebürgert, sondern neu geschaffen bzw. aus den lateinischen Namen abgeleitet sind. Zur sicheren Verständigung sind letztere unentbehrlich.

Wir wünschen den Benutzern dieser 2. Auflage viel Freude beim Aufspüren der Arten und beim Erkennen und Benennen schon lange in der Natur bemerkter Organismen. Viel Erfolg bei der Bestimmung der Flechten und Moose!

Wir danken allen, die uns geholfen haben, insbesondere für Fotos oder für Hinweise auf fotogene Vorkommen, so dem Ehepaar Dr. Kurt und Helga Rasbach, Frau Dr. F. Lo-Kockel, den Herren W. Glöckner, Prof. Dr. H. M. Jahns, Prof. Dr. U. Kirschbaum, H. Payerl, Dr. M. Schultz, Dr. F. Schumm, Dr. G. Schwab, U. Schwarz und Dr. S. Woike. Dankbar sind wir auch Frau I. Düll für die freundliche Kooperation und dem Ulmer-Verlag für die angenehme Zusammenarbeit.

Stuttgart, im Sommer 2018

Vorwort zur 3. Auflage

Der anhaltende Erfolg des Werks machte eine Neuauflage nötig. Für die 3. Auflage wurde der Text geprüft und wo erforderlich durch neues Wissen zu Systematik und Nomenklatur ergänzt. Wir wünschen viel Freude mit dem Buch!

Stuttgart, im Sommer 2023

Einführung

Flechten begegnen uns auf Bäumen, Felsen, Mauern und auf mageren Böden. Es sind meist grau oder grünlichgrau, gelblich oder braun gefärbte Lebewesen, die recht unterschiedlich gestaltet sein können. Sie bilden krustenartige Überzüge, lappig gegliederte oder verzweigte, strauchige Gebilde. Mit den gleichnamigen Hautkrankheiten haben sie nichts gemein. Und sie sind auch keine Schmarotzer auf Bäumen, wie oft fälschlich angenommen.

Eine Flechte erscheint uns auf den ersten Blick als einheitlicher Organismus. Der Aufbau ist jedoch recht komplex. Das Grundprinzip ist eine Lebensgemeinschaft aus jeweils einer Pilz- und einer Algenart. Die Eigengestalt dieser Partner zeigt sich jedoch äußerlich nicht. Vielmehr bilden Pilz und Alge ein neues, einheitliches, aber komplexeres System, das Flechtenlager. Es ist nicht nur im Aussehen etwas anderes, sondern auch von den physiologischen und ökologischen Leistungen her. Die grüne Komponente (sog. Photobiont) sorgt über die Photosynthese für den Erwerb von Kohlenhydraten und gewährleistet auch die energetische Versorgung der Pilzkomponente, die den Großteil des Flechtenlagers aufbaut, in das die Algen eingeschlossen sind.

Die Deutung der Flechte als Lebensgemeinschaft von Alge und Pilz ist im Grundprinzip richtig, aber vereinfacht. Die „Alge“ kann eine Angehörige der Algen im engen Sinn (meist eine Grünalge) oder der Blaualgen = Cyanobakterien sein, also völlig verschiedenen Verwandtschaftsgruppen entstammen. Manchmal sind in einer Flechte auch Vertreter beider Photobionten-Gruppen enthalten, so dass eine Dreier-Symbiose vorliegt. Neueste Forschungen haben gezeigt, dass die Verhältnisse noch komplizierter sind. Danach liegt häufig eine Dreiecksbeziehung zwischen dem Photobiont, dem “Haupt-Pilz” und einem weiteren, mikroskopisch kleinen Pilz vor, der in der Rinde der Flechte lebt und zur weiteren Verwandtschaft der Rostpilze gehört. Er ist mit seinen kleinen, hefeartigen Zellen nur mit Spezialmethoden nachweisbar, übernimmt aber durchaus Funktionen im Stoffhaushalt der Flechte, nämlich bei der Produktion der sog. Flechtenstoffe, die unter anderem für die Färbung der Flechten verantwortlich sind. Man kann die Flechte auch als ein Mikroökosystem ansehen.

Warum gibt es überhaupt Flechten? Was ist der Selektionsvorteil dieser Organisation, dass sie sich so erfolgreich in den Ökosystemen der Erde etabliert hat? Mindestens 25 000 Arten dürften weltweit vorkommen. Die Erklärung liegt zu einem guten Teil in den ökologischen Fähigkeiten der Flechtensymbiose. Mit ihrer Hilfe sind die beteiligten Pilze und Algen oder Cyanobakterien in der Lage, Standorte zu besiedeln, die sie allein nicht erfolgreich besiedeln könnten – dies ist ein lange Zeit übersehener Aspekt und wesentliche Triebfeder der Flechtenevolution.

Zu den bemerkenswerten Leistungen der Flechtensymbiose gehört die Besiedlung von nacktem Fels. Auch das Überleben an überhängenden Felswänden oder tief in Borkenrissen, wohin nie oder nur ausnahmsweise Regenwasser gelangt, ist erstaunlich. Diese Arten haben die Fähigkeit, ihren Wasserhaushalt allein über den Wasserdampf in der Luft zu bestreiten, fast einzigartig in unserer heimischen Organismenwelt.

Von den Pilzen unterscheiden sich Flechten in der Regel durch die Existenz eines dauernd sichtbaren „Körpers“, des Lagers (Thallus), und durch die Langlebigkeit der Fruchtkörper. Moose weichen habituell meist durch ihre frische, grüne Färbung ab, anatomisch-morphologisch unter anderem durch die Bildung von Sporenkapseln und echten Geweben aus Zellen.

Vorkommen und Sammeln von Flechten

Flechten werden gewöhnlich viele Jahre, Jahrzehnte, ja Jahrhunderte alt. Sie wachsen langsam und haben daher auf dem Erdboden überall dort, wo die konkurrenzkräftigen Blütenpflanzen eine Vegetationsdecke bilden, kaum eine Chance, sich zu behaupten. Lediglich Rentierflechten, Isländisch Moos und einige andere Strauch- und Laubflechten kommen in nahezu geschlossenen Magerrasen oder Zwergstrauchheiden auf. Ansonsten sind bodenbewohnende Flechten auf Vegetationslücken, offene Wegränder und Böschungen oder felsige Stellen beschränkt. Die meisten Arten wachsen nicht auf dem Boden, sondern auf Gestein und auf Baumrinde, etliche auch auf Holz oder über Moosen, also in ökologischen Nischen, die den vitaleren Blütenpflanzen in unserem Klima fast ganz verwehrt sind. Artenreich und üppig sind Flechten vor allem in den Gebirgen entwickelt. Optisch auffallende Flechtenrasen können aber auch in sandigen, nährstoffarmen Habitaten im Flachland vorkommen.

Viele Arten kann man schon im Gelände bestimmen. Dabei ist oft die Benutzung einer Lupe vorteilhaft (Vergrößerung 10 x). Sie ermöglicht es, wichtige Merkmale zu erkennen, aber auch, kleine Arten überhaupt erst aufzufinden. Oft ist es allerdings kaum zu umgehen, dass man Flechtenproben zur genaueren Untersuchung und Bestimmung mitnimmt. Zum Sammeln benötigt man bei Rinden-, Holz- und Erdflechten ein Messer zum Entfernen der „Proben“, bei Felsflechten Hammer und Meißel. Beim Abschneiden der Rindenstücke sollte man darauf achten, dass kein oder möglichst wenig lebendes (helles, saftführendes) Rindengewebe verletzt wird.

Die Flechtenproben steckt man in Papiertüten, die man mit den notwendigen Daten zu Lokalität und Standortverhältnissen versieht. Plastiktüten eignen sich nur zum kurzfristigen Transport, da die Proben in ihnen leicht schimmeln. Noch feuchtes Frischmaterial legt man vor der weiteren Aufbewahrung zum Trocknen aus oder „presst“ es leicht zwischen Zeitungen.

Möchte man sich eine kleine Vergleichssammlung schaffen, so legt man die Proben in aus Papier gefaltete „Kapseln“ oder Tüten, in die man am besten noch eine Unterlage aus Karton zur Stabilisierung einfügt. Krustenflechten klebt man mit ihrer Unterlage auf dem Karton fest, nicht jedoch Laub- und Strauchflechten, da sonst wichtige Merkmale der Unterseite der Flechte nicht mehr erkennbar wären. Eine besondere Präparation der Flechten ist nicht nötig. Zur Vermeidung von Schädlingsbefall sollten sie in trockenen Räumen aufbewahrt werden. Ein ordentlich beschriftetes Etikett (mit Fundort, Höhe über NN, Substrat, Datum und Sammlername) darf auf der Kapsel nicht fehlen.

Viele Flechtenarten sind selten und vom Aussterben bedroht. Daher sollte man immer nur wenig sammeln, eine spärlich vorhandene Art ganz schonen und lieber ein Foto machen. Manch eine im außeralpinen Raum seltene und gefährdete Art ist in den Alpen keine Rarität und kann dort gesammelt werden. Naturschutzgebiete müssen aber tabu sein.

Untersuchen und Bestimmen der Flechten

Allgemeines

Dieses Buch arbeitet in erster Linie mit dem Bild als Bestimmungseinstieg. Um die im Gelände gefundenen Flechten rasch zuordnen zu können, sind die Arten nach Wuchsformen und Vorkommen auf Gestein, Erdboden oder Rinde in Gruppen geordnet. Der sehr einfach gehaltene Übersichtsschlüssel geht auf diese Wuchsform- und Substratmerkmale ein und führt zu den entsprechenden Bildergruppen. Da besonders bei häufigen Laubflechten gelegentlich auch Substratwechsel (besonders von Rinde auf Gestein) vorkommen, sollte man bei diesen Arten – wenn man nicht zum Ziel kommt – vorsichtshalber auch bei anderen Substratgruppen nachschlagen. Icons zum Substrat ermöglichen eine rasche Orientierung. Der rein optische Vergleich von Bild mit Objekt in der Natur muss durch den Text überprüft werden, der alle wichtigen Erkennungsmerkmale behandelt. Dabei wird nur in seltenen Fällen auf mikroskopische Merkmale – und dann nur auf einfach ermittelbare – verwiesen. Stets wird auf Verwechslungsmöglichkeiten eingegangen.

Man muss sich über zwei Aspekte im Klaren sein: 1., dass nicht jede Art, die man im Gelände entdeckt, auch im Buch enthalten sein kann; bei der Auswahl wurde dafür gesorgt, dass häufige und zugleich auffallende sowie die meisten markanten selteneren Flechten aufgenommen wurden. – 2., dass ein Bild nur einen Ausschnitt der Variabilität einer Art zeigen kann.

Die meisten Laub- und Strauchflechten (siehe unten) lassen sich mit Hilfe einer Lupe, nicht wenige sogar ohne optische Hilfsmittel bestimmen. Wichtige Merkmale sind Form und Färbung des Lagers und der Fruchtkörper. Für die Bestimmung von Krustenflechten ist in der Regel ein Mikroskop notwendig, um die Sporenform und -größe oder den Bau des Fruchtkörpers analysieren zu können. Allerdings sind fast alle hier behandelten Krustenflechten auch ohne mikroskopische Untersuchung zu erkennen.

Eine wichtige Bestimmungshilfe bieten Farbreaktionen der Flechtenlager mit bestimmten Chemikalien (siehe unten).

Bestimmungsmerkmale von Flechten

Aussehen des Lagers und seiner Organe

Farbe
Flechten sind zum großen Teil weißgrau bis bläulichgrau, grünlichgrau, gelbgrünlich, seltener braun, gelb oder orange gefärbt. Obwohl die Färbung des Lagers ein wichtiges Merkmal ist, ist die Angabe der Lagerfarbe nicht unproblematisch, weil die Flechtenfarben oft schwer zu beschreiben sind. Erst die Praxis zeigt dem Benutzer eines Schlüssels allmählich, was unter manchen Farbangaben zu verstehen ist. Hier helfen Farbfotos über die Mängel unserer Sprache hinweg. So dokumentiert ein

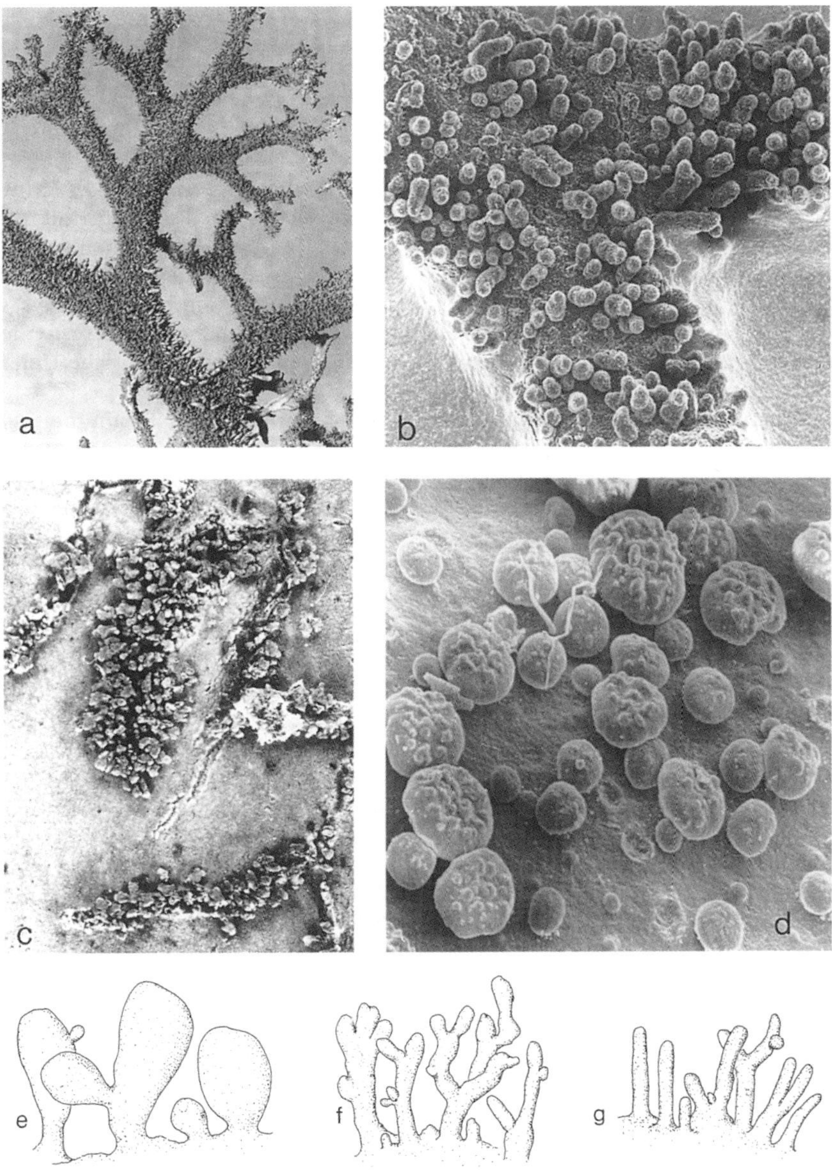

Abb. 1 Isidien. a und b: Zylindrische Isidien auf dem gabelteiligen Lager von *Pseudevernia furfuracea* (3 × bzw. 50 ×). c: Schuppige, aufsteigende Isidien an Rissen des Lagers von *Peltigera praetextata* (12 ×). d: Knopfartige Isidien von *Parmelina pastillifera* (56 ×). e: Spatelförmige bis keulige Isidien (*Melanohalea exasperatula*). f: Zylindrische bis korallenartig verzweigte Isidien (*M. elegantula*). g: Zylindrische, einfache bis verzweigte Isidien (*Melanelixia glabratula*).

Bild der Caperatflechte oder einer typischen Bartflechte (*Usnea*), was unter blassgrünlich bis gelbgrünlich bei Flechten verstanden wird, während die bloße Farbangabe ohne Bilddokumentation immer wieder zu Missverständnissen führt.

Wuchsformen

Nach der Wuchsform des Lagers werden drei Haupttypen unterschieden: krustiges Lager, blättriges Lager und strauchiges Lager. Der Vielfalt der Formen bei den Flechten kann man mit dieser groben Einteilung nicht gerecht werden. Für eine erste Ansprache ist sie jedoch sehr nützlich.

Als **Krustenflechten** bezeichnet man Arten, die mit ihrer ganzen Fläche krustenartig mit der Unterlage verwachsen und an diese angeschmiegt sind. Sie haben keine besonders vorgebildete Lagerunterseite. Sie können unverletzt nur zusammen mit dem Substrat abgenommen werden. Die Lager können eine zusammenhängende Fläche bilden, rissig gegliedert oder in ± getrennte Areolen (Felder) oder Schuppen unterteilt sein; sie können auch aus dicht gedrängten bis zerstreuten Körnchen bestehen oder mitunter völlig mehlig aufgelöst sein.

Laub- oder Blattflechten sind ± deutlich in Lappen gegliederte, im Wesentlichen *flächig* wachsende Flechten, die mit einiger Vorsicht in größeren Stücken oder ganz von der Unterlage abgelöst werden können. Unter *Lappen* versteht man dabei ± abgeflachte Lagerabschnitte jeglicher Form, bandförmig gestreckte bis breit gelappte. Sie besitzen eine deutlich erkennbare und vorgebildete Unterseite. Meistens sind sie an zahlreichen Stellen, oft mit besonderen Haftorganen, mit der Unterlage verbunden. Nabelflechten sind Laubflechten, die nur an einer einzigen, ± zentralen Stelle (sog. „Nabel“) festgewachsen sind.

Unter **Strauchflechten** fasst man alle Arten zusammen, die durch bevorzugtes *Längenwachstum* der Lagerabschnitte gekennzeichnet sind und mehr räumlich als flächig wachsen. Zu dieser Gruppe gehören die Bartflechten, die durch bartartig hängende bis buschig abstehende Lager mit fädigen, im Querschnitt rundlichen Strängen ausgezeichnet sind. Bei den ähnlich aussehenden Bandflechten sind die Lagerabschnitte verflacht, bandartig, so dass hier das Lager derber aussieht als bei den Bartflechten. Die Strauchflechten im engen Sinn wachsen mehr oder minder aufrecht und können sehr verschieden gestaltet sein, reich buschig verzweigt (wie die Rentierflechten) bis einfach stift-, horn- oder spießförmig oder trompetenartig. Etliche Strauchflechten haben außer diesem aufrecht wachsenden, vielgestaltigen Lager ein auf dem Substrat ausgebreitetes Lager aus kleinen Blättchen oder Schüppchen (Basallager).

Unter **Gallertflechten** versteht man Flechten mit einer gallertigen Konsistenz (trocken spröde, feucht weich, gequollen); die Arten sind meist schwärzlich, die Wuchsformen unterschiedlich.

Sorale, Soredien und Isidien

Zu den für die Bestimmung wichtigsten Bildungen des Flechtenlagers gehören die Sorale und die Isidien. Diese Organe dienen der vegetativen Fortpflanzung. Vorkommen und Form der Sorale und Isidien sind artspezifische Merkmale.

Die Isidien sind meist stift- oder keulenförmige bis korallenartig verzweigte oder auch fast kugelige Auswüchse der Oberseite (Abb. 1), die leicht abbrechen und zu jungen Flechten auswachsen können. Sie sind gewöhnlich ähnlich wie das Lager gefärbt und auch anatomisch nicht grundsätzlich anders gebaut als die Thalluspartie, aus der sie hervorgegangen sind.

Bei den Soralen handelt es sich um „mehlige", meist weißliche bis grünlichgraue Aufbrüche des Lagers, die aus einer Ansammlung von winzigen, ± kugeligen Fortpflanzungskörperchen, den Soredien, bestehen. Die Soredien werden im Bereich der Algenschicht angelegt. Lage und Gestalt der Sorale sind von Art zu Art unterschiedlich. Sie können auf der Fläche, am Rand oder an den Enden der Lappen sitzen, einen langgestreckt-linealischen oder rundlichen Umriss haben und konkav bis stark gewölbt oder fast lippenförmig gestaltet sein. Eine Übersicht verschiedener Formen gibt Abb. 2.

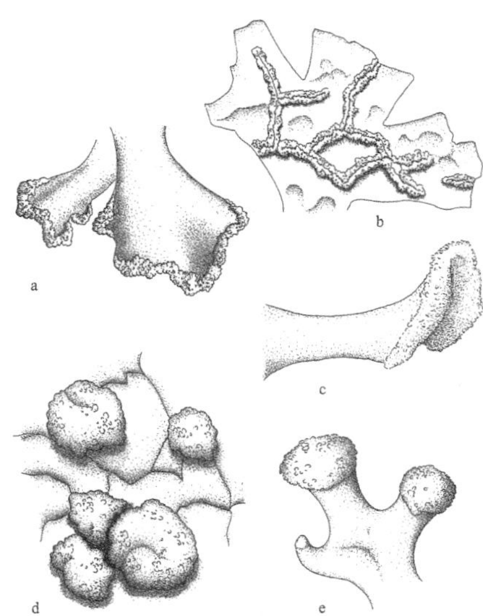

Abb. 2 Sorale. a: Bortensorale. b: strichförmige Sorale. c: Lippensoral. d: Kugelsorale, e: Kopfsorale.

Rhizinen, Borsten, Pseudocyphellen

Rhizinen oder Haftfasern finden sich auf der Unterseite von Laubflechten und dienen der Anheftung des Lagers an das Substrat. Die Haftfasern können einfach, verzweigt oder pinsel- oder flaschenputzerartig aufgefasert sein (Abb. 3). Bei einigen wenigen heimischen Arten von Laub- und Strauchflechten sind die Lappenränder oder Lappenenden mit charakteristischen borstenförmigen Fortsätzen (auch Zilien genannt) besetzt (Abb. 4). Bedeutende diagnostische Strukturen sind auch die Pseudocyphellen. Dies sind sehr zarte, punkt- oder linienartige, weißliche Durchbrechungen oder Lücken in der Rinde, vor allem von Laub- und Strauchflechten. Mitunter sind die Linien vernetzt und sitzen auf sehr schwach erhabenen Leisten (Abb. Seite 72 und 73).

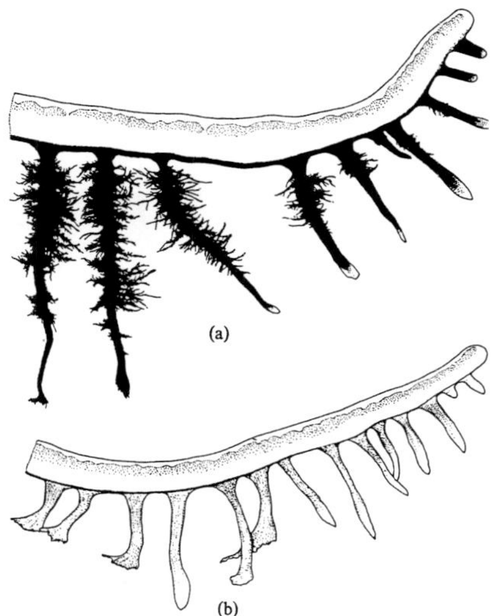

Abb. 3 Rhizinen. a: rechtwinklig („flaschenputzerartig") auffasernde Rhizinen von *Physconia distorta*, b: einfache Rhizinen von *Ph. grisea* (aus SMITH et al. 2009).

Fruchtkörper

Die überwiegende Zahl der heimischen Laub- und Strauchflechten pflanzt sich vegetativ mit Hilfe von Soredien, Isidien oder Bruchstücken des Flechtenlagers fort. Diese Arten entwickeln gewöhnlich keine Fruchtkörper. Umgekehrt bilden regelmäßig fruchtende Arten in der Regel keine vegetativen Fortpflanzungsorgane aus. Bei den *Cladonia*-Arten (Becher-, Stiftflechten) sitzen die Fruchtkörper nicht auf dem kleinblättrigen Basallager, sondern auf vertikal wachsenden „Fruchtträgern" (Stämmchen, Podetien).

Die Fruchtkörper der Flechte werden vom Pilzpartner gebildet. Da fast alle Flechtenpilze zu den Ascomycota (Schlauchpilzen) gehören, sind die Fruchtkörper sogenannte Ascocarpien. Man unterscheidet bei diesen Fruchtkörpern Perithecien und Apothecien.

Perithecien sind kugelig bis birnenförmig gestaltet. Ihr unterer Teil (manchmal auch der gesamte Fruchtkörper) ist ins Lager eingesenkt, der obere Teil ragt meist mäßig gewölbt bis halbkugelig über das Lager. Sie öffnen sich nur durch eine Pore (Abb. 7 sowie S. 136 und 159); das sporenerzeugende Gewebe (Hymenium) ist bei ihnen völlig von einer Wandung bzw. dem Flechtenlager umschlossen. Ein deutlich abgesetzter Rand ist bei den Perithecien nicht entwickelt. Bei fast allen heimischen Arten sind die Perithecien schwarz.

Abb. 4 Zilien (Borsten, Wimpern) an den Lappenrändern von *Physcia tenella*.

Bei den *Apothecien* liegt die Oberfläche des in der Regel scheibenförmigen Hymeniums frei zutage (Abb. 5). Apothecien sind gewöhnlich vom Lager scharf abgesetzte, im Umriss annähernd rundliche, scheiben- bis schüsselförmige oder halbkugelige Gebilde, die verschieden gefärbt sein können und oft deutlich berandet sind. Ist der Rand wie der übrige Teil, die sogenannte Scheibe, gefärbt, spricht man von Eigenrand; hat er die Farbe des Lagers und enthält er, entsprechend dem Aufbau des Lagers, Algen, handelt es sich um einen Lagerrand. Für die Bestimmung spielen folgende Fruchtkörpermerkmale eine Rolle:

Größe: Bezug genommen wird auf die Breite (Durchmesser), selten (bei „stecknadelförmigen" Fruchtkörpern) auf die Höhe (ohne aus dem Rahmen fallende Werte).

Gestalt: Die Fruchtkörper sind in Aufsicht meist ± rundlich, selten oval bis langgestreckt oder verzweigt; sie können (erhaben) aufsitzen, partiell (±) oder völlig eingesenkt sein (auf gleicher Höhe wie die Lageroberfläche). Die Scheibe kann konkav, flach oder gewölbt, von einem Rand umgeben oder unberandet sein.

Berandung: Als Rand wird eine äußerlich sichtbare Berandung der Apothecienscheibe bezeichnet. Oft ändern sich Wölbung der Scheibe und Ausprägung des Randes mit zunehmendem Alter des Apotheciums: Jung ist die Scheibe flach, der Rand deutlich entwickelt, im Alter wölbt sich die Scheibe zuse-

Abb. 5 Apothecium mit Lagerrand (*Lecanora intumescens*) und mit Eigenrand (*Porpidia flavocruenta*).

hends und der Rand schwindet mehr und mehr. Ein Lagerrand (siehe oben) ist gewöhnlich lagerfarben, ein Eigenrand ist gewöhnlich wie die Scheibe gefärbt.

Bau der Flechte (Anatomie)

Das Lager

In der Flechte umhüllt der Pilz mit einem Geflecht von fädigen Strukturen (Hyphen) in der Regel zahlreiche ein-, selten mehrzellige Algen/Cyanobakterien der Partnerart. Die Algen/Cyanobakterien sind gewöhnlich in einer Zone konzentriert (Algenschicht). Den übrigen Raum in der Flechte nimmt der Pilzpartner ein, der auch durch die Anordnung der Hyphen meistens die Gestalt der Flechte bestimmt (Abb. 6).

Nach außen hin bilden die Pilzhyphen oft eine dichte schützende, besonders strukturierte Rinde. Unter der Rinde liegt die Algenschicht, in der die Algen/Cyanobakterien von Pilzhyphen umsponnen sind. Unter der Algenschicht ist ein Mark (Medulla) aus locker verflochtenen Hyphen entwickelt. Bei Krustenflechten sitzt das Lager mit dem Mark dem Substrat auf. Bei Laub-

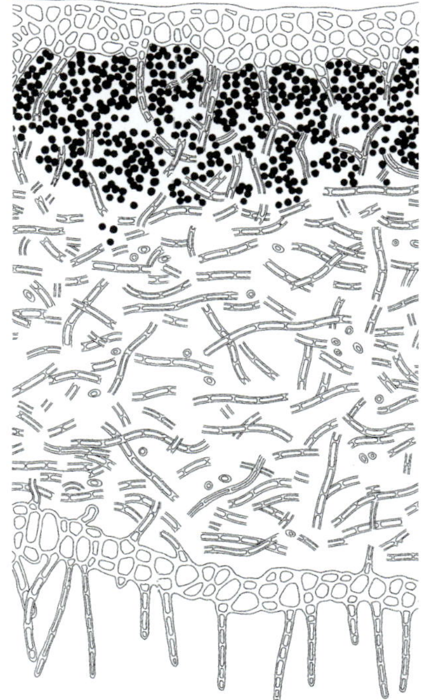

Abb. 6 Halbschematischer Schnitt durch eine Laubflechte. Zuoberst Rinde aus dichtem Pilzhyphen-Geflecht, darunter Algenschicht, gefolgt von der mächtigen Markschicht aus locker verlaufenden Hyphen, zuunterst Unterrinde.

flechten ist meist auch auf der Unterseite eine Rinde ausgebildet; auf ihr sind oft noch besondere Haftorgane, z. B. Rhizinen, vorhanden.

Die Fruchtkörper

Für die in diesem Buch abgefragten Bestimmungsmerkmale sind keine sorgfältigen anatomischen Untersuchungen notwendig. Bei Sporenmerkmalen beispielsweise genügen Quetschpräparate (siehe unten). Bei einigen schwierigen Gruppen allerdings sind zur Absicherung der Bestimmung dünne Fruchtkörperschnitte sehr hilfreich.

Die Anfertigung der Schnitte ist nicht schwierig. Sie wird sehr erleichtert, wenn ein Binokular bzw. eine Präparierlupe zur Verfügung stehen, unter denen man mit beiden Händen arbeiten kann. Zumindest bei größeren Fruchtkörpern lassen sich auch ohne Hilfe von Lupen Schnitte herstellen. Mit der einen Hand hält man die Flechte fest, mit der anderen Hand zieht man mit einer ungebrauchten Rasierklinge parallele (vertikale) Schnitte durch den Fruchtkörper. Am besten entfernt man zunächst einen randlichen Teil, etwa ein Viertel bis ein Drittel des Fruchtkörpers und schneidet danach möglichst dünne Scheibchen, wie von einem Brot, ab. Hilfreich kann es sein, wenn man das Objekt so mit dem Zeigefinger festhält, dass der Fingernagel fast senkrecht steht und als „Rückenstütze" für die Rasierklinge dienen kann. Die Schnitte lassen sich mit der angefeuchteten Ecke der Rasierklinge oder mit der Spitze einer Präpariernadel vom Flechtenlager abnehmen. Sie werden dann in einen kleinen Wassertropfen auf dem Objektträger gebracht und mit einem Deckglas bedeckt. Wenn die Schnitte dünn, aber nicht dünn genug sind, kann man quetschen. Dazu legt man den Objektträger mit dem Deckglas nach unten auf eine Lage Fließpapier (auf glatter Unterlage) und presst.

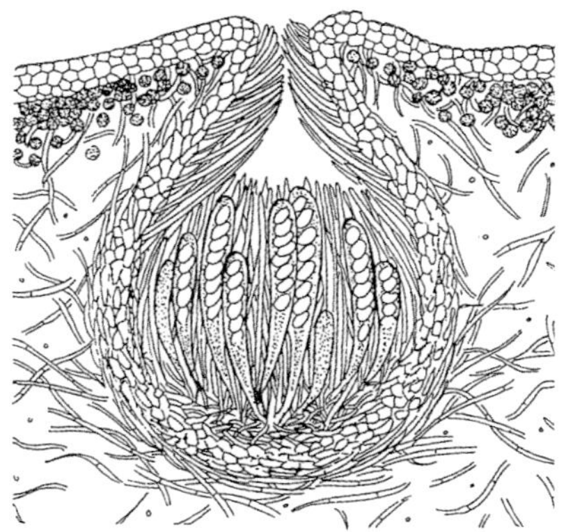

Abb. 7 Schematischer Schnitt durch ein Perithecium (aus POELT 1967, Bestimmungsschlüssel europäischer Flechten).

Bei manchen Flechten brechen die Fruchtkörper leicht ab und sind dann kaum noch zu manipulieren. In diesem Fall kann man den Fruchtkörper mit einer Präpariernadel auf eine Pappunterlage bringen, festkleben und dort schneiden.

Die Apothecien bestehen im Wesentlichen aus dem *Hymenium* und dem es ring- bis schüsselförmig umschließenden *Excipulum*. Die Oberfläche des Hymeniums ist äußerlich als Scheibe, das Excipulum oft als Rand erkennbar. Unter dem Hymenium befindet sich das *Hypothecium* (Abb. 8). Das Hymenium ist aus mehr oder weniger senkrecht angeordneten Hyphenfäden, den *Paraphysen,* aufgebaut und an diesem Aufbau im Fruchtkörperschnitt leicht zu erkennen; zwischen den Paraphysen sitzen die zylindrischen, keuligen oder bauchigen *Asci* (Schläuche), in denen die Sporen heranreifen.

Die *Sporen* werden gewöhnlich zu acht gebildet und sind ein- oder mehrzellig, farblos oder gefärbt. Färbung, Septierung, Form und Größe sind bedeutende Bestimmungsmerkmale, werden hier aber nur ausnahmsweise gebraucht (ist die Sporenfarbe nicht erwähnt, sind die Sporen farblos). Das Hymenium wird seitlich vom Excipulum begrenzt. Enthält das Excipulum Algen, handelt es sich in der Regel auch um einen äußerlich als solchen erkennbaren Lagerrand, wenn nicht, um einen Eigenrand.

Geht es bei der Bestimmung nur um Sporenmerkmale oder die Färbung des Epihymeniums, genügt oft ein wenig aufwendiges Grobverfahren. Man feuchtet die Fruchtkörper an, lässt sie aufquellen, löst sie (am besten nach Halbierung oder Drittelung) von der Flechte ab und zerquetscht sie in einem Wassertropfen auf dem Objektträger, am besten mit der Klinge eines Taschenmessers.

Bestimmung mit Hilfe von Farbreaktionen

Viele Flechten enthalten bestimmte sekundäre Stoffwechselprodukte, sogenannte Flechtenstoffe. Sie können von Fachleuten z.B. mit Hilfe von Dünnschichtchromatographie ermittelt werden. Einige dieser Stoffe sind farbig (Pigmente) und für die gelbe, gelbgrünliche, braune oder rote Färbung vieler Arten verantwortlich. Die meisten Flechtenstoffe sind farblos; mit wenigen Ausnahmen befinden sie sich im Mark der Flechtenlager.

Ein Teil dieser Stoffe reagiert mit Reagenzien, wie Kalilauge oder Natriumhypochlorit, zu farbigen Verbindungen. Da ähnlich aussehende Arten oft verschiedene Flechtenstoffe beinhalten, kann diese „Farbreaktion" als wertvolle Zusatzinformation und Bestimmungshilfe genutzt werden.

In der Praxis wird ein möglichst kleiner Tropfen des Reagenzes auf die Flechte gegeben und die Reaktion geprüft, die sofort oder allmählich, gewöhnlich aber innerhalb einer Viertelminute, eintritt. Die Reaktion von Flechtenrinde (d.h. der Oberseite der Flechte) und Mark ist wegen der unterschiedlichen Inhaltsstoffe dieser Lagerteile oft verschieden. Ist die Reaktion des Markes gefragt, muss das Mark in genügend großer Fläche entblößt werden, wozu man am besten eine sehr scharfe Rasierklinge verwendet und einen fast oberflächenparallelen Schnitt ausführt. Man kann z.B. die Rasierklinge an den Schmalseiten zwischen Daumen und Zeigefinger „einklemmen", sie durch leichten Druck der Finger in eine

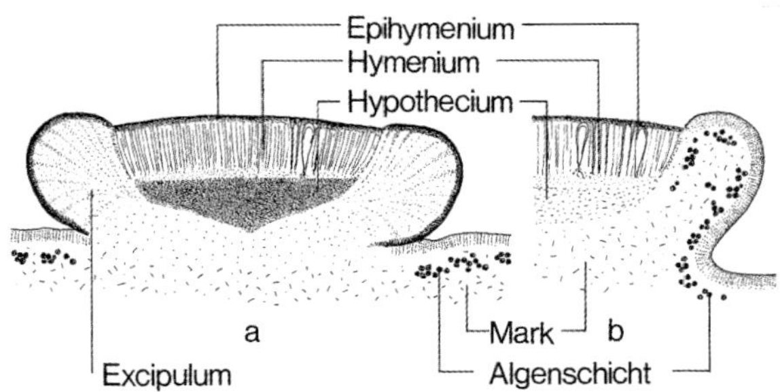

Abb. 8 Schematischer Schnitt durch ein Apothecium mit Eigenrand (links) und mit Lagerrand (rechts).

schwach konvexe Form bringen und in sehr kleinem Winkel zur Flechtenoberfläche anschneiden. Diese Manipulation und die Beobachtung der Reaktion sind am einfachsten unter dem Binokular durchzuführen. Bei Laubflechten führt man den Schnitt zur Prüfung der Markreaktion am besten von der Unterseite her aus, weil hier eine eventuell störende Reaktion der Oberrinde vermieden wird.

Man trägt das Reagenz z. B. mit einer kleinen Pipette, einem spitzen Glasstab oder mit der Spitze einer Präpariernadel auf. Verfügt man nicht über eine sehr kleine Pipette, sind die Tropfen oft zu groß, so dass das Reagenz auf der Flechte flächig auseinander läuft. Dies stört besonders, wenn auf unterschiedliche Reaktion von Rinde und Mark geprüft werden soll. Besser ist es dann, einen Tropfen aus der Pipette auf die Ecke einer Rasierklinge zu bringen, überflüssige Flüssigkeit abzustreifen und dann erst aufzutragen.

Zur Prüfung der Reaktion nimmt man ein Teilstück der Flechte, das später weggeworfen wird. Die Reagenzien ätzen oder sind gesundheitsschädlich, Kontakte mit der Haut sollten vermieden werden. *Vor allem para-Phenylendiamin ist giftig und verursacht zudem nicht mehr entfernbare Flecken auf Kleidern, Papier, Möbeln.* Ist es zu einem Kontakt der Reagenzien mit den Augen gekommen, muss man die Augenregion sofort in fließendem Wasser spülen.

Folgende Reagenzien werden benötigt: 1. Kalilauge (Abkürzung: K), 2. Natriumhypochlorit (C), 3. para-Phenylendiamin (P). Eventuell 4. Jod-Lösung (J). Die Reagenzien halten bei Unterbringung in braunen Fläschchen und unter Lichtabschluss länger. Man kann die Reagenzien gebrauchsfertig in kleinen Mengen kaufen z. B. über www.myko-shop.de. Im Folgenden erhalten Sie Hinweise zur Zusammensetzung/Herstellung und Anwendung.

Kalilauge:
2–4 g Kaliumhydroxid werden in 20 cm^3 Wasser gelöst. Unbegrenzt haltbar. Fehlbeurteilung ist manchmal möglich, da K die Rinde durchscheinend macht und dadurch die darunterliegende Algenschicht eine (grünliche) Gelbfärbung vortäuscht (Abhilfe: K-Tropfen mit weißem Saugpapier aufnehmen und dann Farbbildung beobachten).

Natriumhypochlorit-Lösung:
Die handelsübliche Natriumhypochloritlösung zur Erzielung der C-Reaktion muss von Zeit zu Zeit, am besten alle drei Monate, erneuert werden. Gleiche Wirkung haben auch chlorhaltige Reinigungsmittel für den Haushalt (z. B. Klorix, auf Wirkstoff im Mittel achten!), die aber auch nur begrenzt haltbar sind. Die C-Reaktion ist oft sehr flüchtig, daher muss man sie sofort beobachten. Klarheit über die Funktionsfähigkeit von C schafft ein einfacher Test mit einer Testflechte (z. B. *Hypocenomyce scalaris*). Bei der mitunter erforderlichen KC-Reaktion wird erst K, dann auf die gleiche Stelle C gebracht. In der Regel wird dadurch eine C-Reaktion verstärkt und deutlicher.

para-Phenylendiamin-Lösung:
Das Reagenz ist giftig und hinterlässt Flecken auf Kleidung etc. (s. oben). In den Artbeschreibungen ist die Reaktion mit P angegeben. Vermeiden Sie aber die Prüfung mit P, wenn sie zur Bestimmung nicht unerlässlich ist. Das Reagenz wird wie folgt hergestellt: 1 g para-Phenylendiamin, 10 g Natriumsulfit und 1 ml eines Spülmittels in 100 ml Wasser (mehrere Monate haltbar).

Bei dunkel gefärbten Flechten (z. B. *Bryoria*) wird die Farbreaktion getestet, indem man auf einen Objektträger ein Stück weißes Saugpapier legt und darauf die Flechten platziert. Nun werden wenige Tropfen P daraufgetropft: Das Reagenz diffundiert in das weiße Papier, so dass seine Färbung besser zu erkennen ist als auf der dunklen Flechte.

Jod-Lösung:
0,05 g Jod, 0,15 Jodkalium, 25 g dest. Wasser.

UV-Licht; polarisiertes Licht:
In einigen Fällen ist die Anwendung von UV-Licht (UV+ = im Dunkeln Aufleuchten) oder von polarisiertem Licht nützlich (spezielle Einrichtung im Mikroskop, Pol+: Aufleuchten; Pol-: keine Reaktion).

Hinweise zum Bildteil mit Bestimmungshilfe

Die Arten sind im Bildteil nicht in willkürlicher Reihenfolge behandelt, sondern nach gestaltlichen Merkmalen (Wuchsformen) und dem hauptsächlich besiedelten Substrat geordnet. Durch den kurzen **Bestimmungsschlüssel** (s. u.) kann die Zahl der infrage kommenden Arten erheblich eingeengt werden; berücksichtigt ist hier jedoch nur das üblicherweise besiedelte Substrat. In den Artbeschreibungen ist die Substratwahl ausführlicher behandelt, doch auch hier werden seltene Ausnahmen nicht genannt, weil für Einsteiger wenig hilfreich. Insbesondere unter Bäumen finden sich normalerweise rindenbewohnende Arten auch auf Mauern, Fels etc. Zur schnellen Orientierung sind die üblicherweise besiedelten Substrate zusätzlich in Form von Icons dargestellt, und zwar in der Reihenfolge ihrer Bedeutung für die jeweilige Flechte/das jeweilige Moos. Es bedeuten:

auf Rinde von Bäumen und Sträuchern

auf Holz

auf Gestein (Naturstein)

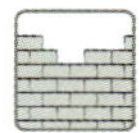

auf Mauern, Dächern, Denkmälern usw.

auf Erdboden, erdverkrustetem Fels, Bodenmoosen

Die Bilder geben die Flechten in der Regel in trockenem Zustand wieder. Sind die Lager in feuchtem Zustand abgebildet, ist dies mit einem „f" neben dem Abbildungsmaßstab gekennzeichnet.

Die chemischen Reaktionen beziehen sich, wenn nicht anders vermerkt, auf die Lageroberfläche. **K:** Kalilauge, **C:** Natriumhypochlorit, **P:** para-Phenylendiamin, **J:** Jod. **R-** bedeutet: alle Reaktionen negativ. Ist die Prüfung der Reaktion diagnostisch von geringer Bedeutung, ist dies mit **R*** gekennzeichnet.

Die Flechten-Arten werden mit ihren wissenschaftlichen Namen vorgestellt, zusätzlich mit den deutschen Namen. Diese sind fast durchweg Kunstnamen, die noch wenig benutzt werden. Zurzeit ist die Systematik der Flechten erheblichen Veränderungen unterworfen, weil molekulargenetische Untersuchungen zu neuen Erkenntnissen in der Verwandtschaftsforschung führen. Etablierte, seit langer Zeit verwendete Namen sind in jüngster Zeit abgelöst worden. Wir tragen der schwierigen Situation Rechnung, indem wir in diesen Fällen den lange Zeit gültigen Namen an erster Stelle (wie sonst in grüner Farbe) bringen, den neuen Namen darunter in grauer Schrift. Wir haben fallweise entschieden, was als „etablierter" Name gelten kann. In jedem Falle sind alle „neuen" Flechtennamen, die noch nicht in „Wirth et al., Die Flechten Deutschlands (2013)" genannt sind, als zweiter Name berücksichtigt. Im Register finden sich weitere verbreitete Synonyme.

Es wird in der Regel auf andere Arten verwiesen, mit denen die behandelte Art verwechselt werden kann. Sind diese Arten an anderer Stelle ausführlich beschrieben, sind die Namen mit einem ↑ versehen.

Kurzschlüssel

Man entscheidet sich im Folgenden für eine von zwei Möglichkeiten, die jeweils mit der gleichen Ziffer gekennzeichnet sind; so gilt entweder die Alternative 1 oder 1*; entscheidet man sich z. B. für 1*, so fährt man im Schlüssel mit 13/13* fort und entscheidet sich erneut für eine der Möglichkeiten.

1 Flechten mit überwiegend flächig ausgebreitetem Lager, flächig dem Substrat anliegend oder randlich aufsteigend (Krusten- und Laubflechten) **2**
1* Flechtenlager in die Länge/Höhe wachsend, entweder an einer Stelle festsitzend oder aufrecht wachsend, meist deutlich vom Substrat abstehend, mitunter zusätzlich mit einem auf dem Substrat ausgebreiteten schuppigen bis kleinblättrigen Lager (Strauch-, Bartflechten). **13**
2 Flechte rein krustig, mit der Unterlage dicht verwachsen und an sie völlig angeschmiegt, ohne vorgebildete Unterseite, nur bruchstückhaft mit dem Messer lösbar (Krustenflechten) **3**
2* Flechte nicht rein krustig, in deutliche schmale bis breite Lappen gegliedert oder einblättrig, selten auch in Form von aufgebogenen Schüppchen, mit ausgebildeter Unterseite, in der Regel an einzelnen Stellen oder mit Haftfasern festgewachsen **10**
3 Auf Gestein oder Erdboden. **4**
3* Auf Rinde **6**
4 Auf Erdboden und Moosen . . . . **Seite 120–125**
4* Auf Gestein **5**
5 Auf Silikatgestein . . . . **Seite 137–154**
5* Auf kalkhaltigem Gestein . . . . **Seite 126–137**
6 Ohne Fruchtkörper . . . . **Seite (169), 171–177**
6* Mit Fruchtkörpern **7**
7 Fruchtkörper kurz stecknadelartig gestielt . . . . **Seite 155–156**
7* Fruchtkörper ungestielt, also sitzend oder eingesenkt **8**
8 Fruchtkörper kurz strichförmig, gegabelt oder sternförmig verzweigt, auch unregelmäßig fleckförmig . . . . **Seite 157–158**
8* Fruchtkörper in Aufsicht rundlich, aber oft am Rand wellig verbogen oder durch gegenseitigen Druck eckig. **9**
9 Fruchtkörper in unregelmäßige oder regelmäßig vorgewölbte Lagerwarzen eingesenkt, nur mit feiner punktartiger Mündung (Lupe!) versehen . . . . **Seite 159–161**
9* Fruchtkörper sind rundliche bis etwas verbogene oder durch gegenseitigen Druck etwas eckige Scheiben . . . . **Seite 162–172**
10 Auf Rinde . . . . **Seite 65–97**
10* Auf Erdboden oder Gestein. . . . **11**
11 Auf Erdboden . . . . **Seite 113–120 (–122)**
11* Auf Gestein **12**
12 Nur an einer einzigen Stelle (mit einem „Nabel“) angeheftet (zusätzlich oft auch nicht haftende Rhizinen vorhanden) . . . . **Seite 98–104**
12* Nicht mit einer einzigen Anheftungsstelle . . . . **Seite 105–114 (–118)**
13 Flechte aus zwei verschieden gestalteten Lagerteilen bestehend, aus auf dem Substrat wachsenden kleinen Blättchen/Schüppchen und aufrechten bzw. aufsteigenden stift-, spieß-, horn-, trompetenförmigen oder strauchig verzweigten Teilen (sog. Podetien) . . . . **Seite 54–64, 123–124**
13* Flechte nicht aus zwei verschieden gestalteten Lagerteilen, ohne basal auf dem Substrat ausgebreitete Schüppchen/Blättchen **14**
14 Flechte hängend oder buschig bzw. strauchig abstehend, aus fädigen oder

bandartigen Abschnitten, an einer Stelle fest mit dem Substrat verbunden, nie mit kleinen Blättchen oder Schüppchen besetzt. An Bäumen und Felsen (Bart- und Bandflechten) **15**

14* Flechte mit aufrechten bis aufsteigenden, unverzweigten bis reich verzweigten, stielrunden bis verflachten Abschnitten, strauchig verzweigt oder spieß-/stiftförmig. Auf Erdboden, seltener bemoosten Felsen oder an der Basis von Bäumen (Strauchflechten im engen Sinn) **16**

15 Abschnitte ringsum annähernd gleich gefärbt und strukturiert, im Querschnitt rund, rundlich eckig oder flach bis rinnig . . . . **Seite 25–36**

15* Abschnitte lassen eine Ober- und eine abweichend gefärbte Unterseite erkennen, bandartig verflacht bis rinnig . . . . **Seite 37–38**

16 Aufrechte bzw. aufsteigende Teile nicht aus ± zylindrischen, sondern verflachten (aber mitunter eingerollten) Abschnitten, nicht geschlossen röhrig . . . . **Seite 39–40, 42–43**

16* Aufrechte bzw. aufsteigende Teile aus ± zylindrischen Abschnitten, im Querschnitt rund bis oval **17**

17 Abschnitte durchgehend deutlich röhrig-hohl. . . . . **Seite 43, 47–55**

17* Abschnitte nicht deutlich röhrig . . . . **Seite 41, 44–46**

Bryoria fuscescens (Gyeln.) Brodo & D. Hawksw.

Brauner Moosbart (0,4 × bzw. 4,5 ×)

Merkmale: *Braune Bartflechte mit fädigem, locker verzweigtem Lager, meist mit Soralen, auf Rinde, selten Silikatgestein.* – *Lager* hell- bis schwarzbraun, auch braungrau, lang bartartig bis kurz buschig, aus stielrunden, stellenweise auch leicht abgeflachten Fäden, hängend oder der Borke/dem Gestein locker anliegend, 5–15 cm lang, aber an ungünstigen Standorten oft nur bis 3 cm. *Fäden* (bis 0,5 mm Durchmesser) sind locker gabelig verzweigt. *Sorale* oft vorhanden, aber meist spärlich, bei jungen oder kümmerlich entwickelten Exemplaren fehlend, bis 0,7 mm groß und warzen- bis spaltenförmig. *Apothecien* sehr selten.

Reaktionen: K-, C-, P+ rot oder P-, Mark P-, Sorale P+ rot.

Verwechslung: *Bryoria* ist an ihrem fädigen (nicht bandartigen), braun bis grau gefärbten Lager zu erkennen. *Alectoria-* und *Usnea-*Arten sind zwar ebenfalls fädig, aber blass grünlich bis gelbgrünlich gefärbt. Innerhalb der Gattung *Bryoria* ist nur in Gebirgslagen eine Verwechslung wahrscheinlich. Der weißgraue, früher als eigenständige Art gewertete Morphotyp ↑*capillaris,* hat mit K+ gelb und C+ (flüchtig) rosa reagierende Lager. Weitere Arten sind selten und schwer zu bestimmen.

Ökologie und Verbreitung: V. a. im Bergland in Wäldern an Zweigen und Stämmen, selten im Offenland, auch an Holzpfählen, reichlich nur an nebel- bzw. niederschlagsreichen Orten. Ziemlich selten, gefährdet. Von der borealen Nadelwaldzone bis ins Bergland Südeuropas.

Bryoria fuscescens morpho. **capillaris** (Ach.) Brodo & D. Hawksw.

Haarfeiner Moosbart (ca. 1,5 ×), mit Evernia divaricata (gelblich)

Merkmale: *Hellgraue bis hellbraune Bartflechte mit fädigem, verzweigtem Lager, Sorale vorhanden oder fehlend, auf Rinde.* – *Lager* hellgrau bis hellbraun, selten dunkler braun, bartartig bis locker fädig, an einer Stelle angewachsen, aus stielrunden, stellenweise auch etwas abgeflachten Fäden, der Borke locker anliegend oder hängend, bis 15 cm lang. *Fäden* (bis 0,5 mm Durchmesser) locker gabelig verzweigt. *Sorale* meist spärlich, v. a. bei jungen Lagern oft fehlend, bis 0,7 mm groß, warzen- bis spaltenförmig. *Apothecien* sehr selten.

Reaktionen: K+ intensiv gelb, C+ rot (rasch vergänglich, daher auch scheinbar C-), KC+ rot, P+ intensiv gelb; Mark P+ intensiv gelb; Sorale P+ orangerot.

Verwechslung: Ähnlich ist die häufigere braune bis schwarzbraune Form (↑*B. fuscescens*), die mit K und C nicht reagiert. Andere *Bryoria*-Arten sind selten. *Bryoria* unterscheidet sich von anderen Gattungen durch ihr fädiges, grau bis braun gefärbtes Lager. Die *Alectoria*- und *Usnea*-Arten sind auch fädigbärtig, haben aber einen gelblichen bis gelbgrünlichen Farbton, so auch *Alectoria sarmentosa*, eine seltene Art feuchter Bergwälder, die sonst habituell *Bryoria*-Arten ähnelt.

Ökologie und Verbreitung: In kühlen, feuchten Berglagen, meist in Wäldern, an sehr luftfeuchten Stellen auch an Einzelbäumen; selten, stark gefährdet (Klimawandel, Waldbewirtschaftung). Von der Nadelwaldzone Nordeuropas bis Südeuropa.

Usnea dasopoga (Ach.) Nyl.

Gewöhnliche Bartflechte (ca. 3 ×)

Merkmale: *Grau- bis gelbgrünliche, hängende Bartflechte mit zahlreichen abstehenden Kurzzweigen und Isidien oder isidiösen Soralen.* – *Lager* grau- bis gelbgrünlich, hängend, deutlich länger als breit, bis 15 (30) cm lang, in klimatisch weniger günstigen Lagen aber deutlich kürzer, nur an einer Stelle festgewachsen, dicht über der kurzen geschwärzten Basis in 4–6 Hauptäste verzweigt, diese bis 1 mm dick, dicht mit rechtwinklig abgehenden, bis 1 cm langen, wesentlich dünneren Kurzzweigen besetzt, mit halbkugeligen bis seltener kurz zylindrischen Warzen (Papillen) und mit Isidiengruppen oder isidiösen kleinen Soralen. *Apothecien* selten, dünn scheibenförmig, grüngelblich. Wie bei allen *Usnea*-Arten reißt bei Dehnung der Fäden die Rinde ringförmig auf und entblößt einen zähen weißen Zentralstrang.

Reaktionen: Mark K+ rot, C-, P+ orange.

Verwechslung: Die Arten der Gattung sind schwer zu bestimmen, besonders kleine Exemplare. Gut ausgebildete Lager dieser Art sind am hängenden Wuchs, den dicht „fischgrätenartig“ mit Kurzzweigen besetzten Hauptästen in Kombination mit den Isidien oder isidiösen (nie mehligen oder ausgehöhlten) Soralen und der K-Reaktion des Markes (nicht des Zentralstrangs!) zu erkennen. Anderen ähnlich gefärbten Bartflechten-Gattungen (*Alectoria*, *Ramalina*, *Evernia*) fehlt der für *Usnea* charakteristische zähe Zentralstrang.

Ökologie und Verbreitung: In Wäldern niederschlagsreicher Lagen, an nebelreichen Orten auch an freistehenden Bäumen; durch Eutrophierung, forstwirtschaftliche Einflüsse und Klimaerwärmung stark zurückgegangen, gefährdet, nur noch in den süddeutschen Gebirgen und v. a. in den Alpen stellenweise häufiger. Von der borealen Zone bis in Gebirge des Mittelmeergebietes.

Heilkunde: Die typische grau- bis gelblichgrüne Färbung der „Usneen“ rührt vom Gehalt an Usninsäure her, die in die Lagerrinde eingelagert ist. Usninsäure wirkt antibiotisch und wird in der Heilkunde angewandt (früher auch gegen Tuberkulose).

Usnea subfloridana Stirt.

Buschige Bartflechte (1,2 ×)

Merkmale: *Grau- bis gelblichgrüne, aufrecht oder abstehend wachsende, dicht buschige Bartflechte mit kleinen körnigen oder zu Isidiengruppen auswachsenden Soralen, ohne Apothecien. – Lager* gelblich- bis graugrün, aufrecht bis abstehend buschig oder kurz hängend, höchstens etwas länger als breit, an einer Stelle festgewachsen, aus kurzer geschwärzter Basis reich sparrig verzweigt, bis 8 cm lang. Äste innen mit zähem, weißem Zentralstrang. Hauptäste bis 1 (1,3) mm dick, mit senkrecht abgehenden, bis 1 cm langen Kurzzweigen, v. a. basal dicht mit kurzen, gerundeten Wärzchen (Papillen) besetzt, v. a. gegen die Enden mit körnigen Soralen, die auch isidiös werden können. *Apothecien* sehr selten.

Reaktionen: Mark K+ gelb, C-, KC-, P+ orange, selten auch K-, C-, P-.

Verwechslung: An der breiten, buschigen Wuchsform, an den körnigen bis isidiösen Soralen, dem reichen Besatz mit Papillen und der K-Reaktion des Markes zu erkennen. Andere ähnlich wachsende *Usnea*-Arten sind durch *mehlige,* ausgehöhlte Sorale oder das weitgehende Fehlen von Kurzzweigen oder Papillen unterschieden. Eine sichere Bestimmung erfordert eine Vertiefung in die Materie. Die behandelte Art wird heute zu *U. florida* gestellt, die keine Sorale, aber Apothecien hat.

Ökologie und Verbreitung: In lichten Wäldern und an Baumgruppen, v. a. in der Krone von Laubbäumen (oft Eiche, Eberesche) an nebelreichen Stellen, ziemlich selten, zurückgehend (Eutrophierung, Klimaerwärmung), gefährdet. Vom mittleren Fennoskandien bis ins Mittelmeergebiet.

Heilkunde: Wie bei *U. dasopoga*.

Usnea hirta (L.) F. H. Wigg.

Struppige Bartflechte, Grubige Bartflechte (3,1 ×)

Merkmale: *Kleine, abstehend buschige bis kurz hängende, grau- bis gelbgrünliche Bartflechte mit heller Basis.* – Lager graugrünlich bis blass gelblich, reich verzweigt, abstehend buschig bis kurz hängend, an einer Stelle festgewachsen, bis 4 cm, selten größer, Basis *nicht* geschwärzt. Äste innen mit weißem, zähem Zentralstrang. Hauptäste bis 0,6 (1) mm dick, bisweilen deformiert-kantig oder etwas grubig, ohne Papillen, mit zahlreichen, oft dicht stehenden dornartigen Isidien, durch Abrieb auch sorediös wirkend; Äste über den Verzweigungen nicht selten angeschwollen. *Apothecien* sehr selten.

Reaktionen: Mark K-, P- oder K+ rot, P+ orange; C-.

Verwechslung: Unter den häufigeren *Usnea*-Arten durch die helle Basis unterschieden; charakteristisch auch die oft vorhandenen Grübchen bzw. Kanten an den Hauptästen. Mit Arten anderer Gattungen sind die Usneen nicht zu verwechseln, wenn man auf den weißen Zentralstrang achtet, der beim Dehnen der Äste sichtbar wird.

Ökologie und Verbreitung: Ziemlich selten an freistehenden Bäumen und in lichten Wäldern; am wenigsten auf niederschlagsreiche bzw. luftfeuchte Habitate angewiesene *Usnea*-Art, v. a. in etwas kontinentaleren Lagen; gegen Eutrophierung empfindlich, mäßig häufig. In Europa verbreitet.

Heilkunde: *Usnea*-Arten, aber auch andere Flechten mit Usninsäure, können bei häufigem Kontakt von Bruchstückchen, Soredien und Isidien dieser Arten mit der Haut eine Kontakt-Dermatitis auslösen, die v. a. bei kanadischen Holzfällern beobachtet wurde.

Evernia divaricata (L.) Ach.

Sparrige Evernie (1 ×), mit Bryoria fuscescens (braun) und Hypogymnia physodes

Merkmale: *Lager blass grünlich bis gelblich, bartförmig mit strangförmigen, kantigen, zugespitzten Abschnitten.* – Lager blass grünlich, graugrünlich, grüngelblich, lang bartförmig, basal an einer Stelle festgewachsen, aus kantigen, verzweigten, schlaff hängenden, 1–2 mm dicken Strängen mit querrissiger Rinde, in den Rissen das *lockere* Mark sichtbar, mit abstehenden kurzen *zugespitzten* Seitenästen. *Apothecien* ziemlich selten, mit brauner Scheibe.

Reaktionen: K-, C-, P-.

Verwechslung: Ähnlich aussehende *Usnea*-Arten haben in der Regel stielrunde Zweige und einen scharf begrenzten, sehr zähen Zentralstrang, der beim Dehnen der Zweige zwischen den Rissen sichtbar wird; bei *E. divaricata* kommt beim Dehnen das filzige, *nicht* scharf begrenzte Mark zum Vorschein; die Art hat anders als viele Usneen keine Sorale, Isidien oder Papillen. ↑*Evernia prunastri* hat deutlich abgeflachte Zweige mit heller Unterseite.

Ökologie und Verbreitung: Im boralen Nadelwaldgürtel Nordeuropas, in Mittel- und Hochgebirgen Mittel- und Südeuropas an kühlen, nebelreichen Orten in Wäldern, v. a. an Zweigen von Nadelbäumen, neuerdings auch in trockenen, niederen Lagen auf Schlehengebüsch auftretend, insgesamt jedoch zurückgehend und selten, außerhalb höherer Gebirge stark gefährdet.

Heilkunde: Enthält die antibiotisch wirksame Usninsäure.

Ramalina farinacea (L.) Ach.

Mehlige Astflechte (1,6 ×/1,6 ×)

Merkmale: *Allseits grau- bis gelbgrünliche Strauchflechte mit schmal-bandförmigen Abschnitten und ovalen Soralen.* – *Lager* gelblich- bis graugrün, glatt bis schwach längsgrubig, leicht fettig glänzend, strauchig, abstehend bis bärtig hängend, an einer Stelle festgewachsen, von der Basis an mäßig verzweigt, bis 8 cm lang. *Ober-* und *Unterseite* gleich gebaut und gefärbt. *Lappen* schmal (0,5–2 mm), linealisch, gabelig verzweigt, spitz zulaufend. *Sorale* meist an den Lappenkanten (selten flächenständig), weiß, elliptisch, deutlich begrenzt (0,5–1 mm).

Reaktionen: K± gelb, C-, P-. Mark und Sorale K- oder K+ orangerot, C-, P- oder P+ gelborange bis orangerot.

Verwechslung: Die viel seltenere ˆ*R. pollinaria* hat meist gedrungenere, oft fast kugelige Lager mit relativ breiten Lappen, an denen sich flächenständige und an den Enden relativ große Sorale bilden, während die Sorale bei *R. farinacea* randständig sitzen. Die Lappen sind meist relativ *weich*. Reaktion immer P-. Die übrigen *Ramalina*-Arten (außer sehr seltenen Species) sind nicht sorediös und besitzen oft Apothecien. Durch die gleichartig gebaute Ober- bzw. Unterseite unterscheiden sich die Ramalinen von *Evernia prunastri*, die oberseits ebenfalls grünlich, auf der oft etwas rinnigen Unterseite jedoch überwiegend weißlich gefärbt ist.

Ökologie und Verbreitung: An Zweigen und Stämmen von Laub- und Nadelbäumen, in Wäldern und an Einzelbäumen, mit weiter ökologischer Amplitude, mäßig häufig. In ganz Europa mit Ausnahme der Arktis.

Ramalina pollinaria (Westr.) Ach.
Staubige Astflechte (3,1 ×)

Merkmale: *Graugrüne bis gelblichgrüne Strauchflechte mit bandförmigen Abschnitten und flächen-, rand- und endständigen Soralen.* – *Lager* weißlich-, grau- bis gelblichgrün, kurz strauchig, oft kaum länger als breit, oft mehr kugelig als länglich, an einer Stelle festgewachsen und in mehrere bis zahlreiche bandartig verflachte „Äste“ geteilt, unregelmäßig verzweigt, bis 3 cm, selten 5 cm. *Lappen* meist mittelbreit (ca. 1–3 mm), gegen die Enden zu oft verbreitert und zerschlitzt. Ober- und Unterseite gleich gefärbt. *Sorale* oval bis unregelmäßig, weißlich, flächenständig, auch an den Lappenenden und dort relativ groß, auch lippenförmig oder zwischen aufklaffender Unter- und Oberseite, seltener an den Rändern.

Reaktionen: Mark und Sorale R-.

Verwechslung: Oft werden Exemplare von ↑*R. farinacea* als *R. pollinaria* fehlbestimmt. Bei ersterer finden sich die Sorale fast nur an den Lappenkanten und sind meist regelmäßig oval, die Thallusabschnitte sind langgestreckt und schmal (nur 0,5–2 mm breit), die Lager in guter Ausbildung bartförmig-hängend, relativ starr, außerdem reagieren Mark/Sorale mit P+ oft rot. *R. pollinaria* hat breitere und weichere Lager. Die übrigen häufigeren *Ramalina*-Arten sind nicht sorediös und haben oft Apothecien. Bei ↑*Evernia prunastri* ist die Unterseite weißlich.

Ökologie und Verbreitung: An nährstoffreicher Borke licht stehender, oft älterer Laubbäume, selten an Felsen, viel seltener als *R. farinacea,* stark gefährdet. Nord- bis Südeuropa.

Ramalina fastigiata (Pers.) Ach.

Buschige Astflechte (1 ×)

Merkmale: *Grau- bis gelblichgrüne Strauchflechte mit abgeflachten Zweigen und endständigen Apothecien.* – *Lager* graugrünlich, gelblichgrau, gelblichgrün, leicht glänzend, strauchig, an einer Stelle festgewachsen, reich verzweigt, mit bandartig abgeflachten Zweigen, bei guter Entwicklung gedrungen und fast kugelig. *Lappen* 1–5 mm breit, alle fast gleich lang, mit leicht netz- bis längsrippiger Oberfläche, ± hohl (mit lockerem, „spinnwebigem" Mark), Ober- und Unterseite gleich gebaut und gefärbt, ohne Pseudocyphellen. *Apothecien* überwiegend an aufgeblähten Enden der Lappen (2–5 mm). Scheibe zuerst konkav, später gewölbt.

Reaktionen*: R-.

Verwechslung: ↑*Ramalina fraxinea* hat ebenfalls oft Apothecien, die aber nicht end-, sondern seiten- und flächenständig sind; die Lappen sind oft wesentlich breiter als bei *R. fastigiata* und mit rundlichen bis ovalen Pseudocyphellen versehen; das Lager ist bei normaler Entwicklung länger als breit. Weitere *Ramalina*-Arten mit Apothecien kommen auf Gestein an Meeresküsten vor. ↑*R. farinacea,* ↑*R. pollinaria* und ↑*Evernia prunastri* haben Sorale. Durch die gleichartig gebauten Ober- und Unterseiten unterscheiden sich die Ramalinen von anderen Strauchflechten mit bandartig verflachten Zweigen (siehe *R. farinacea).*

Ökologie und Verbreitung: An licht- und oft windoffen stehenden Laubbäumen mit basenreicher Rinde. Leichte Staubbelastung vertragend, zurückgehend, ziemlich selten, stark gefährdet. Von Großbritannien und Südskandinavien bis ins Mittelmeergebiet.

Ramalina fraxinea (L.) Ach.

Eschen-Astflechte (1,5 bzw. 1,3 ×)

Merkmale: *Graugrüne bis gelbgrünliche Strauchflechte mit bandartigen Abschnitten, oft mit Apothecien, an Laubbäumen.* – *Lager* graugrün, olivgrün, gelblichgrau, gelblichgrün, an einer Stelle festgewachsen und in mehrere bandartig verflachte „Äste" geteilt, aber auch nur aus 1–2 Lappen, hängend, wenig verzweigt, bis 20 cm lang, doch in der Regel wesentlich kürzer (v. a. in belasteten Gebieten). *Lappen* 2–10 (20) mm breit (bei langen Exemplaren in luftreinen Gebieten oft ziemlich schmal), ungleich lang, starr, oft mit netz- bis längsrippiger Oberfläche; Ober- und Unterseite gleich gebaut und gefärbt, oft leicht glänzend. Rundliche bis kurz strichförmige, unauffällige helle Pseudocyphellen vorhanden. *Apothecien* rand- und flächenständig (nicht endständig!), auf beiden Seiten der Lappen, 2–10 mm, beige, blass gelblich bis grünlich.

Reaktionen*: R-.

Verwechslung: Bei der ähnlichen ↑*R. fastigiata* ist das Lager gedrungener, ± buschig, oft fast kugelig, die Apothecien sind überwiegend ± endständig und die Lappen gewöhnlich wesentlich schmaler, ± gleich lang und kürzer als bei *R. fraxinea* und besitzen keine Pseudocyphellen.

Ökologie und Verbreitung: An lichtreichen Standorten an Laubbäumen mit basenreicher Rinde. Leichte Staubbelastung tolerierend, selten geworden, stark gefährdet. Von Großbritannien und vom mittleren Fennoskandien bis ins Mittelmeergebiet.

Ramalina siliquosa
(Huds.) A. L. Sm.
Küsten-Astflechte (ca. 1 ×)

Merkmale: *An Küstenfelsen vorkommende, an einer Stelle festgewachsene, aufrechte bis abstehend-hängende, gelb- bis graugrüne Bandflechte mit Apothecien.* – *Lager* gelb- bis graugrün, selten stellenweise auch geschwärzt, locker strauchig, basal an einer Stelle festgewachsen, oft ganze „Herden" bildend. Hauptäste verflacht, starr, einfach bis verzweigt, 2–9 mm breit, sehr variabel. Oberfläche uneben bis teilweise gerippt, ± matt, oft mit knotigen Warzen. *Apothecien* häufig, gewöhnlich randständig, mit ± lagerfarbener bis beiger Scheibe.

Reaktionen: Mark P-, K-, oder P+ orange(rot), K+ rot.

Verwechslung möglich mit der ebenfalls an Küstenfelsen wachsenden, sehr ähnlichen *R. cuspidata*, die schmalere, fast stielrunde, 1–3 mm dicke, mehr aufrecht wachsende Hauptäste aufweist. Diese sind oft basal und fleckenweise darüber geschwärzt und weisen eine glatte, ± glänzende, blass gelbgrünliche bis leicht bräunlichgelbe Oberfläche auf.

Ökologie und Verbreitung: Auf Silikatfelsen der Küsten oder in Küstennähe, sehr selten an Holzpfosten, an sehr lichtreichen Standorten. Atlantikküste von Nordnorwegen bis Portugal, Nordsee, Ostsee. An felslosen Küstenabschnitten weitgehend fehlend, in Deutschland daher extrem selten.

Letharia vulpina (L.) Hue

Wolfsflechte (ca. 1,5 ×/1,1 ×)

Merkmale: *Unverwechselbare Art mit intensiv gelbem bis grünlichgelbem, ± gabelig verzweigtem Lager mit abgeflachten bis strangförmigen, kantigen Abschnitten. – Lager* intensiv zitronen- bis grüngelb oder leuchtend hellgelb, reich gabelig verzweigt, basal nur an einer Stelle festgewachsen; Abschnitte bis 2,5 mm dick, abgeflacht oder strangartig, kantig, ringsum ± gleich gefärbt, v. a. an den Kanten und Endzweigen mit (sorediösen) Isidien, bis 10 (15) cm lang. *Apothecien* selten, dunkelbraun.

Reaktionen*: R-.

Verwechslung: Bei Beachtung der intensiven Farbe nicht verwechselbar; ähnlich gefärbt ist ↑*Cetraria pinastri,* die jedoch ganz anders aussehende, flächig wachsende, lappig gegliederte Lager hat; die Strauchflechten der Gattung *Ramalina* und *Evernia* sind blass gelbgrünlich gefärbt. *Usnea*-Arten haben nie abgeflachte Äste und sind stets von einem zähen weißen Zentralstrang durchzogen.

Ökologie und Verbreitung: Auf Nadelbäumen, v. a. Lärchen und Arven, sowie auf Holz, in höheren Berglagen der Alpen und anderer Hochgebirge, v. a. in kontinentalen Lagen (Schwerpunkt in den Zentralalpen); ferner im borealen Nadelwaldgürtel.

Name: Die intensive Gelbfärbung rührt von der giftigen Vulpinsäure her. Der deutsche Name der Flechte nimmt Bezug auf die Verwendung der Lager zur Vergiftung von Wolfsködern, was in der Praxis sicherlich viel bedeutender war als die Vergiftung von Füchsen, worauf der lateinische Name Bezug nimmt (vulpes: Fuchs).

Evernia prunastri (L.) Ach.

Pflaumenflechte, Eichenmoos (2 ×)

Merkmale: *Blass grünliche bis gelbgrünliche Strauchflechte mit bandartig verflachten Zweigen, mit Soralen; selten auch grau.* – *Lager* an einer Stelle festgewachsen, mit flachen, bandartigen, ca. 3–5 mm breiten Abschnitten, mäßig verzweigt, relativ schlaff/weich. Ober- und Unterseite unterschiedlich gebaut und gefärbt: *Oberseite* graugrün bis gelbgrün, selten grau (Mangelmutanten), etwas runzelig. *Unterseite* weißlich, durch die etwas herabgebogenen Ränder zumindest stellenweise wie gesäumt bzw. etwas rinnig, auch (v. a. an den Rändern) etwas grünlich gesprenkelt. Auf der *Oberseite* und unterseits an den *Rändern* mit körnig-mehligen, rundlichen bis unregelmäßigen Soralen. *Apothecien* sehr selten.

Reaktionen: K+ gelb, C-, P-.

Verwechslung: Von den *beiderseits* graugrünlichen bis blass grünlichen, oft leicht glänzenden *Ramalina*-Arten durch die abweichend geartete Unterseite unterschieden; die Lager von *Evernia* sind zudem schlaffer als die eher derb-knorpeligen von *Ramalina*. Die grauen Mutanten von *E. prunastri* sind von ↑*Pseudevernia furfuracea* durch das Fehlen von Isidien und die helle Unterseite zu unterscheiden. Abb. zeigt ein relativ breitlappiges Lager.

Ökologie und Verbreitung: Die häufigste Strauchflechte an Bäumen. An mäßig nährstoffreicher bis -armer, ± saurer Rinde verschiedenster Bäume, v. a. in lichtreichen Habitaten. Ziemlich häufig. In ganz Europa (außer der Arktis).

Chemie: Noch heute in der Parfümerie für die Herstellung von Duftstoffen verwendet (im Handel als „Eichenmoos“); einer der Hauptbestandteile in den Duftnoten „Chypre“ und „Fougère“.

Pseudevernia furfuracea (L.) Zopf

Gabelflechte, Baummoos (0,8×/1,4×)

Merkmale: *Graue Strauchflechte mit bandartigen, gegabelten Abschnitten mit stiftartigen Isidien. – Lager* an einer Stelle angewachsen, mit bandartigen, locker gabelig bis geweihartig verzweigten, 1–5 mm breiten Abschnitten, mit unterschiedlich gefärbter Ober- und Unterseite, bis 10 cm lang. *Oberseite* grau bis bräunlichgrau, selten durch Algenbesatz etwas grünlich, stark mit lagerfarbenen, zylindrischen bis koralloiden Isidien besetzt, mitunter dadurch fast „stachelig". Isidienspitzen oft gebräunt. *Unterseite* jung weiß bis rosa, im Alter schwarz bis bläulich schwarz, von den nach unten umgebogenen grauen Rändern gesäumt, daher oft etwas rinnig. *Apothecien* selten, braun.

Reaktionen*: K+ gelb, C-, P-; Mark C- oder C+ rot.

Verwechslung: Obwohl sehr veränderlich und von sehr verschiedener Größe, gut von anderen grauen Arten durch das Vorkommen von Isidien unterschieden. Der Isidienbesatz variiert, ist mit Lupe aber stets erkennbar.

Ökologie und Verbreitung: An lichtreichen Orten auf saurer Rinde von Laub- und Nadelbäumen, v. a. in Berglagen, dort an Ästen oft massenhaft, z. B. mit ↑*Platismatia glauca;* mäßig häufig. In Europa verbreitet (außer Arktis).

Name/Nutzung: Der lateinische Name nimmt auf eine gestaltliche Ähnlichkeit mit *Evernia* Bezug. Wie *E. prunastri* bedeutend in der Parfümerie; die Flechten duften selbst nicht, die Duftstoffe erhält man erst nach Extraktion mit bestimmten Lösungsmitteln. Beide Arten wurden schon im Altertum in Ägypten bei der Einbalsamierung als Füllmaterial verwendet.

Cetraria tubulosa

(Schaer.) Zopf

Cetraria juniperina (L.) Ach.

Gelbe Tartschenflechte (ca. 1,6 ×)

Merkmale: *Kräftig gelbe Flechte mit aufrechten, ± flachen, aber runzeligen Lappen, in alpinen Windheiden.* – *Lager* gelb, aus aufrechten bis aufsteigenden Lappen mit kurzen Seitenlappen, meist bis 3 cm hoch. Lappen bis 3 mm breit, mit etwas runzeliger Oberfläche und mit gelbem Mark. *Apothecien* selten.

Reaktionen*: R-.

Verwechslung: Ähnlich ↑*Flavocetraria* (= *Nepromopsis*) *nivalis* und ↑*F. cucullata,* die aber beide ein blass gelbgrünliches Lager und weißliches Mark besitzen. Die ebenfalls intensiv gelb gefärbte ↑*Cetraria pinastri* hat einen laubflechtenartigen Wuchs, Bortensorale und wächst auf Rinde und Holz in Bergwäldern.

Ökologie und Verbreitung: Über der Waldgrenze in sehr windoffenen Rasen über Kalkböden („Windheiden"); ziemlich selten. In den Hochgebirgen Mittel- und Südeuropas (Alpen, Pyrenäen, Karpaten), selten in Nordeuropa.

Name: Gelbfärbung durch die giftige Vulpinsäure, davon abgeleitet der zeitweise verwendete Gattungsname *Vulpicida:* „fuchstötend"; vgl. *Letharia vulpina.* Tartschenflechte, ein alter Name für die Arten der früher viel weiter gefassten Gattung *Cetraria*, leitet sich von Tartsche = Schild (zur Abwehr) ab und bezieht sich auf die Apothecienform.

Sonstiges: Untersuchungen haben gezeigt, dass sich *C. tubulosa* genetisch nicht wesentlich von der rindenbewohnenden *C. juniperina* unterscheidet, deren Name Priorität hat.

Cetraria islandica (L.) Ach.

Isländisch Moos (ca. 1,4 ×)

Merkmale: *Eine braune bis graugrüne Strauchflechte mit aufrechten bis aufsteigenden, rinnigen bis verflachten, verzweigten Abschnitten, bodenbewohnend.* – *Lager* aufrecht bis aufsteigend, mit 2–7 mm breiten, spärlich (geweihartig) verzweigten, ± rinnigen bis v. a. an den Enden verflachten Abschnitten, auf der einen Seite glänzend braun bis grauoliv, auf der anderen meist heller und an schattigen Standorten fast weißlich, mit weißen, fleckförmigen, flächenständigen, vertieften Pseudocyphellen. Basis rötlich, an den Rändern oft mit regelmäßig stehenden „Zähnchen". *Apothecien* selten, an Lappenenden, braun, scheibenförmig, 2–10 mm breit.

Reaktionen*: K-, C-, P-/rötlich, Mark und Pseudocyphellen P ± orange.

Verwechslung: Farblich variable, aber charakteristische Art; ähnlich nur die sehr seltene *C. ericetorum* mit nur bis 1,5 mm breiten, deutlich rinnigen Lagerabschnitten und randständigen Pseudocyphellen. ↑*C. aculeata* hat kantige, bis 1 mm dicke, ringsum gleichgebaute, nicht rinnige Stämmchen.

Ökologie und Verbreitung: In Magerrasen, Heiden, lichten Wäldern auf sandigen bis steinigen, sauren bis kalkreichen Böden, in Blockmeeren, von Nordeuropa bis in Berglagen Südeuropas. Selten, durch Meliorierungen und Eutrophierung aus der Luft stark zurückgehend, stark gefährdet.

Heilkunde: Alte Arzneipflanze, eingesetzt bei Atemwegserkrankungen, fördert die Durchblutung der Schleimhäute, bis heute Bestandteil von reizlindernden und schleimlösenden Hustenpastillen und -tees. Früher in Island Nahrungsmittel.

Cetraria aculeata (Schreb.) Fr.

Hornflechte (ca. 4 ×)

Merkmale: *Braune bis dunkelbraune, aufrecht wachsende, locker verzweigte Strauchflechte mit dünnen grubigen und kantigen Stämmchen, auf mageren Böden.* – *Lager* glänzend braun bis dunkelbraun, locker verzweigt, bis 4 cm hoch, mit bis 1,5 mm dicken Stämmchen, starr. Stämmchen und Äste ringsum gleich gebaut, stielrundlich-kantig bis leicht abgeflacht, mit vereinzelten tiefen Gruben, nicht rinnig, mit dornartigen Fortsätzen. Mark in alten Ästen locker wattig. *Apothecien* sehr selten.

Reaktionen*: R-.

Verwechslung: Sehr ähnlich ist *Cetraria muricata,* die eine glatte, nicht oder nur andeutungsweise grubige bzw. kantige Oberfläche aufweist; die Äste sind stielrundlich, seltener abgeflacht, die Verzweigung ist dichter. ↑*Cetraria islandica* unterscheidet sich durch die breiten flachen bis rinnigen Lagerabschnitte deutlich.

Ökologie und Verbreitung: In Magerrasen, Zwergstrauchheiden, in sehr lichten Wäldern und an felsigen Blößen, meist in Gebieten mit Silikatgesteinen, aber auch in Kalkmagerrasen. Von der borealen Zone bis in die Gebirge des Mittelmeerraumes. Selten in Süddeutschland, häufiger in West-, Nord- und Ostdeutschland, gefährdet (Meliorierungen).

Flavocetraria cucullata
(Bellardi) Kärnefelt & A. Thell

Nephromopsis cucullata
(Bellardi) Divakar et al.

Eingerollte Tartschenflechte (1,7 ×), mit Alpenazalee

Merkmale: *Gelbliche bis blass gelbgrünliche, aufrecht wachsende Strauchflechte mit stark rinnigen bis fast röhrig eingerollten, glatten Lagerabschnitten, bodenbewohnend in alpinen Lagen.* – *Lager* blass gelbgrünlich bis blass grünlich, gegen die Basis auch rötlich bis violett, locker auf Erdboden oder Rohhumus, aufrecht, bis 4 cm, aus rinnigen bis fast röhrigen, gegen die Enden stärker verflachten Abschnitten, mit kurzen Ausbuchtungen und glatter Oberfläche. *Apothecien* sehr selten.

Reaktionen*: K-, C-, P-.

Verwechslung: Ähnlich gefärbt und gestaltet ist ↑*F. nivalis,* deren Lagerabschnitte stärker verflacht sind und keine glatte, sondern eine deutlich runzelige Oberfläche aufweisen; die Basis ist gelbbraun. ↑*Cetraria tubulosa* ist tiefgelb (auch Mark gelb).

Ökologie und Verbreitung: Über der Waldgrenze in windoffenen Rasengesellschaften und Zwergstrauchheiden. In der Arktis, der borealen Zone und den hohen Gebirgen Europas, isolierte, vom Aussterben bedrohte Populationen (Glazialrelikt) auch in Mittelgebirgen (Schwarzwald, Vogesen, Bayerischer Wald). Außerhalb Alpen sehr selten und vom Aussterben bedroht.

Sonstiges: Die Gattung *Flavocetraria* (früher *Cetraria*) wird nach neuen molekulargenetischen Erkenntnissen zu *Nephromopsis* gestellt.

Flavocetraria nivalis
(L.) Kärnefelt & A. Thell
Nephromopsis nivalis (L.) Divakar et al.
Schneeflechte (1,7 ×)

Merkmale: *Gelbliche bis blass gelbgrünliche, aufrecht wachsende Flechte mit ± abgeflachten, deutlich runzeligen Lagerabschnitten. Bodenbewohnend in alpinen Lagen.* – *Lager* blass gelbgrünlich bis blass grünlich, gegen die Basis oft gelbbräunlich, locker auf dem Erdboden oder Rohhumus aufsitzend, aufrecht (bis aufsteigend), bis 4 cm hoch. Lappen spärlich verzweigt, aus flachen bis leicht konkaven Abschnitten, mit runzeliger oder gerippter Oberfläche, 2–10 mm breit. *Apothecien* sehr selten.

Reaktionen*: K-, C-, P-.

Verwechslung: Ähnlich ist ↑*F. cucullata,* deren Lagerabschnitte stärker rinnig sind und eine glatte Oberfläche haben; die Basis ist oft weinrot. ↑*Cetraria tubulosa* ist tiefgelb. Beide Arten wachsen an ähnlichen Standorten wie *F. nivalis.*

Ökologie und Verbreitung: Über der Waldgrenze in windoffenen Zwergstrauchheiden und Magerrasen. In der Arktis, in der borealen Zone und in den Hochgebirgen, in Deutschland in den Alpen, isolierte, vom Erlöschen bedrohte Vorkommen (Glazialrelikte) im Böhmerwald und in der Lüneburger Heide.

Auf dem Foto ist ferner abgebildet:

Thamnolia vermicularis (Sw.) Schaerer Würmchenflechte, Totengebein (mit Stengellosem Leimkraut)

Lager aus weißen wurmartigen, pfriemlich zugespitzten, wenig verzweigten, liegenden bis aufsteigenden, röhrigen Gebilden, steril. Ökologie wie vorige. In Mitteleuropa in Alpen, Tatra, extrem selten und gefährdet im Harz, Böhmerwald, Riesengebirge.

Alectoria ochroleuca
(Hoffm.) A. Massal.
Strauchige Alectorie (1 ×)

Merkmale: *Auf dem Boden wachsende gelbliche bis grüngelbliche verzweigte Strauchflechte alpiner Lagen. – Lager* aufrecht bis (wie im Bild) fast niederliegend, bis ca. 8 (10) cm hoch, mäßig verzweigt, Äste bis 1,5 (2) mm dick, stielrundlich, gelblich bis grüngelblich, an den Spitzen oft grau bis schwärzlich gefärbt, mit spindelförmigen weißlichen „Narben" (Pseudocyphellen). *Apothecien* braun, sehr selten.

Reaktionen: K-, C-, P-. Mark KC-. Im UV-Licht Mark: -.

Verwechslung: Durch das Vorkommen in alpinen Lagen, die Farbe und die dünnen stielrunden Äste unverwechselbar. Die in Kümmerexemplaren ähnliche *A. sarmentosa* (Mark UV+) wächst an Ästen und Stämmen von Bäumen in feuchten Bergwäldern. Unter guten Wuchsbedingungen bildet letztere Flechte lange Bärte aus. Von *Usnea* unterscheidet sich die Gattung *Alectoria* durch das Fehlen des zähen weißen Zentralstranges, der das ganze Lager durchzieht.

Ökologie und Verbreitung: In windexponierten Magerrasen und Zwergstrauchheiden im Bereich der Waldgrenze und darüber, oft mit *Cetraria-, Flavocetraria-* und Rentierflechten-Arten „Flechtenheiden" bildend. Von der Arktis bis in südeuropäische Hochgebirge. Im außeralpinen Mitteleuropa sehr selten und vom Aussterben bedroht (Mittelgebirgsgipfel).

Stereocaulon alpinum Laurer

Alpen-Korallenflechte,
Alpen-Strunkflechte (1,6 ×)

Merkmale: *Strauchflechte, bildet grauweiße Teppiche oder Polster aus harten, korallenartigen, verzweigten hellen, dicht mit weißen Schüppchen bedeckten Stämmchen, bodenbewohnend in hohen Berglagen. – Stämmchen* weißlich bis meist rosa, kurzhaarig-filzig, knorpelig-zäh, nicht hohl, aufsteigend, bei Aufsicht auf die Polster (von oben) kaum zu sehen, weil dicht mit weißen, rundlichen, gekerbten bis eingeschnittenen kleinen Schuppen und Schollen besetzt, dicht zusammenschließend und Teppiche bildend, locker auf dem Boden aufliegend.

Reaktionen: R-.

Verwechslung: Einige ähnliche Arten der Gattung lassen sich durch ihre andere Substratwahl ausschließen, sie sind, wie ↑*S. dactylophyllum*, auf Gestein festgewachsen. Ebenfalls locker auf dem Boden wächst *S. tomentosum*, der Filz an den Stämmchen ist grau (bei *S. alpinum* weißlich, rosa bis grau) und die Schüppchen reagieren mit P+ orange (oft recht undeutlich). Die Art ist in Zentraleuropa im Aussterben begriffen. *Cladonia*-Arten haben hohle Stämmchen.

Ökologie und Verbreitung: Hauptsächlich über der Waldgrenze, selten im Mittelgebirge, auf sauren Böden, Rohböden, in Zwergstrauchheiden, in Gletschervorfeldern, auf Moränen. In Nordeuropa und in den Zentralalpen verbreitet, in Deutschland äußerst selten und vom Aussterben bedroht (Melioierung von Ödland).

Stereocaulon dactylophyllum Flörke

Fingerblättrige Korallenflechte (ca. 8 ×)

Merkmale: *Weißgraue, spärlich verzweigte, auf Gestein festgewachsene Strauchflechte mit soliden, beschuppten Stämmchen und braunen Apothecien.* – *Lager* grauweiß bis grau, strauchig, aus spärlich und unregelmäßig verzweigten, oft in größeren Büscheln oder „Rasen" wachsenden, aufsteigenden bis aufrechten Stämmchen. Stämmchen/Äste zäh, nicht hohl, mit ca. 1 mm großen, in fingerartige Abschnitte zerteilten bis gekerbten Schüppchen oder mit zylindrischen Anhängseln besetzt. *Apothecien* dunkelbraun bis braunschwarz, endständig oder an kurzen Seitenästen, bald halbkugelig, bis 1,5 mm.

Reaktionen: K+ gelblich, C-, P+ leicht orange.

Verwechslung: Von den Cladonien (z. B. ↑*C. squamosa)* durch solide, nicht hohle Lagerstiele unterschieden. Unter den direkt am Gestein festgewachsenen *Stereocaulon*-Arten ist die v. a. auf basischen Silikatgesteinen (z. B. Basalt) wachsende *St. vesuvianum* durch in der Mitte dunklere, rundliche, nicht stärker gegliederte Schüppchen ausgezeichnet, ferner treten bei dieser Art Apothecien nur selten, dagegen öfter Sorale auf.

Ökologie und Verbreitung: Auf Silikatgestein in Mittelgebirgen und Alpen in niederschlagsreichen Lagen an mäßig bis ziemlich lichtoffenen Standorten, selten, gefährdet. Im borealen Nadelwaldgürtel und im sommergrünen Laubwaldgebiet.

Cladonia stellaris
(Opiz) Pouzar & Vězda

Alpen-Rentierflechte (ca. 1,2 ×)

Merkmale: *Sehr dicht verzweigte, aufrecht wachsende, blass gelbliche bis gelblichweiße Strauchflechte, mit gleichmäßig nach allen Richtungen abgehenden, nicht gebräunten Ästen, die kuppel- bis blumenkohlförmig vorgewölbte Bereiche bilden. Flechte der Friedhofskränze. Alpin.* – Dicht buschförmig wachsend, blassgelb, blass grüngelblich, mit allseitswendigen, stielrunden, hohlen Ästen, reich verzweigt, ohne jeden Besatz von Blättchen, bis 8 cm hoch; Hauptstämmchen wenig deutlich entwickelt, bis 1 (2) mm dick; Äste gleichmäßig (meist) zu viert von offenen Achseln abgehend, ohne braune Enden. Ohne bodenständige Blättchen.

Reaktionen: K-, C-, P-.

Verwechslung mit ↑*C. portentosa* möglich, die ebenfalls gleichmäßig allseitswendig verzweigt ist, jedoch nur angedeutet blumenkohlartig untergliedert und weniger dicht verzweigt ist, ein ± deutliches Hauptstämmchen und oft gebräunte Enden aufweist und kaum in der alpinen Stufe vorkommt.

Ökologie und Verbreitung: Über der Waldgrenze v. a. in Zwergstrauchheiden (z. B. in Alpenrosengebüschen), selten in der montanen Stufe an kalten Orten in Hochmooren, in Blockmeeren. Sehr selten, stark zurückgehend, stark gefährdet (Eutrophierung, Klimawandel). Von der Arktis bis in die Hochgebirge der gemäßigten Zone, isolierte Vorkommen in hohen Mittelgebirgen.

Nutzung: Hauptbestandteil der Rentiernahrung und Exportartikel skandinavischer Länder (Friedhofskränze, Schmuckbäumchen für Modellbau).

Cladonia rangiferina
(L.) F. H. Wigg.

Echte Rentierflechte (2,8 ×)

Merkmale: *Reich verzweigte, aufrecht wachsende weißliche Strauchflechte mit spitzenwärts nach einer Seite gerichteten Ästen, ohne Blättchen.* – *Stämmchen* (Podetien) grauweiß, an den nach einer Seite gekrümmten Astspitzen gebräunt, reich verzweigt, stielrund, innen hohl, ganz ohne Blättchen oder Beschuppung, bis 5 (10) cm hoch, bis 1,5 (2) mm dick. Äste zu 3 oder 4 von offenen Achseln abgehend. Oberfläche matt, etwas filzig wirkend (Lupe). *Apothecien* selten. Ohne bodenständige Blättchen.

Reaktionen: K+ (leicht) gelb, C-, KC-, P+ rot/orange.

Verwechslung: Durch die grauweiße Farbe, die Reaktionen und die Verzweigung in jeweils 3–4 Äste gekennzeichnet. Mit blassen Formen von ↑*C. arbuscula* zu verwechseln, die einen leichten bis deutlichen Gelbstich hat und mit K nicht reagiert. Bei ↑*C. ciliata* gehen nur 2 (bis seltener 3) Äste von einer Verzweigungsstelle aus. ↑*C. portentosa* ist durch negative Reaktionen und nach allen Seiten hin ausstrahlende Äste charakterisiert.

Ökologie und Verbreitung: In Zwergstrauchheiden, Magerrasen, sehr lichten Wäldern, in Blockmeeren, an felsigen Blößen, auf sauren Böden an lichten Orten, auch locker auf Fels aufliegend. Gemäßigte und boreale Zone bis in die Tundra. Selten, durch Düngung und Entsteinung von Magerrasen und Eutrophierung aus der Luft stark gefährdet.

Nutzung: Bedeutende Nahrung der Rentiere, die etwa 2 kg Flechten (Trockengewicht) am Tag benötigen. In Notzeiten auch vom Menschen gegessen (Hungermoos). Fälschlich als „Isländisch Moos“ bezeichnet.

Cladonia arbuscula
(Wallr.) Flot.

Gelbliche Rentierflechte, Wald-Rentierflechte (1,7 ×)

Merkmale: *Reich verzweigte, aufrecht wachsende, blass gelbgrünliche bis grünlichweiße Strauchflechte mit spitzenwärts nach einer Seite gerichteten Ästen, ohne Blättchen. – Stämmchen* (Podetien) blass grüngelblich, blass gelblich, grünlichweiß, an den nach einer Seite gekrümmten Astspitzen gebräunt, reich verzweigt, stielrund, innen hohl, ohne jeden Besatz mit Schüppchen oder Blättchen, bis 5 (10) cm hoch; Hauptstämmchen bis 1,5 (2) mm dick. Äste zu dritt oder viert von offenen Achseln abgehend. Oberfläche stellenweise knorpelig-uneben. *Apothecien* selten. Ohne bodenständige Blättchen.

Reaktionen: K-, C-, KC+ gelb(lich), P+ rot/orange.

Verwechslung: Durch die fahlgelbe bis gelblichgrüne Tönung, die P-Reaktion und die Verzweigung in jeweils 3 oder 4 Äste gekennzeichnet. Sehr ähnlich ist *C. mitis*, die fast nur durch die negative P-Reaktion unterschieden wird; sie kommt v. a. in Sandheiden, Kalktrockenrasen und in Zwergstrauchheiden (besonders Alpen) vor. Sehr helle Formen von schattigen Stellen können mit ↑*C. rangiferina* verwechselt werden, die keinen Gelbstich hat und K ± gelb ist. Wachsen beide Arten nebeneinander, sind die Unterschiede gut zu erkennen.

Ökologie und Verbreitung: Ähnlich *C. rangiferina,* etwas häufiger, von breiterer ökologischer Amplitude, so auch an relativ niederschlagsarmen und wärmeren Habitaten. Ziemlich selten, gefährdet.

Nutzung: Wie *C. rangiferina* Bestandteil der Nahrung der Rentiere.

Cladonia portentosa (Dufour) Coem.

Ebenästige Rentierflechte (2 ×)

Merkmale: *Reich verzweigte, aufrecht wachsende, blass gelbgrünliche bis grünlichweiße Strauchflechte mit meist allseitswendigen Ästen. – Stämmchen* (Podetien) blass grünlichgrau, blass gründgelblich bis weißgrau (im Schatten), stielrund, hohl, mit geraden bis selten etwas nach einer Seite gekrümmten, spitzenwärts blassen (seltener gebräunten) Ästen, reich verzweigt, oft in kuppelförmige Bereiche gegliedert, feucht fast etwas durchscheinend-zart, ohne Blättchen oder Schuppen, bis 8 cm hoch; Hauptstämmchen deutlich bis weniger auffällig entwickelt, bis 1 (2) mm dick. Äste zu 3 oder 4 von offenen Achseln abgehend. Oberfläche filzig wirkend, nicht kompakt (Lupe). Ohne bodenständige Blättchen. *Apothecien* selten.

Reaktionen: K-, C-, P-, UV+ weißlich.

Verwechslung: Von ↑*C. arbuscula* und ↑*C. rangiferina* durch die meist gleichmäßiger nach allen Seiten ausgerichteten, oft nicht gekrümmten Zweige und die negative P-Reaktion unterschieden (*C. mitis* ist allerdings auch P-, aber UV–, derber, feucht nicht durchscheinend, hat gekrümmte Äste). Dicht verzweigte Lager können an ↑*C. stellaris* erinnern, die stärker kuppel-/blumenkohlförmige, dichter verzweigte Lager hat und fast ganz auf alpine Lagen beschränkt ist.

Ökologie und Verbreitung: Zwergstrauchheiden, Magerrasen, lichte Wälder, an felsigen Blößen, in der Regel auf sauren Böden an lichtreichen bis halbschattigen Standorten. Selten, durch Eutrophierung zurückgehend, gefährdet bis stark gefährdet. Im atlantisch-subatlantischen Bereich der sommergrünen Laubwaldzone bis ins Mittelmeergebiet.

Cladonia ciliata Stirt.
Zarte Rentierflechte (1,6 ×)

Merkmale: *Mäßig bis ziemlich reich verzweigte, aufrecht wachsende, weißgraue bis blass gelbgrünliche Strauchflechte mit spitzenwärts deutlich einseitswendigen, an den Enden ± braunen Ästen, die überwiegend zu zweit von einer Verzweigungsstelle abgehen. – Stämmchen* (Podetien) weißgrau oder blass grüngelblich, an den nach einer Seite gekrümmten Astspitzen deutlich gebräunt, mäßig bis ziemlich reich verzweigt, stielrund innen hohl, ohne jeden Besatz von Blättchen oder Schuppen, bis 8 cm hoch. Hauptstämmchen deutlich entwickelt, bis 1 mm dick. Äste zu zweit (seltener zu dritt) von offenen Achseln abgehend. Oberfläche oft etwas filzig wirkend (Lupe). *Apothecien* selten. Ohne bodenständige Blättchen.

Reaktionen: K-, C-, P+ rot.

Verwechslung: Von ↑*C. rangiferina*, ↑*C. arbuscula* und ↑*C. portentosa* durch die überwiegend nur zu zweit abgehenden Endästchen, von letzterer auch durch die positive P-Reaktion unterschieden, von ↑*C. rangiformis* durch die einseitswendige Verzweigung und das völlige Fehlen von Blättchen an den Stämmchen.

Ökologie und Verbreitung: Auf nährstoffarmen, aber oft basenreichen Böden in Magerrasen und in sehr lichten Wäldern, z. B. Eichen- und Kiefernwäldern, selten, durch Eutrophierung und Meliorierungen stark gefährdet. Vom westlichen Skandinavien über den subatlantischen Bereich des sommergrünen Laubwaldgebietes bis ins westliche Mittelmeergebiet.

Sonstiges: Alle Rentierflechten sind FFH-Arten.

Cladonia uncialis (L.) F. H. Wigg.

Igel-Säulenflechte (4 ×)

Merkmale: *Igelartige Polster bildende, blass gelbliche bis gelbstichig graugrünliche, spärlich gabelig verzweigte Strauchflechte mit auffallend zugespitzten Enden. – Stämmchen* (Podetien) gelblich, gelblichgrün bis graugrünlich, mehrfach gabelig verzweigt, mit nicht oder sehr schwach gekrümmten, scharf zugespitzten und ± gebräunten Zweigenden, stielrund, innen hohl, mit glatter Oberfläche ohne jeden Besatz von Blättchen oder Schuppen, bis 3 (5) cm hoch, 2 mm dick, dicht stehend, stachelige „Rasen" oder igelartige Polster bildend. *Apothecien* selten. Ohne bodenständige Blättchen.

Reaktionen: K-, C-, P-.

Verwechslung: An der gelblichen Färbung, spärlichen gabeligen Verzweigung, den zugespitzten Enden und dem Fehlen von Schuppen gut kenntlich; über der Waldgrenze kommt die ähnlich gefärbte *C. amaurocraea* vor, deren Lager höher (3–10 cm) sind und vereinzelt schmale Becher tragen.

Ökologie und Verbreitung: Auf sauren, nährstoffarmen Böden in Zwergstrauchheiden, lichten Wäldern, im Bereich von Blockmeeren, an felsigen Blößen, bis in die alpine Stufe, ziemlich selten, gefährdet, durch Eutrophierung und Meliorierungen zurückgehend. Von der Arktis bis in die sommergrüne Laubwaldzone, selten weiter südlich.

Cladonia rangiformis Hoffm.

Falsche Rentierflechte (1,7 ×)

Merkmale: *Weiß- bis hell grünlichgraue, reich gabelig verzweigte Strauchflechte mit meist gebräunten zugespitzten Enden, an warmen Standorten. – Stämmchen* (Podetien) weißgrau bis blass grünlichgrau, auffallend fein gescheckt (graue Felderchen auf weißem Grund), an den Enden gebräunt, wiederholt und regelmäßig gabelig geteilt, nicht gekrümmt, mit zugespitzten, geschlossenen Enden, v. a. an den dickeren Stämmchen mit einzelnen, abstehenden, kleinen Blättchen, bis 6 cm hoch. Oft größere Rasen bildend. *Apothecien* selten

Reaktionen: K+ gelb bis fast grün, C-, P-, selten P+ orange bis rot.

Verwechslung: Mit ↑*C. furcata* möglich, diese ist jedoch spärlicher und weniger regelmäßig verzweigt und reagiert stets P+ rot. *C. rangiformis* hat nie längs aufgeschlitzte bzw. rinnige Podetien. Die echten Rentierflechten haben gekrümmte Enden und nie Blättchen an den Stämmchen.

Ökologie und Verbreitung: Hauptsächlich an besonnten, warmen Stellen in Halbtrockenrasen und an felsigen Stellen auf basen-, oft kalkreichen Böden. Ziemlich selten, gefährdet. Vom Mittelmeergebiet über die sommergrüne Laubwaldzone bis ins südliche Skandinavien.

Cladonia furcata (Huds.) Schrad.

Gabel-Säulenflechte, Gegabelte Säulenflechte (1,7 ×)

Merkmale: *Sehr variable, meist spärlich und unregelmäßig verzweigte, braune bis graugrünliche Strauchflechte mit röhrigen bis rinnigen Stämmchen und offenen Achseln. – Stämmchen* (Podetien) grau, braun bis olivgrün, mäßig und meist unregelmäßig verzweigt, an den Enden oft gegabelt, spitz oder stumpf, ohne Becher, hohl oder längsrissig und ± rinnig und dann oft mit eingebogenen Rändern; Oberfläche glatt, aber in der Regel gescheckt (graugrünliche bis braune Bereiche wechseln mit weißen), mit vereinzelten abstehenden Blättchen oder (fast) ganz ohne solche; Achseln zwischen den Zweigen offen. Bodenständige Blättchen fehlend bis spärlich. Manchmal mit zahlreichen braunen Apothecien. In Kalktrockenrasen kommen stark verbogene und etwas gedunsene Podetien mit weißen Beulen vor.

Reaktionen: K- bis gelbgrün oder bräunlich, C-, P+ orange bis rot.

Verwechslung: Manche Formen ähneln ↑*C. rangiformis,* die aber nur selten mit P reagiert, regelmäßiger verzweigt (gleich lange Endzweige!) und regelmäßiger gescheckt ist; schlanke, nicht oder kaum verzweigte Formen können leicht mit ↑*C. gracilis* verwechselt werden, bei der jedoch gewöhnlich an den Enden einzelner Podetien schmale Becher zu finden und die Achseln stets geschlossen sind.

Ökologie und Verbreitung: Mit breiter ökologischer Amplitude, auf sauren und basischen Böden, in lichten Wäldern, an Waldrändern, an felsigen Stellen, in Rasen. Am weitesten in nährstoffreiche Habitate vordringende *Cladonia*-Art, ziemlich selten. In nahezu ganz Europa.

Cladonia subulata (L.) F. H. Wigg.
Pfriemen-Säulenflechte (1,7 ×)

Merkmale: *Flechte mit wenig verzweigten, langgestreckten, mehlig sorediösen Stämmchen, die zum Teil becherlos sind, zum Teil unregelmäßige, am Rand sprossende Becher tragen.* – *Stämmchen* hell grüngrau bis weißgrau, selten mit braunem Stich, wenig und unregelmäßig verzweigt oder oben gegabelt, oft auch einige unverzweigt, langgestreckt und dünn, an den Enden zugespitzt, zum Teil mit unregelmäßigen Bechern, die am Rand oft stiftartige Sprossungen bilden, fast auf der ganzen Oberfläche mehlig sorediös, höchstens basal mit einzelnen Blättchen, bis 8 cm hoch. *Apothecien* braun, selten. Bodenständige Blättchen klein, spärlich bis fehlend.
Reaktionen: K-, C-, P+ rot, UV-.
Verwechslung: ↑*C. coniocraea* wird kaum über 2 cm hoch, hat ein meist gut entwickeltes Lager aus grundständigen Blättchen und bildet selten Becher, die zudem kaum breiter als die Stämmchen sind und nicht sprossen. *C. rei* ist sehr ähnlich; ihre deformierten Becher sprossen viel seltener, sie hat meist einen Braunstich und leuchtet im UV-Licht weiß. UV+ weiß ist auch *C. glauca*, die aber fast nie (und dann sehr schmale) Becher bildet und an der Flanke der schlanken, zugespitzten Podetien oft eine Längsfurche aufweist; von den erwähnten Arten hebt sie sich auch durch die negative P-Reaktion ab.
Ökologie und Verbreitung: An lichtreichen Stellen auf nährstoffarmen, sauren, sandigen bis lehmigen Böden in Vegetationslücken, z. B. in Heiden, an Wegen, Böschungen, Kiesgruben. Mäßig häufig. In ganz Europa (außer Arktis).

Cladonia squamosa
Hoffm.

Schuppige Säulenflechte (ca. 4 ×)

Merkmale: *Variable Strauchflechte mit dicht mit Blättchen besetzten, weißlichen Stämmchen und offenen Enden oder innen offenen Bechern. – Stämmchen* (Podetien) ± entrindet, d. h. das Mark entblößend und daher weißlich bis graugrün, ± dicht mit grauen, graugrünlichen bis braunen Blättchen besetzt, meist kaum verzweigt, hohl, an den Enden offen und nicht oder wenig erweitert, meist 2–5 cm hoch, 1–3 mm dick; Oberfläche mehlig bis körnig oder warzig, berindete Stellen glatt bis gefeldert. *Apothecien* nicht selten, braun, klein. Grundständige Blättchen meist zahlreich, klein, zerschlitzt, oben grau, graugrünlich, braun, unterseits weiß.

Reaktionen: K- (selten K+ gelb), C-, P-, selten P+ orange (nicht rot).

Verwechslung: Bei Beachtung der offenen Enden und der normalerweise ausbleibenden P-Reaktion, der entrindeten, oft körnigen bis mehligen Oberfläche im Allgemeinen trotz der Variabilität gut zu erkennen.

Verbreitung: In Wäldern und Zwergstrauchheiden, an felsigen Stellen, auf bemoosten Felsen, am Fuße von (bemoosten) Baumstämmen, an alten Stümpfen, v. a. in kühl-feuchten Lagen weit verbreitet, mäßig häufig. In ganz Europa.

Cladonia gracilis (L.) Willd.

Schlanke Becherflechte (2,5 ×)

Merkmale: *Art mit schlanken, nicht oder sehr spärlich verzweigten, zumindest teilweise schmale Becher tragenden Stämmchen mit glatter Oberfläche, meist oliv bis braun. – Stämmchen* (Podetien) oliv bis braun, meist ziemlich dicht stehend, aufrecht, nicht oder wenig verzweigt, oft auffallend gerade, bis 4 (7) cm hoch, 0,5–2 (4) mm dick, zumindest teilweise mit schmalen Bechern endend; Becher 0,5–5 mm breit, innen geschlossen, am Rand oft gezähnt; Oberfläche glatt, aber oft scheckig gefeldert, ohne oder mit vereinzelten abstehenden Blättchen, nicht sorediös. *Apothecien* braun, ziemlich häufig. Bodenständige Lagerblättchen oft spärlich (bis verschwindend), oberseits wie Podetien gefärbt, unterseits weiß.

Reaktionen: K-, C-, P+ rot.

Verwechslung: Mit ↑*C. furcata* möglich, vor allem, wenn die Becher sehr schmal und spärlich entwickelt sind. *C. furcata* hat jedoch offene Verzweigungsachseln und bildet nie Becher aus. *C. gracilis* ist besonders durch den schlanken, meist geraden, vertikalen Wuchs gekennzeichnet. Mit fragmentarischen Proben, die unverzweigte Podetien mit zugespitzten Enden haben, kann es Bestimmungsprobleme geben.

Verbreitung: In Zwergstrauchheiden, an felsigen Stellen, an Blößen von Bergwäldern, v. a. in feucht-kühlen Lagen, auf sauren Böden. Selten, gefährdet. Von der Arktis bis in die Berglagen der submediterranen Zone.

Cladonia verticillata
(Hoffm.) Schaer.

Etagen-Becherflechte (2,4 ×)

Merkmale: *Graubraune bis olivgraue, glatt berindete Becherflechte, bei der aus der Bechermitte stockwerkartig neue Becher sprossen. – Stämmchen* mit trichterartig ansetzendem, ziemlich breitem Becher, aus dessen Mitte häufig ein weiteres bechertragendes Podetium sprosst, aus diesem bei guter Entwicklung ein drittes etc., bis etwa 4 cm hoch; Becherrand oft gezähnt, mit braunen Punkten (Pyknidien); Oberfläche ziemlich glatt berindet, aber etwas gescheckt, grau bis braun, olivgrau, nicht servediös, basal spärlich mit kleinen Blättchen besetzt. *Apothecien* nicht selten, braun, klein, am Becherrand. Bodenständige Blättchen aufgebogen, unterseits weiß, oberseits grau bis bräunlich, meist bis 4 mm lang, mit abgerundeten Enden.

Reaktionen: K-, C-, P+ orangerot.

Verwechslung: Durch die aus der Mitte sprossenden Becher und die relativ glatte, nicht servediöse Oberfläche gut zu erkennen. *Cladonia cervicornis* hat ebensolche, aber meist gedrungene Podetien, die aber nur spärlich gebildet werden und meist kurz bleiben, dagegen sind die grundständigen, eingerollten Blättchen dominant entwickelt, viel größer und stark *geteilt*, ähnlich ↑*C. foliacea*, aber unterseits nicht gelblich.

Verbreitung: In Silikatmagerrasen und Zwergstrauchheiden, im Bereich von felsigen Blößen, in Sandfluren durch nahezu ganz Europa. Selten und durch Eutrophierung und Meliorierungen gefährdet.

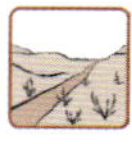

Cladonia fimbriata (L.) Fr.

Trompetenflechte, Trompeten-Becherflechte (2,8 ×)

Merkmale: *Mit auffallend regelmäßigen, deutlich gegen die Stiele abgesetzten, pokalähnlichen Bechern und sehr feinmehliger Oberfläche.* – *Podetien* hellgrau bis leicht grünlich, aus relativ langem Stiel ziemlich unvermittelt in trichterige bis pokalförmige Becher übergehend, durchweg (auch im Becher) mit fein mehlig sorediöser Oberfläche, bis 2 cm hoch, Becher meist bis um 4 mm breit. *Apothecien* am Becherrand, braun, selten. Grundständige Blättchen klein, oft sehr spärlich, grau (grünlich).

Reaktionen: K-, C-, KC-, P+ orangerot.

Verwechslung: Die Podetien von ↑*C. pyxidata* (inkl. *C. chlorophaea*) sind gedrungener (Stiel relativ kurz, Becher relativ breit) und haben keine gänzlich mehlige, sondern körnige bis teilweise warzige oder schollige Oberfläche, zumindest gegen die Basis bzw. in den Bechern; auch die Reaktionen können abweichen.

Ökologie und Verbreitung: Europaweit auf sandigen und sandig-lehmigen Böden, auch auf morschem Holz oder an der Basis von Baumstämmen an lichtreichen Standorten. Mäßig häufig.

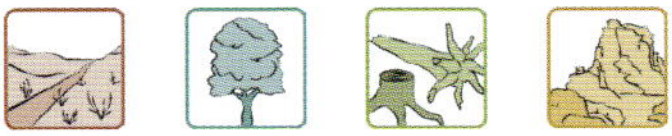

Cladonia pyxidata (L.) Hoffm.

Gewöhnliche Becherflechte (2,6 ×)

Merkmale: *Graugrünliche, graue bis braungraue Flechte mit regelmäßigen, breiten Bechern auf meist kurzem Stiel, der zumindest im unteren Teil mit kleinen rundlichen Schollen bedeckt oder berindet ist.* – *Podetien* grau bis graugrünlich, auch (an sonnigen Orten) gebräunt, bis 2 (2,5) cm hoch, mit meist kurzem Stiel und bis 8 (12) mm breitem Becher, Stiel allmählich in Becher übergehend; Becherrand meist mit kleinen braunen Punkten (Pyknidien). *Apothecien* mäßig selten, sitzend oder gestielt, braun. Grundständige Blättchen klein, meist dichtstehend, graugrünlich, flach bis gebogen.

Reaktionen: K-, C-/C+ gelblich, KC-/KC+ rot, P-/P+ rot.

Verwechslung: Die Art (in weiter Fassung) ist sehr variabel und wird oft aufgeteilt in mehrere schwer zu trennende Arten. ↑*C. fimbriata* unterscheidet sich durch die durchgehend feinmehlige Oberfläche, die relativ langen Stiele und schlanken trichterigen bis pokalförmigen Becher. Vielfach wird *C. chlorophaea* als Art anerkannt, sie hat eine körnige Oberfläche, während *C. pyxidata* mit gröberen Partikeln bedeckt ist (kleine Schollen besonders im Becher). Auch ↑*C. coccifera* kann ähnlich aussehen, wenn die roten Pyknidien am Becherrand sehr klein und unauffällig sind (mit Lupe überprüfen).

Ökologie und Verbreitung: Auf Erdboden, Humus, Holz, bemoosten Felsen und an der bemoosten Basis von Bäumen (dort eher *C. chlorophaea*) an schattigen bis lichtreichen Orten, mäßig häufig. In ganz Europa.

Heilkunde: Früher als Herba ignis oder Lichen pyxidatus gegen Fieber und Keuchhusten offizinell verwendet.

Cladonia coccifera (L.) Willd.

Echte Scharlachflechte (2,6 ×)

Merkmale: *Becherflechte mit blass grünlichem Ton, mit kurz gestielten, ziemlich regelmäßigen, breiten Bechern mit randständigen roten Pünktchen (Lupe) oder Fruchtkörpern. – Podetien* blass grünlich, hell gelblichgrün, graugrün, bis 2 cm hoch, mit bis 1 cm breiten Bechern, dicht mit kleinen rundlichen Schollen bedeckt oder stellenweise auch mit abstehenden Blättchen, am Becherrand mit roten Pyknidien oder gewölbten roten *Apothecien.* Grundständige Blättchen zahlreich, bis 5 (8) mm lang, wie die Podetien gefärbt, unterseits weiß, die Basis jedoch gelblich bis gelbbraun.

Reaktionen: K-, C-, KC+ gelb, P-.

Verwechslung: Von ↑*C. pyxidata,* die ähnlich gestaltet ist, durch den gelbgrünlichen Farbstich und v. a. die roten Pyknidien/Apothecien unterschieden; *Cladonia pleurota* ist sehr ähnlich, hat ebenfalls rote Fruchtkörper, unterscheidet sich aber durch die feiner körnige (sorediöse) Oberfläche. *Cladonia deformis* hat schlankere Becher und einen stärkeren Gelbton; sie ist auf der ganzen Oberfläche sehr fein mehlig sorediös, d. h. die Soredien sind noch kleiner als bei *C. pleurota.* – Trotz ihrer relativ auffälligen Gestalt sind die Becherflechten (*C. pyxidata-* und *C. coccifera*-Gruppe) nicht leicht den beschriebenen Arten zuzuordnen. Die abgebildete Sippe mit abstehenden Blättchen wird auch als *C. diversa* unterschieden.

Ökologie und Verbreitung: Auf sauren, mageren Böden, auf bemoosten Felsen, vorwiegend in Berglagen, an lichtreichen Standorten. Selten. Vom mittleren/südlichen Skandinavien bis in Berglagen des Mittelmeerraumes.

Cladonia digitata (L.) Hoffm.

Finger-Becherflechte (2,5 ×), f

Merkmale: *Mit großen, rundlichen, oft am Rande aufgebogenen, unterseits und am Rande sorediösen grundständigen Blättchen und sehr variabel aussehenden rotfrüchtigen Podetien.* – *Podetien* an berindeten (= ± glatten) Stellen grau, sonst meist großflächig weiß sorediös, sehr vielgestaltig, oft schlecht entwickelt, einfach stiftförmig (gerade bis gekrümmt) bis bechertragend und oft am Becherrand mit stiftförmigen Fortsätzen, bis 2 (3) cm; Becher meist relativ flach. *Apothecien* (mäßig häufig) und *Pyknidien* (fast regelmäßig vorhanden) rot. Grundständige Blättchen grau, unterseits weiß, gegen die Anheftungsstelle oft orange, bis 10 mm, abgerundet, wenig gekerbt, kaum länger als breit, am Rand aufgebogen, unterseits und am Rand sorediös, dicht stehend, oft überlappend.

Reaktionen: K+ gelb, C-, P+ orange.

Verwechslung: Durch die großen, unterseits und am Rand stark sorediösen Blättchen meist leicht kenntlich. Nur wenige andere Cladonien haben deutlich sorediöse Lagerschuppen, diese sind dann aber viel kleiner (meist unter 3 mm breit). Typisch auch die gelbe K-Reaktion. *Cladonia polydactyla* kann ähnlich aussehende Podetien haben, besitzt aber kleinere, gekerbte bis eingeschnittene Lagerblättchen. Beide haben in trockenem Zustand eine rein graue Färbung.

Ökologie und Verbreitung: In ganz Europa – außer Trockengebieten – auf saurem Substrat, auf morschem Holz, Rohhumus, humosen Böden, an der Basis von Bäumen (v. a. Koniferen), oft auch ohne Podetien und nur mit den großen grundständigen Blättchen. Mäßig häufig, durch Eutrophierung wohl zurückgehend.

Cladonia macilenta Hoffm.

Rotfrüchtige Säulenflechte (2,5 ×)

Merkmale: *Mit stiftförmigen, einfachen bis oben geteilten, weißen bis grauen Podetien und roten Fruchtkörpern, auf Holz und Erdboden.* – *Podetien* weiß bis grau, einfach stiftförmig bis oben mit ein bis zwei Ästen, stumpf oder zugespitzt endend, ohne Becher, bis 2 (3) cm hoch; Oberfläche ganz feinmehlig sorediös, weißlich. *Apothecien* rot, endständig, einzeln bis geknäuelt und vorstehend, oft fehlend, dann jedoch meist mit endständigen punktförmigen roten *Pyknidien*. Grundständige Blättchen klein, länglich, gekerbt, mitunter unterseits sorediös.

Reaktionen: K+ gelb/K-, C-, P+ orange/P-.

Verwechslung: Sehr ähnlich ist *C. floerkeana*, die von manchen Lichenologen zu *C. macilenta* gerechnet wird. Ihre Podetien sind grobkörnig bis warzig berindet, ± grau und oft mit Blättchen besetzt, oben öfter geteilt, kaum auf morschem Holz, meist auf mageren Böden. Die Podetien von *C. polydactyla* sind an der Spitze mehrfach geteilt („vielfingerig“), ihre grundständigen Blättchen rein grau. Sterile, oft etwas zugespitzte mehlig sorediöse Podetien können leicht mit ↑*C. coniocraea* verwechselt werden, die jedoch oft eher grünlichgrau aussieht und nicht mit K reagiert; bei längerer Suche sind bei einzelnen Podetien eines Rasens braune Pyknidien an der Spitze zu entdecken, bei *C. macilenta* rote.

Ökologie und Verbreitung: Ziemlich selten bis mäßig häufig auf sauren, armen Böden, Torf, altem Holz oder basal an alten Bäumen im Freiland wie in Wäldern. Vom mittleren Fennoskandien bis ins Submediterrangebiet.

Cladonia coniocraea (Flörke) Spreng.

Gewöhnliche Säulenflechte (1,7 ×)

Merkmale: *Mit zugespitzten oder stumpf endenden, stift- oder schlank hornförmigen, unverzweigten, hellgraugrünlichen Podetien und meist reichlich entwickelten, grundständigen Blättchen.– Podetien* hell graugrünlich bis grauweißlich, unverzweigt, zugespitzt oder stumpf endend, schlank hornförmig gebogen oder ± gerade, bis 2 cm hoch, 1–2 mm dick, sehr selten mit sehr schmalen angedeuteten Bechern, feucht intensiver grünlich; Oberfläche mehlig-sorediös, nur an der Basis in einem schmalen Bereich nicht sorediös und hier oft mit abstehenden Blättchen. *Grundständiges Lager* aus kleinen graugrünlichen, unterseits weißlichen, mitunter sorediösen Blättchen. *Apothecien* braun, selten. *Pyknidien* braun.

Reaktionen: K-, C-, P+ rot.

Verwechslung: ↑*C. subulata* (siehe auch dort) wird wesentlich größer, ist verzweigt und hat angedeutete Becher, aus deren Rand stiftförmige Fortsätze sprossen. ↑*C. macilenta* hat oft auch einfach stiftförmige Podetien, reagiert aber entweder P-, K- oder meist P+ orange, K+ gelb und ändert in feuchtem Zustand ihre Farbe nicht.

Ökologie und Verbreitung: Auf morschem Holz, an Baumstümpfen, basal an Bäumen, auf Moosen, auf dem Erdboden, wohl häufigste *Cladonia*-Art, sehr oft an Stämmen. V. a. im borealen Waldgebiet und in der Zone der sommergrünen Laubwälder.

Menegazzia terebrata
(Hoffm.) A. Massal.
Löcherflechte (4,3 ×)

Merkmale: *Graue bis bläulichgraue Laubflechte mit perforierten Lappen und schwarzer Unterseite ohne Rhizinen.* – *Lager* mit grauer bis blaustichig grauer, glatter, schwach glänzender Oberfläche, meist rosettig-rundlich und ± anliegend, bis 8 cm breit; Lappenränder mitunter braunstichig; Lappen 1–2 mm breit, verflacht, aneinanderschließend, innen hohl; *Oberseite* mit zerstreuten kleinen Löchern, an den Enden abgerundet, *Unterseite* schwarz, nur am Rand braun, ohne Rhizinen. *Sorale* vorstehend, ringförmig um die Löcher sich entwickelnd bis schließlich gewölbt. *Apothecien* sehr selten.

Reaktionen: Mark K+ gelb, P+ gelborange, C-.

Verwechslung: Hat Ähnlichkeit mit ↑*Hypogymnia physodes*, ist jedoch an den Perforationen der Oberseite leicht zu unterscheiden und hat keine lippenförmigen Sorale.

Ökologie und Verbreitung: In niederschlagsreichen Lagen in Laub- und Mischwäldern, v. a. in montanen Lagen der Alpen, sonst sehr selten (Mittelgebirge); stark gefährdet (forstwirtschaftliche Faktoren), Art historisch alter Wälder. Im sommergrünen Laubwaldgebiet von Südskandinavien bis in montane Lagen des Submediterrangebietes, in Osteuropa sehr selten. Die Gattung ist mit über 50 Arten auf der Südhalbkugel, aber in Europa nur mit zwei Arten vertreten.

Hypogymnia physodes (L.) Nyl.

Gewöhnliche Blasenflechte (ca. 2 ×)

Merkmale: *Hellgraue Laubflechte mit hohlen Lappen, meist mit Lippensoralen an den Lappenenden, unterseits kahl, dunkel gefärbt. – Lager* hellgrau, oft leicht blaustichig grau, bei feuchtem Wetter (auch hoher Luftfeuchte) leicht grünstichig, zuweilen schwarzfleckig, matt bis glänzend, glatt, rosettig oder unregelmäßig wachsend, locker anliegend, bis 5(–10) cm breit; *Unterseite* dunkelbraun bis schwarz (nur an den Enden heller braun), runzelig, ohne Rhizinen. *Lappen* 5–15 × 1–3 mm, ± hohl, oft etwas gewölbt, Enden etwas aufsteigend und mit weißen Lippensoralen (aber jung noch anliegend und ohne Sorale); *Apothecien* selten.

Reaktionen: K+ gelb (später oft rotbraun), C-, P-. Mark/Sorale: K-, C-, P+ orange.

Verwechslung: Die *Hypogymnia*-Arten sind von anderen Flechten (außer *Menegazzia*) durch die rhizinenlose, zentral schwärzliche Unterseite und die hohlen Lappen zu unterscheiden. ↑*H. tubulosa* hat teilweise fingerartige, aufsteigende Lappen mit Kopfsoralen an den Enden, ↑*H. farinacea* hat unregelmäßig aufbrechende Sorale auf der Oberfläche; beide sind P-. *Hypogymnia vittata* hat langgestreckte, schwarz gesäumte Lappen und ist nur in hochmontanen Wäldern heimisch.

Ökologie und Verbreitung: An saurer Rinde. War eine der häufigsten Laubflechten, im Zuge der sinkenden Belastung mit SO_2 und der zunehmenden Eutrophierung zurückgehend. Von der polaren Waldgrenze bis ins Mittelmeergebiet.

Name: Die Namen (physodes = blähend) nehmen auf die „aufgeblasenen", hohlen Lappen Bezug.

Hypogymnia farinacea Zopf

Mehlige Blasenflechte (3 ×)

Merkmale: *Laubflechte mit flächenständigen, unregelmäßigen Soralen und rhizinenloser Unterseite.* – *Lager* grau, auch mit leicht bläulichem Stich, rosettig oder unregelmäßig ausgebreitet, bis 7 cm Durchmesser, ± anliegend; *Lappen* 1–3 mm breit, gewölbt (aber an den Enden verflacht und oft verbreitert und nicht aufsteigend); *Unterseite* schwarz, ohne Rhizinen, randlich oft braun. *Apothecien* sehr selten.

Reaktionen: Mark und Sorale: K-, C-, KC+ rot, P-!; Rinde: K+ gelb (später oft rotbraun), C-, P-.

Verwechslung: Die *Hypogymnia*-Arten sind von anderen Laubflechten durch die rhizinenlose, schwärzliche Unterseite und die hohlen, „aufgeblasenen" Lappen zu unterscheiden. Unterschiede zu ↑*H. physodes*: *H. farinacea* zeigt mit P keine Reaktion, die Sorale sind diffus und flächenständig, das Lager liegt stärker an, die Oberseite ist zentral oft etwas runzelig. ↑*Hypogymnia tubulosa* (ebenfalls P-) hat teilweise eher zylindrisch-fingerartige, stärker aufsteigende Lappen und an deren Enden Kopfsorale. Kümmerexemplare sind nicht immer sicher anzusprechen.

Ökologie und Verbreitung: An sauren Rinden, v. a. an Nadelbäumen (besonders am Stamm), vorwiegend in feuchten montanen Lagen, in niederen Lagen sehr selten (z. B. an Eichen); hat höhere Feuchtigkeitsansprüche als die beiden anderen behandelten Hypogymnien. Ziemlich selten. Vom mittleren Fennoskandien bis in die Gebirge des Mittelmeerraumes.

Hypogymnia tubulosa (Schaer.) Hav.

Röhrige Blasenflechte (3 ×)

Merkmale: *Graue, tief geteilte Laubflechte mit endständigen Kopfsoralen. – Lager* grau bis blaugrau, matt (nur soredienlose Lappenenden gelegentlich glänzend bräunlich), dem von *H. physodes* ähnlich, aber *Lappen* teilweise fingerartig-zylindrisch und röhrig, locker stehend, aufstrebend, später aufgerichtet, 0,5–3 cm lang, 1–3 mm dick/breit. An den Enden der aufgerichteten Lappen befindet sich oft ein großes, weißliches Kopfsoral; *Unterseite* wie bei *H. physodes. Apothecien* sehr selten.

Reaktionen: K+ gelb (später oft rotbraun), C-, P-; Mark und Sorale: K-, C-, KC+ rot, P-!

Verwechslung: Die *Hypogymnia*-Arten sind gegenüber anderen Blattflechten durch die rhizinenlose (schwärzliche, randlich braune) Unterseite und die hohlen Lappen charakterisiert. ↑*H. physodes* unterscheidet sich durch die rote P-Reaktion der Sorale/des Marks, durch lippenförmige Sorale und abgeflachte Lappen. ↑*H. farinacea* hat diffuse Flächensorale (Kümmerexemplare mit schlecht entwickelten Soralen sind nicht immer sicher von *H. tubulosa* zu unterscheiden, da die chemischen Reaktionen gleich sind).

Ökologie und Verbreitung: Auf mäßig saurer bis basenreicher Rinde, an Zweigen von Laub- und Nadelbäumen oder am Stamm freistehender Bäume. Mäßig häufig, hat zugenommen (mäßige Eutrophierung aus der Luft vertragend). Von Nord- bis Südeuropa.

Lobaria pulmonaria (L.) Hoffm.

Echte Lungenflechte (ca. 1 ×), f

Merkmale: *Große hellbraune, feucht grüne bis olivfarbene Laubflechte mit sehr breiten Lappen, deren Oberfläche durch zahlreiche ovale Dellen gegliedert ist.* – *Lager* oliv bis braun oder blass grünlich, feucht ± grün, bis über 20 cm, tief geteilt, oft größtenteils vom Substrat abstehend; Lappen 1–3 cm breit, auf der Oberseite durch ovale Dellen und dazwischen liegende „Netzrippen" gegliedert, auf den Netzrippen oder am Rand mit rundlichen Soralen, seltener mit verflachten Isidien, unterseits mit ovalen, hellbeigen Vorwölbungen, dazwischen in den Vertiefungen hellbräunlich, braun oder schwarzbraun und filzig-kurzhaarig. *Apothecien* früher häufig, heute sehr selten, rotbraun, mit Lagerrand, ± flach, verengt sitzend, v. a. an Lappenrändern.

Reaktionen: Mark K+ gelborange, C-, P+ rot.

Verwechslung: Mit *L. linita* möglich, die keine Sorale oder Isidien hat, im Mark nicht mit P reagiert und über der Waldgrenze auf humosem Boden vorkommt.

Ökologie und Verbreitung: In niederschlagsreichen Lagen von der borealen Zone bis in Berglagen Südeuropas, v. a. an ozeanisch getönten Standorten in naturnahen Wäldern, fast nur noch in Gebirgen an alten Laubbäumen, selten auf Fels; selten, stark gefährdet, gesetzlich streng geschützt.

Heilkunde: Wurde wegen der entfernten Ähnlichkeit mit einer Lunge im Mittelalter gegen Lungenleiden (Blutspucken und Schwindsucht) eingesetzt; in der Homöopathie noch heute gegen Husten verschrieben. Früher in Sibirien (Gehalt an Bitterstoff) als Hopfenersatz bei der Bierbrauerei verwendet.

Pleurosticta acetabulum
(Neck.) Elix & Lumbsch

Essigflechte, Essignapfflechte (1,5 ×)

Merkmale: *Düster grüne bis bläulichgrüne, großlappige Laubflechte, oft mit Apothecien.* – *Lager* dunkelgrün, graugrün, olivgrün, bräunlichgrün (feucht grün), oft grau bereift und dann auch blaugrün, bis 15 cm breit, rosettig oder unregelmäßig wachsend, durch die vorstehenden Apothecien und aufgebogenen Lappen reliefreich, ohne Isidien und Sorale; *Lappen* groß (bis 10 × 3–10 mm), derb, aneinanderschließend oder sich deckend, am Rand gewöhnlich aufgebogen, an älteren Lagerteilen deutlich querrunzelig; *Unterseite* in der Mitte schwarz bis braunschwarz, mit einfachen Rhizinen, am Rande ± braun, rhizinenlos. *Apothecien* häufig, sehr groß (0,5–2 cm), jung schüsselförmig, später verbogen, braun, *Rand* dick, eingebogen, lagerfarben, warzig.

Reaktionen: Mark K+ gelb, dann rot, C-, P+ gelb, dann langsam orange.

Verwechslung: Durch die großen, düster olivgrünen Lappen ohne Isidien und Sorale gut charakterisiert. Die in den Alpen verbreitete *Melanohalea glabra* sieht bis auf die braune Farbe ähnlich aus. Die übrigen *Melanelixia*- und *Melanohalea*-Arten sind deutlich zierlicher, alle braun bis braunoliv gefärbt und fast alle isidiös oder sorediös, außer *M. exasperata* und extrem seltenen Arten.

Ökologie und Verbreitung: An freistehenden Laubbäumen auf nährstoffreicher, zumindest basenreicher, meist rissiger Rinde, mäßig häufig. Vom südlichen Fennoskandien bis ins Mittelmeergebiet.

Name: Essigflechte nach lat. acetabulum = Essignäpfchen, wegen der napfähnlichen Apothecien.

Flavoparmelia caperata (L.) Hale

Caperatflechte (2 ×)

Merkmale: *Gelblichgrüne, großlappige Laubflechte mit Soralen und mit C nicht reagierendem Mark. – Lager* gelblichgrün (ältere Lappen – v. a. im Schatten – häufig grüngrau), rosettig oder unregelmäßig wachsend, ± anliegend, aber manchmal etwas „faltig" abgehoben, bis 12 cm breit; *Lappen* breit (bis 10 mm), abgerundet, oft gekerbt, aneinanderschließend oder überlappend, an den Enden meist glatt und etwas glänzend, in der Lagermitte oft deutlich querrunzelig, mit grobkörnigen bis warzigen, unregelmäßigen *Flecksoralen,* die zuerst punktförmig und unauffällig sind, auf älteren Lagerpartien aber größerflächig sein können; *Unterseite* schwarz, matt, am Rand rhizinenlos, braun, glänzend.

Reaktionen: K± gelblich, C-, P-; Mark und Sorale K-, C-, P+ orangegelb bis rot.

Verwechslung: Im Zuge der Klimaerwärmung ist die ähnliche *F. soredians* eingewandert (v. a. im Süden und Westen); sie reagiert im Mark K+ rot. *Flavopunctelia flaventior* hat Pseudocyphellen, Randsorale und ein C+ rotes Mark. Sonst durch die helle gelblichgrüne Farbe kaum zu verwechseln. ↑*Parmeliopsis ambigua* hat wesentlich schmalere, dicht angedrückte Läppchen.

Ökologie und Verbreitung: An mäßig bis ziemlich saurer Rinde von Laubbäumen an lichtreichen Orten, im Wald v. a. an Ästen, selten auf Silikatfels, ziemlich empfindlich gegen saure Immissionen (war in der 2. Hälfte des 20. Jh. oft nur beschädigt zu finden) und gegen Eutrophierung. Ziemlich häufig. Von Mitteleuropa bis in den Mittelmeerraum.

Parmelia saxatilis (L.) Ach. s. l.

Fels-Schüsselflechte, Steinmoos (4,3 ×)

Merkmale: *Graue, großlappige Laubflechte mit zylindrischen bis korallenartigen Isidien und unebener („gehämmerter") Oberfläche. – Lager* aschgrau, bläulichgrau (an den Rändern oft bräunlich), rosettig, bis 10 cm, ältere Lager locker anliegend; *Lappen* 5–20 × 1–4 mm, ± flach, aber stellenweise oder völlig mit unregelmäßigen, weißlichen, leicht erhabenen Netzadern bedeckt („netzige", gehämmerte Oberfläche v. a. an jungen Lappen), spärlich bis dicht isidiös; *Isidien* zylindrisch bis koralloid, lagerfarben oder mit braunen Spitzen, zunächst auf den Netzadern, bei älteren Exemplaren ist das gesamte Zentrum mit Isidien besetzt; *Unterseite* schwarz, am Rand auch dunkelbraun, bis zum Rand mit einfachen schwarzen Rhizinen besetzt. Sehr variabel. Form der Lappen oft wie bei *P. sulcata*.

Reaktionen: K+ gelb; Mark K+ gelb, später orange bis rot, C-, P+ orangerot.

Verwechslung: ↑*Parmelina tiliacea/pastillifera* und *Imshaugia aleurites* haben auch Isidien, aber auf der Oberseite keine vernetzten („gehämmerten") Unebenheiten (die letztere ist zudem viel kleiner). ↑*Parmelia sulcata* besitzt ebenfalls eine gehämmerte, „netzgratige" Oberfläche, hat aber Sorale. ↑*Punctelia subrudecta* und *P. jeckeri* sind unterseits beige bis rosabraun, haben Fleck- und Bortensorale und punktartige Pseudocyphellen.

Ökologie und Verbreitung: An Silikatfelsen (besonders an windgeschützten Flanken) und an der sauren Rinde von Laub- und besonders Nadelbäumen, ziemlich selten. In ganz Europa.

Nutzung: Früher zur Herstellung von braunen und roten Farben verwendet.

Parmelia sulcata Taylor

Sulcatflechte, Furchen-Schüsselflechte (2,3 ×)

Merkmale: *Graue Laubflechte mit langgestreckten, verzweigten, an den Enden abgestutzten Lappen mit länglichen Soralen.* – *Lager* grauweiß bis grau, matt, tief in Lappen geteilt, meist unregelmäßig wachsend, bis 8 (10) cm; *Lappen* flach, uneben, relativ langgestreckt, an den Enden oft wie abgeschnitten, mit weißlichen, leicht erhabenen Netzrippen (Pseudocyphellen) bedeckt (Oberfläche teilweise wie gehämmert), 5–20 mm lang, 1–3 (4) mm breit. *Sorale* auf den Netzrippen entstehend, länglich bis oval, auch an den Rändern; bei älteren Exemplaren kann das ganze Zentrum mit Soralen besetzt sein. *Unterseite* schwarz, am Rand auch dunkelbraun, bis zum Rand mit einfachen bis gabeligen, schwarzen Rhizinen besetzt. *Apothecien* selten, braun.

Reaktionen: K+ gelb; Mark K+ gelb, dann rot, C-, P+ orangerot.

Verwechslung: Unter den grauen *Parmelia*-artigen Flechten unterscheiden sich ↑*Punctelia subrudecta* und ↑*P. jeckeri* durch eine helle Unterseite, rundliche Flecksorale (und Bortensorale) und eine nicht netzrippig gegliederte Oberseite. ↑*Parmelia saxatilis,* ↑*Parmelina tiliacea* und *Parmelina pastillifera* sind isidiös, nicht sorediös.

Ökologie und Verbreitung: Häufigste Laubflechte auf schwach sauren bis neutralen, nährstoffreichen Rinden, mit breiter ökologischer Amplitude, optimal an lichtreichen Stellen. In Europa verbreitet.

Name: Sulcatus (lat.) = gefurcht. Der eigenständige Name Sulcatflechte berücksichtigt die weite Verbreitung und Häufigkeit der Art.

Punctelia subrudecta (Nyl.) Krog
Verwechselbare Punktflechte (4 ×)

Merkmale: *Graue, mittelgroße Laubflechte mit rundlichen Flecksoralen und Bortensoralen und heller Unterseite.* – *Lager* hell- bis bläulichgrau, ohne blassgrünlichen Stich, an den Enden/Rändern oft etwas glänzend und bräunlich, unbereift, rosettig, bis 8 cm; *Lappen* (bis 10 × 2–5 mm), an den Rändern anliegend bis leicht aufgebogen, auf der Fläche stellenweise mit punktförmigen bis elliptischen, weißlichen Flecken (Pseudocyphellen), die später zu Soralen aufbrechen; *Sorale* flächenständig und meist fleckförmig, selten auch randständig als langgestreckte Bortensorale die Lappen säumend (v. a. gegen die Lagermitte); *Unterseite* hellbraun bis beige, selten (bis zum Rand) ± grau, am Rand glänzend, mit einfachen Rhizinen. *Apothecien* sehr selten.

Reaktionen: K+ gelb; Mark/Sorale K-, C+ rot, P-.

Verwechslung: Sehr ähnlich ist *P. borreri*, die aber eine schwärzliche Unterseite und breitere, abgerundete, auffallend anliegende Lappen hat. ↑*P. jeckeri*, die lange Zeit nicht von *P. subrudecta* getrennt wurde, wird angefeuchtet grünstichig, hat bereifte Lappenränder und ausgeprägte Bortensorale. Bei *P. subrudecta* fallen diese meist kaum auf, es dominieren die Flecksorale. ↑*Parmelia sulcata* ist unterseits schwarz, randlich oft braun, hat eine unebene, wie gehämmert aussehende Oberfläche, die Sorale sind (zumindest teilweise) strichförmig länglich.

Ökologie und Verbreitung: Auf ± saurer Rinde an freistehenden Laubbäumen, oft Obstbäumen, in lichten Wäldern. Bis in montane Lagen, mäßig häufig. Mittel- und Südeuropa, in Skandinavien nur im Süden.

Punctelia jeckeri (Roum.) Kalb
Krausblättrige Punktflechte (2,3 ×)

Merkmale: *Grünlichgraue bis graue, feucht grünstichige mittelgroße Laubflechte mit Bortensoralen und rundlichen Flecksoralen und heller Unterseite.* – *Lager* hellgrau, an den Rändern matt und oft auch bräunlich bis grau bereift, rosettig, bis 10 cm; *Lappen* (bis 10 × 2–5 mm), an den Rändern größtenteils aufgebogen, daher kraus wirkend, auf der Fläche mit punktförmigen bis elliptischen weißen Flecken (Pseudocyphellen), die später zu Soralen aufbrechen; *Sorale* v. a. als langgestreckte Bortensorale die Lappen säumend (v. a. gegen die Lagermitte), dazu weniger auffallend Flecksorale; *Unterseite* hellbraun bis hell beige, mit einfachen Rhizinen. *Apothecien* sehr selten.

Reaktionen: K+ gelb; Mark/Sorale K-, C+ rot, P-.

Verwechslung: Auch ↑*P. subrudecta* ist unterseits hell; bei ihr sind Flecksorale reichlich entwickelt, Bortensorale eher spärlich; angefeuchtet kaum grünstichig. Die ähnliche *P. borreri* hat breite anliegende Randlappen und eine fast schwarze Unterseite. Auch *Parmelia*-Arten sind unterseits schwarz, ihr Mark ist C-, K+ rot; ↑*Parmelia sulcata* hat eine wie gehämmert aussehende unebene Oberfläche, die Sorale sind strichförmig länglich und entstehen auf den „Graten“. *Flavopunctelia flaventior* ist normalerweise gelblich, aber mitunter grünlichgrau, unterseits schwarz; das Mark und die Sorale reagieren mit C+ rot.

Ökologie und Verbreitung: Auf Rinde an freistehenden Laubbäumen (oft Obstbäumen), in lichten Wäldern. Bis in (sub-)montane Lagen, mäßig häufig. In Mittel- und Südeuropa.

Hypotrachyna afrorevoluta (Krog & Swinscow) Krog & Swinscow

Afrikanische Schüsselflechte (2,2 ×)

Merkmale: *Hellgraue Laubflechte, an der Oberseite der Enden grob sorediös, sonst glatt, oft leicht glänzend, unterseits bis zum Rand mit Rhizinen, Mark C+ rosarot.* – *Lager* hellgrau bis fast weiß, mit glatter, an den Lappenenden oft unregelmäßig sorediös aufbrechender Oberfläche, dort auch mitunter wie „beschädigt" und geschwärzt. Lappen breit gerundet, seltener langgestreckt, mit runden Achseln, an den Enden oft etwas nach unten eingebogen, unterseits schwarz bis randlich braun.

Reaktionen: K+ gelb, Mark K-, C+ rosarot.

Verwechslung: Oberseits glatte Lager haben auch die *Parmelina*-Arten, sie besitzen aber keine Sorale. *Parmelia*-Arten haben eine netzrunzelige, wie gehämmerte Oberseite und ein K+ rotes Mark. Sehr ähnlich und nur mit Übung zu unterscheiden ist die seltene *Hypotrachyna revoluta*, diese hat eine eher matte Oberseite, feinmehlige, fast kopfige Sorale an den Enden und keine erodierten Stellen.

Ökologie und Verbreitung: Ozeanische Art lichtreicher, klimatisch milder Standorte. Nach zwischenzeitlichem Rückgang (bis 1980er Jahre, saure Immissionen) hat die Art in den letzten Jahrzehnten sehr stark zugenommen (Klimawandel). V. a. an freistehenden Bäumen (oft Obstbäumen) und in den Kronen von Waldbäumen oft mit *Flavoparmelia* und *Parmotrema* spp.; ziemlich selten. Westeuropa und Mittelmeergebiet.

Name: „Afro": ursprünglich von Afrika beschrieben, erst in neuerer Zeit bei uns von *H. revoluta* unterschieden.

Parmotrema perlatum
(Huds.) M. Choisy
Breitlappige Schüsselflechte (1,6 ×)

Merkmale: *Hellgraue Laubflechte mit sehr breiten, aufsteigenden Lappen, schwarzer, randlich brauner und dort rhizinenfreier Unterseite, am Rand mit Zilien.* – *Lager* hellgrau, mit breiten aufsteigenden Lappen, am Rand vereinzelt mit schwarzen Borsten und stellenweise mit Kopf- oder Bortensoralen, unterseits am Rand braun und *ohne* Rhizinen, sonst schwarz und dicht mit Rhizinen besetzt. Lappen bis 1 cm breit. Apothecien sehr selten.

Reaktionen: K+ gelb, Mark und Sorale K+ gelb, P+ gelborange.

Verwechslung: Kenntlich an den glatten, breiten Lappen mit randlich stehenden Soralen. Sehr ähnliche, aber sehr seltene Verwandte reagieren im Mark K+ orangerot (*P. stuppeum*) oder K- (*P. arnoldii*). Unter den häufigeren Arten unterscheidet sich ↑*Platismatia glauca* durch die runzelige, wie knittrige Oberfläche und den eher isidiösen, zilienlosen Rand und die fast rhizinenlose Unterseite. *Cetrelia cetrarioides* bildet ebenfalls keine Zilien; ihre glatte Oberseite weist zerstreute weiße Punkte auf, die Lappen sind regelmäßig gerundet und von langen Bortensoralen gesäumt.

Ökologie und Verbreitung: Auf mäßig saurer Rinde von Laubbäumen (z. B. Eiche) im Freiland wie in lichten Wäldern, oft auf Ästen, an klimatisch milden, ozeanischen Standorten, z. B. mit ↑*Hypotrachyna afrorevoluta* vergesellschaftet. Ein Profiteur des Klimawandels und der Abnahme saurer Immissionen. Selten, v. a. im Westen, seit ca. 30 Jahren Bestandserholung bzw. zunehmend. Besonders im westlichen Mittel- und Südeuropa.

Parmelina tiliacea (Hoffm.) Hale

Lindenflechte, Linden-Schüsselflechte (2 ×)

Merkmale: *Grauweiße, großlappige Laubflechte mit grauen bis schwarzbraunen zylindrischen bis keuligen Isidien.* – *Lager* weißgrau, matt, glatt, rosettig, am Rande tief eingeschnitten, bis 10 cm; *Lappen* ziemlich derb, ± anliegend, 2–10 × 3–6 mm, an den Enden gerundet (aber eingekerbt), mit gerundeten Achseln, mit flächenständigen zylindrischen bis keuligen, bräunlichen bis schwarzbraunen *Isidien,* dadurch Lagermitte deutlich dunkler (bis schwärzlich), Isidienspitzen bräunlich bis schwarzbraun; ohne Sorale; *Unterseite* schwarzbraun, am Rand heller, gänzlich mit einfachen bis gegabelten Rhizinen besetzt.

Reaktionen: K+ gelb, C-, P-; Mark K-, C+ rot, P-.

Verwechslung: Durch die bis auf die Isidien glatte, weitgehend ebene Oberfläche und die weißgraue Farbe, die Form der in den Achseln ± gerundeten Lappen und die Größe des oft rosettigen Lagers gut zu erkennen. Lediglich die seltene, in Berglagen vorkommende *P. pastillifera* ist sehr ähnlich und durch die Isidienform zu unterscheiden; bei ihr sind die Isidien schwarz, kugelig bis knopfartig, oben verflacht; sie hinterlassen nach dem Abbrechen oft charakteristische weißliche Narben auf der etwas glänzenden Lageroberfläche. ↑*Parmelia saxatilis* hat eine netzig-grubig unebene Oberfläche.

Ökologie und Verbreitung: Lichtliebende Art freistehender Bäume mit nährstoffreicher, mäßig saurer Rinde, v. a. Ahorn, Esche, Linde (lat. *Tilia*, Name!); ziemlich selten. Mittel- bis Südeuropa, in Mitteleuropa gegen Norden und Osten selten(er).

Melanohalea exasperatula
(Nyl.) O. Blanco et al.

Spatel-Braunflechte (3,5 ×), mit Parmelia sulcata (rechts)

Merkmale: *Glänzend olivbraune bis braune Laubflechte mit keuligen bis spatelförmigen Isidien.* – *Lager* braun, olivbraun, seltener oliv, feucht olivgrün, an jungen Teilen stark glänzend, ± anliegend, am Rand aufsteigend, bis ca. 4 cm breit; *Lappen* papierartig dünn, 2–5 × 2–5 mm, an den Enden gerundet, mit zerstreuten bis dicht gedrängten, glänzenden *Isidien,* diese an den Enden verdickt, keulig bis abgeflacht (spatelförmig), ± hohl; *Unterseite* blass, beige bis hell rosabraun, selten in der Mitte dunkelbraun, *Rhizinen* hell. *Apothecien* selten, braun.

Reaktionen: R-, Mark R-.

Verwechslung: Durch die keulen- bis spatelförmigen, hohlen, glänzenden Isidien von anderen braunen bis olivbraunen Verwandten zu unterscheiden. Die ähnlichste Art ist *M. elegantula*, die durch zartere zylindrische (bis verzweigte), oben nicht verdickte Isidien charakterisiert ist. Die seltene *M. exasperata* hat regelmäßig verteilte, niedrige, an der Spitze vertiefte Wärzchen, fast stets braune Apothecien und dicht anliegende Lager. Die übrigen wichtigen braunen Laubflechten auf Rinde haben ein mit C+ rot reagierendes Mark, so ↑*Melanelixia glabratula*, die zarte zylindrische Isidien besitzt, und die sorediösen ↑*M. subargentifera* und *M. subaurifera*.

Ökologie und Verbreitung: V. a. an freistehenden Laubbäumen (oft Obstbäumen) auf nährstoffreicher Rinde; mäßig häufig. Von der borealen Zone bis zum Mediterrangebiet.

Melanelixia glabratula
(Lamy) Sander & Arup
Samtige Braunflechte (5,3 ×), f

Merkmale: *Olivfarbene bis braune, kleine bis mittelgroße Laubflechte mit feinen zylindrischen Isidien.* – *Lager* oliv bis rotbraun, junge Teile stark glänzend, feucht mit stärkerem Grünstich, ziemlich dicht anliegend, rosettenförmig bis unregelmäßig, nur wenige Zentimeter groß (meist bis ca. 3, selten 5 cm); *Lappen* papierartig dünn, 1–3 mm breit, ± verflacht, mit meist dicht gedrängten *Isidien,* ohne Sorale (wenn Isidien abgeschabt sind, wirkt das Lager sorediös!); Isidien zart, solid, zylindrisch bis koralloid verzweigt, flächenständig, zu den Lappenenden hin spärlich; *Unterseite* braunschwarz bis schwarz (randlich heller), mit einfachen dunklen Rhizinen bis zum Rand. *Apothecien* ziemlich selten, braun, mit meist etwas isidiösem Rand, bis 4 mm.

Reaktionen: Mark K-, C+ rot, KC+ rot, P-.

Verwechslung: Durch die olivbraune Farbe, die zarten zylindrischen Isidien und die C-Reaktion kenntlich. ↑*M. subargentifera* und *M. subaurifera* sind auch C+ rot, aber sorediös; letztere ist bei nicht optimaler Entwicklung leicht mit *M. glabratula* zu verwechseln. *Melanohalea*-Arten haben eine helle Unterseite und eine negatice C-Reaktion im Mark.

Ökologie und Verbreitung: An sauren, mäßig nährstoffreichen Rinden, in Wäldern und an freistehenden Bäumen, auch auf Silikatgestein, an schattigeren, feuchteren und nährstoffärmeren Standorten als *Melanohalea exasperatula*; mäßig häufig. Vom borealen Nadelwaldgürtel bis Südeuropa.

Melanelixia subargentifera (Nyl.) O. Blanco et al.

Bereifte Braunflechte (6 ×)

Merkmale: *Braune Laubflechte mit relativ breiten, abgerundeten Lappen und Soralen.* – *Lager* braun, rotbraun, gelbbraun, bronzefarben, olivbraun, meistens matt und stellenweise bereift, bis ca. 5 cm breit; *Lappen* an den Rändern aufsteigend, an den Enden mit sehr feinen, hellen Härchen besetzt und daher dort bereift aussehend (starke Lupe benutzen!), 2–3 mm breit, *Oberseite* leicht runzelig, mit rand- oder flächenständigen, zur Mitte zusammenfließenden, oft körnigen *Soralen,* oft auch von sorediös aufbrechenden feinen Wärzchen bedeckt; *Unterseite* schwarz, mit einfachen Rhizinen bis zum Rand. *Apothecien* sehr selten.

Reaktionen: R-; Mark/Sorale C+ rot, KC+ rot.

Verwechslung: Durch die unauffälligen und manchmal spärlichen weißen Härchen von anderen ähnlichen braunen Arten sicher zu unterscheiden; lediglich *M. glabra* hat ebenfalls weiße Härchen, ist aber nicht sorediös und besitzt große Apothecien. *M. subaurifera* ist ähnlich, ihre Lappen liegen aber bis zum Rand dicht an, außerdem entwickeln sich aus ihren Soralen feine Isidien, die – wenn sie abbrechen – leicht gelbliche Flecken auf dem Lager entstehen lassen. ↑*M. glabratula* hat feine Isidien, keine Sorale. Bei anderen braunen Flechten aus der Verwandtschaft reagiert das Mark nicht C+ rot.

Ökologie und Verbreitung: An freistehenden Laubbäumen auf nährstoffreicher bzw. basenreicher Rinde, v. a. in Kalkgebieten, ziemlich selten, gefährdet. Vom südlichen Fennoskandien bis zum Mittelmeergebiet.

Tuckermannopsis chlorophylla (Willd.) Hale
Nephromopsis chlorophylla (Willd.) Divakar et al.
Olivgrüne Tartschenflechte (4,3 ×)

Merkmale: – *Braune bis olivliche Laubflechte mit krausen, relativ breiten Lappen und randständigen Soralen.* – *Lager* olivgrün bis braun, meist etwas glänzend, feucht ± grün, größtenteils von der Rinde abstehend, tief geteilt, bis 4(–6) cm groß; *Lappen* länglich, ± getrennt, 1–3 × 0,2–0,8 cm, derb, welligkraus aufsteigend, zumindest mit aufgebogenen Rändern, runzelig, mit weißgrauen Bortensoralen; *Unterseite* blassbraun bis weißlich, runzelig, glänzend, mit wenigen hellen Rhizinen. *Apothecien* sehr selten.

Reaktionen: R-.

Verwechslung: Kann mit bräunlichen Exemplaren von ↑*Platismatia glauca* (die gewöhnlich mehr grau gefärbt ist) verwechselt werden; deren Lappen sind jedoch meist breiter und auf der Unterseite braun, zum Zentrum oft schwarz oder schwarzweiß gescheckt und verfärben sich nach Befeuchtung kaum (blassgrünlich, nicht olivgrün). ↑*Pleurosticta acetabulum* ist durch die großen oliv- bis graugrünen Lappen, die K+ rote Reaktion des Marks und häufiges Auftreten von Apothecien zu unterscheiden. Eine Verwechslung ist mit *Melanohalea*- und *Melanelixia*-Arten möglich, die aber zierlichere, dünnere Lager und flächenständige Isidien oder Sorale bilden.

Ökologie und Verbreitung: Auf saurer Rinde und Holz von Nadel- und Laubbäumen. Bevorzugt kühle Standorte höherer Lagen (in tiefen Lagen v. a. in kontinentalen Regionen); ziemlich selten. Vom borealen Nadelwaldgebiet bis in die Gebirge Südeuropas.

Platismatia glauca
(L.) W. L. Culb. & C. F. Culb.
Platismatie, Blaugraue Tartschenflechte (1,4 ×)

Merkmale: *Graue breitlappige, aufsteigende Laubflechte mit ± welligen, gewöhnlich isidiösen bis sorediösen Rändern, sehr variabel.* – *Lager* grau, auch mit leicht bläulichem oder (feucht) grünlichem Farbstich, an exponierten Orten oft bräunlich, ± glänzend, glatt bis runzelig (aber nicht auffallend netzrunzelig), unregelmäßig wachsend, meist deutlich aufsteigend und von der Rinde abstehend, jung auch ± anliegend, bis 8 cm, aber zu größeren Beständen zusammenwachsend; *Lappen* groß (bis 2 cm breit), mit verbogenen Rändern, die glatt oder mit Soralen oder koralloiden Isidien besetzt sind, dadurch kraus aussehend; mitunter auch auf der Oberfläche isidiös; *Unterseite* glänzend hellbraun bis schwarz, auch mit weißen Flecken, selten ganz weiß, glatt bis aderig; *Rhizinen* spärlich. *Apothecien* selten, braun.

Reaktionen: K+ gelb, C-, P-.

Verwechslung: Bei kleinen, gebräunten Exemplaren möglich mit ↑*Tuckermannopsis chlorophylla,* die aber feucht deutlich (oliv-)grün wird und unterseits hell, nie schwärzlich ist. *Cetrelia cetrarioides* besitzt oberseits zerstreute weiße Punkte (Pseudocyphellen) und an den Rändern bortenartige weiße Sorale. ↑*Pleurosticta acetabulum* ist durch düster olivgrüne Lappen mit Apothecien zu unterscheiden.

Ökologie und Verbreitung: Auf saurer, nährstoffarmer Rinde von Laub- und Nadelbäumen, in tiefen Lagen v. a. auf Ästen, in Wäldern, im Gebirge Massenvorkommen; mäßig häufig. Nord- bis Südeuropa.

Parmeliopsis ambigua
(Wulfen) Nyl.
Grünliche Schneepegelflechte (6 ×)

Merkmale: *Gelbgrüne, sehr schmallappige zarte Blattflechte mit Soralen.* – *Lager* gelbgrün, zur Mitte oft graugrün, matt, *dicht* anliegend, oft rosettenförmig, tief eingeschnitten, nur 1–3 cm groß; *Lappen* dünn, ± flach, zu den Enden verbreitert und geteilt, 1–4 mm lang, 0,5–1 mm breit; *Sorale* häufig, flächenständig, fast lagerfarben bis weißlich, flach bis gewölbt, einzeln oder zusammenfließend und das ganze Lager bedeckend; *Unterseite* schwarz bis kastanienbraun, bis zum Rand mit einfachen Rhizinen. *Apothecien* sehr selten, im Gebirge mäßig selten, braun.
Reaktionen*: K- bis K+ gelblich, C-, P-.
Verwechslung: *Parmeliopsis hyperopta* sieht wie *P. ambigua* aus, ist aber grau. *Imshaugia aleurites* ist ebenfalls weißgrau (bis leicht braunstichig weißgrau), besitzt aber zylindrische Isidien (Lupe!); ihr Mark reagiert mit K+ und P+ orange. Die gelbgrünen *Flavoparmelia caperata* und *Flavopunctelia flaventior* haben wesentlich größere und breitere Lappen. Manchmal ist *P. ambigua* ungewöhnlich stark sorediös aufgelöst, so dass die Lager sorediösen Krusten ähneln; bei sorgfältiger Untersuchung entdeckt man jedoch Lappen„reste".
Ökologie und Verbreitung: An stärker sauren Substraten, v. a. Nadelbäumen, auf Holz, im Wald und an freistehenden Bäumen; mäßig häufig. Im Gebirge dominiert die Flechte (zusammen mit *P. hyperopta* und *Cetraria pinastri)* oft an der Basis der Bäume bis etwa zur mittleren Höhe der Schneedecke (Schneepegelflechte). In Nord- und Mittel-, seltener Südeuropa.

Phaeophyscia orbicularis
(Neck.) Moberg
Gewöhnliche Schwielenflechte (4,8 ×)

Merkmale: *Sehr variable, graue, grünlichgraue bis bräunliche, schmallappige, kleine Blattflechte mit Flecksoralen.* – *Lager* hell- bis dunkelgrau, graubraun, braun, grünlichgrau, matt, unbereift, angefeuchtet mit deutlichem Grünton, rosettig bis unregelmäßig, meist nur bis 2,5 cm breit, häufig mit anderen zusammenwachsend und dann größere Flächen überziehend, anliegend; *Lappen* schmal (bis 1 mm breit), verlängert, mitunter fächerig verzweigt; *Sorale* fleckförmig, flach bis gewölbt oder fast kopfig, weiß, grünlich oder grau, flächen-, auch rand- oder endständig, ca. 0,5 mm breit; *Unterseite* schwarz, nur am Rand hell, dicht mit kurzen schwarzen Rhizinen besetzt, die häufig unter dem Rand vorragen und dann weiße Spitzen haben können. *Apothecien* ziemlich selten, flächenständig (0,5–2 mm), schwarzbraun.

Reaktionen: R-.

Verwechslung: Die ähnliche *Ph. endophoenicea* hat rand- und endständige Lippensorale; das Mark ist oft orange (K+ rot). *Ph. nigricans* ist viel zierlicher (ohne Lupe kaum als Laubflechte erkennbar) und hat aufsteigende, am Rand körnig-isidiöse Läppchen mit heller Unterseite. *Hyperphyscia adglutinata* ähnelt einer rosettig wachsenden, extrem an das Substrat angeschmiegten *Ph. orbicularis;* sie kann kaum unverletzt abgelöst werden.

Ökologie und Verbreitung: Auf basenreicher oder staubimprägnierter Borke von freistehenden Laubbäumen, auf Mauern, Dachziegeln, Kunststein, Kalkgestein, häufig. In ganz Europa.

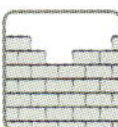

Physcia adscendens H. Olivier

Helm-Schwielenflechte (6,5 ×)

Merkmale: *Kleine, weißgraue schmallappige Blattflechte mit Zilien am Rand und Soralen auf der Unterseite von kuppelartig aufgewölbten Lappenenden.* – *Lager* grauweiß, matt, unbereift, rosettig oder mehrere Lager ineinanderfließend und größere Flächen überziehend, bis 3 cm; *Lappen* schmal, bis 1 mm breit, an den Enden aufsteigend und dort helm- bzw. kuppelförmig aufgewölbt, an den Rändern und Enden mit hellen (an den Spitzen auch dunkleren), rhizinenähnlichen, bis 2 mm langen kleinen Borsten; *Sorale* auf der Unterseite der kuppelartig gewölbten Enden (Helmsorale); *Unterseite* hell, mit wenigen hellen Rhizinen. *Apothecien* selten, 1–2 mm, flächenständig, sitzend bis kurz gestielt, Scheibe dunkel, flach, nackt oder leicht bereift, Rand lagerfarben, etwas über die Scheibe gebogen, glatt.

Reaktionen: K+ gelb, C-, P-.

Verwechslung: Die ähnlich aussehende ↑*Ph. tenella* hat keine gewölbten, sondern flache bis etwas aufgebogene Lappenenden, an denen Lippensorale sitzen; die Läppchen sind etwas schmaler. Junge Exemplare (ohne Sorale) der beiden Arten sind schwer zu unterscheiden, ebenso ältere Exemplare, bei denen die lippen- oder helmförmigen Enden (z. B. von Milben) weggefressen sind. Beide Arten wachsen oft nebeneinander, *Ph. adscendens* ist seltener. Von anderen grauen Physcien durch die Zilien sicher zu unterscheiden.

Ökologie und Verbreitung: An nährstoffreicher, staubimprägnierter Rinde von (meist freistehenden) Laubbäumen, durch Eutrophierungseinfluss Zunahme; häufig. In nahezu ganz Europa, ausgenommen die Arktis.

Physcia tenella (Scop.) DC.

Zarte Schwielenflechte (4,5 ×)

Merkmale: *Grauweiße, zarte, schmallappige Laubflechte mit Zilien und mit Soralen auf der Unterseite von lippenförmig aufgebogenen Lappenenden. – Lager* grauweiß, matt, rosettig oder aus vielen kleinen zarten Läppchen bestehend, die gleichmäßig rasenartig die Rinde (oft über größere Flächen) bedecken; *Lappen* schmal, ± flach, langgestreckt und oft gabelig geteilt, 3–5 mm lang, 0,4–1 mm breit, jung anliegend, später aufsteigend, an den Enden unterseits mit lippenförmigen hellen *Soralen*, an den Rändern mit hellen, rhizinenähnlichen, bis 2 mm langen kleinen Borsten. *Unterseite* hellbräunlich bis weißlich, mit hellen Rhizinen. *Apothecien* nicht selten, 1–2 mm, flächenständig, mit verengter Basis aufsitzend bis kurz gestielt. Scheibe dunkel, flach, nackt oder leicht bereift. Rand lagerfarben, etwas über die Scheibe gebogen, glatt.

Reaktionen: K+ gelb, C-, P-.

Verwechslung: Die ähnliche ↑*Ph. adscendens* hat in typischer Ausbildung halbkugelig gewölbte Lappenenden mit Helmsoralen. Junge Lager (ohne Sorale) sind schwer zu unterscheiden. Auch ältere Exemplare von *Ph. adscendens,* an denen die Helmsorale erodiert oder weggefressen sind, sind schlecht von *Ph. tenella* zu trennen. Beide Arten wachsen häufig durcheinander. *Ph. adscendens* ist etwas seltener. Von anderen hellgrauen Physcien (z. B. ↑*Ph. dubia)* durch die langen Zilien sicher zu unterscheiden.

Ökologie und Verbreitung: An nährstoffreicher, oft staubimprägnierter Rinde von freistehenden Laubbäumen; häufig, zunehmend. Von Nord- bis Südeuropa verbreitet.

Physcia stellaris (L.) Nyl.

Stern-Schwielenflechte (6,7 ×)

Merkmale: *Grauweiße schmallappige, rosettig wachsende Blattflechte mit Apothecien. – Lager* grauweiß, nicht bereift, matt, ± rosettig, der Borke eng anliegend, 1–4 cm im Durchmesser; *Lappen* ± flach, strahlig ausgerichtet, am Lagerrand gewöhnlich einander nicht überdeckend, 2–7 mm lang, 0,3–1,5 mm breit; *Unterseite* weißlich bis beige, glatt, matt, mit hellen bis braunen, einfachen bis gabeligen Rhizinen. *Apothecien* fast stets vorhanden, 1–2 mm, *Scheibe* schwarz bis braunschwarz, bereift oder nackt, flach, Rand dick, glatt oder gekerbt, lagerfarben.

Reaktionen: K+ gelb bis grüngelb, C-, P-; Mark K-.

Verwechslung: *Physcia stellaris* ist durch das weißgraue, dicht anliegende, rundliche, nicht sorediöse, meist fruchtende Lager charakterisiert, aber leicht mit der sehr ähnlichen *Ph. aipolia* zu verwechseln, deren Lageroberfläche ist aber weiß gepunktet und das Mark reagiert mit K+ deutlich gelb; die Lappen können etwas breiter werden. Leichter zu unterscheiden ist ↑*Physconia distorta* anhand ihrer schwarzen, rechtwinklig auffasernden Rhizinen (sehen aus wie eine Flaschenbürste), der meist bereiften, aber unter dem Reif braunen Oberseite und der fehlenden Reaktion mit K. ↑*Physcia adscendens* und ↑*Ph. tenella* haben Zilien und Sorale.

Ökologie und Verbreitung: Vorwiegend an nährstoff-, zumindest basenreicher Rinde von Laubbäumen, am häufigsten auf Zweigen, an lichtreichen Standorten, daher meist an freistehenden Bäumen; mäßig häufig. Von Nord- bis Südeuropa.

Anaptychia ciliaris
(L.) A. Massal.

Gefranste Wimpernflechte (1,5 ×)

Merkmale: *Locker aufliegende, graue Flechte mit schmalen, bandförmigen Lagerabschnitten, mit Borsten, ohne Sorale und Isidien, oft mit Apothecien, auf Rinde.* – *Lager* oberseits grau bis bräunlich (feucht ± grünlich), aus voneinander getrennten, schmalen, bandartigen, spärlich verzweigten Abschnitten, ± locker aufliegend, unregelmäßig verzweigt, derb; Ober- und Unterseite verschieden: *Oberseite* etwas pelzig (Lupe), *Unterseite* hell, rinnig, runzelig, ohne Rhizinen; *Lappen* langgestreckt (10–30 × 2–3 mm), an den Rändern mit einzelnen langen, hellen bis dunklen Borsten. *Apothecien* fast gestielt, mit vorstehendem eingebogenem Rand und flacher bis konkaver schwarzbrauner, aber meist bereifter Scheibe, 2–5 mm, in belasteten Gebieten fehlend.

Reaktionen: R-.

Verwechslung: Durch die langen Borsten und die leicht samtige Behaarung der Oberseite von anderen grauen Flechten zu unterscheiden. ↑*Pseudevernia furfuracea* hat Isidien und an älteren Lagern eine dunkle Unterseite. ↑*Evernia prunastri* kann auch grau sein, ist aber meist sorediös, ohne Borsten. ↑*Physcia tenella* ist sehr zierlich (Lappen bis 5 × 0,3–1 mm) und hat Lippensorale.

Ökologie und Verbreitung: An frei oder licht stehenden Laubbäumen mit basenreicher Rinde, besonders in Alleen (v. a. Ahorn, Esche). Zeigt gute lufthygienische Verhältnisse an. Durch Immissionswirkungen (SO_2) im letzten Jahrhundert stark zurückgegangen; auch gegen stärkere Eutrophierung empfindlich; selten, stark gefährdet. Vom mittleren Skandinavien bis Südeuropa.

Physconia distorta
(With.) J. R. Laundon

Bereifte Schwielenflechte (3,8 ×)

Merkmale: *Graue bis braune, ± weiß bereifte Laubflechte mit schmalen, relativ langen Lappen, ohne Sorale, oft mit Apothecien.* – *Lager* braun bis grau, im Schatten auch oliv, matt, mit grobem, weißgrauem, oft etwas fleckigem Reif (zumindest an den Lappenenden), meist ± rosettig, bis 5 (10) cm, der Rinde eng anliegend; *Lappen* schmal, seitlich nicht aufsteigend, 5–10 mm lang, 1–2 mm breit; *Unterseite* in der Mitte schwärzlich, zum Rand hin weißlich, dicht mit schwarzen *Rhizinen* besetzt; Rhizinen ähnlich einer Flaschenbürste rechtwinklig aufgefasert (mehrere Rhizinen mit der Lupe anschauen!), zuweilen seitlich vorragend. *Apothecien* oft vorhanden, 1–5 mm, flächenständig; *Scheibe* dunkel, flach, meist dicht weiß bis bläulich bereift, Rand mitunter gekerbt, zuweilen mit kleinen Läppchen besetzt.

Reaktionen: R- (Lager mit K auch grünlich).

Verwechslung: Einzige heimische *Physconia*-Art ohne Isidien oder Sorale, daher gut zu unterscheiden. Unter den *Physcia*-Arten haben nur *Ph. aipolia* und ↑*Ph. stellaris* keine Sorale, besitzen aber einfache bis gabelige Rhizinen und reagieren K+ gelb. Die zwischen weißlich und braun variierende Färbung von *Physconia distorta* ist durch die verschieden starke Bereifung bedingt.

Ökologie und Verbreitung: An basenreicher (subneutraler), nährstoffreicher Rinde von freistehenden Laubbäumen (besonders Ahorn-Arten, Nussbaum, Esche, Pappeln); ziemlich selten, gefährdet. Von Nord- bis Südeuropa.

Physconia enteroxantha (Nyl.) Poelt

Gelbmark-Schwielenflechte (4,5 ×)

Merkmale: *Graue bis braune, ± bereifte Laubflechte mit mittelgroßen Lappen und Randsoralen. – Lager* graubraun, braun bis grünlichbraun, matt, mit grobem, oft fleckigem weißgrauem Reif (zumindest an den Lappenenden), rosettig bis unregelmäßig wachsend, ± anliegend, bis 5 cm; *Lappen* an den Rändern mit gelblichen, seltener grauen langgestreckten bis kurzen Soralen besetzt, 5–10 mm lang, 1–2 mm breit; Ränder stellenweise etwas aufgebogen, die Enden der Lappen meist flach und frei von Soralen; *Unterseite* in der Mitte schwärzlich, an den Rändern hell, dicht mit schwarzen *Rhizinen* besetzt; Rhizinen ähnlich einer Flaschenbürste, d. h. rechtwinklig auffasernd (mehrere Rhizinen mit der Lupe anschauen!). *Mark* ± gelblichweiß bis gelb. *Apothecien* sehr selten.

Reaktionen: R-; Mark K+ deutlich gelb.

Verwechslung: *Ph. perisidiosa* besitzt überwiegend lippenförmige Sorale an den Lappen*enden*, hat ein weißes Mark, das mit K nicht reagiert; die Lappen sind meist „dachziegelig“ übereinander oder unregelmäßig angeordnet, selten rosettig, haben oft einen leicht violetten Stich. ↑*Ph. grisea* hat einfache Rhizinen und ein weißes Mark; ↑*Ph. distorta* ist nicht sorediös und hat oft Apothecien. *Physcia*-Arten haben einfache oder gegabelte Rhizinen und sind gewöhnlich nicht fleckig bereift.

Ökologie und Verbreitung: An staubimprägnierter Rinde von freistehenden Laubbäumen, v. a. Straßenbäumen, ziemlich selten, zurückgehend. Nord- bis Südeuropa.

Physconia grisea (Lam.) Poelt

Graue Schwielenflechte (4 ×)

Merkmale: *Graue bis braune, bereifte, mittelgroße Laubflechte mit sorediösen bis isidiösen Lappen.* – *Lager* grau, graubraun bis hellbraun, olivbraun, oft fleckig bereift (zumindest randlich), im Extrem weißlich, matt, rosettig bis unregelmäßig wachsend und zusammenfließend, bis 5 (7) cm; *Lappen* einander berührend oder teilweise deckend, locker anliegend, mit etwas welligen und leicht aufsteigenden Rändern und mit körnig-isidiösen Bortensoralen, 3–5 mm lang, 1–2 mm breit; Lagermitte häufig großflächig sorediös oder isidiös; *Unterseite* in der Mitte hellbraun, zum Rand hin weißlich; *Rhizinen* hell, einfach bis gabelig geteilt (nicht flaschenbürstenartig). *Mark* weiß.

Reaktionen: Lager und Mark R-.

Verwechslung: Von anderen *Physconia*-Arten – speziell von der sehr ähnlichen ↑*Ph. enteroxantha* sowie von *Ph. perisidiosa* – durch die einfachen Rhizinen zu unterscheiden (mehrere Stellen untersuchen!). Unterscheidung von den Physcien: Im Gegensatz zu diesen ist *Ph. grisea* meist bräunlich, ± deutlich (fleckig) bereift und K-.

Ökologie und Verbreitung: In niederen und mittleren Lagen, besonders auf staubimprägnierter Rinde freistehender Laubbäume (v. a. Pappel, Ahorn-Arten, Linde, Obstbäume), auch an Mauern und Kalkstein, mäßig häufig. In Mittel- und Südeuropa.

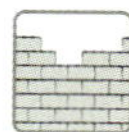

Cetraria pinastri
(Scop.) Gray

Kiefern-Tartschenflechte, Fuchstöter (2,6 ×)

Merkmale: *Kräftig gelb gefärbte, breitlappige Laubflechte mit bortenförmigen Soralen.* – *Lager* kräftig gelb bis hellgelb, blättrig, meist aus wenigen Lappen, meist unregelmäßig wachsend, selten rosettig, bis 3 cm; *Lappen* an den Enden gerundet und etwas eingebuchtet, an den Seiten etwas aufsteigend, 1–5 mm breit, die Ränder oft wellig und von gelben Bortensoralen gesäumt, unterseits blass gelblich bis fast weißlich oder leicht bräunlich, mit spärlichen Rhizinen; Mark gelb. *Apothecien* extrem selten, braun.

Reaktionen: R-.

Verwechslung: Gut am gelben Mark und den gelben Bortensoralen der derben Lappen zu erkennen. Die *Xanthoria*-Arten reagieren mit K blutrot und haben oft einen Orangestich und meiden saure, nährstoffarme Rinden. ↑*Candelaria concolor* ist viel feingliedriger (Läppchen bis 0,5 mm breit). ↑*Cetraria tubulosa* ist ähnlich, wächst aber auf alpinen Kalkböden und hat aufsteigende bis aufrechte Lager ohne Sorale.

Ökologie und Verbreitung: In Bergwäldern und an freistehenden Bäumen in hohen Lagen bis zur Krummholzzone, an saurer Rinde und Holz, v. a. von Nadelbäumen, meist nahe über dem Boden (toleriert längere Schneebedeckung, siehe *Parmeliopsis ambigua*), auch auf Silikatfels; ziemlich selten, zurückgehend, in niederen Lagen sehr selten. In der borealen Nadelwaldzone und den Gebirgen Mittel- und Südeuropas.

Name: Enthält giftige Vulpinsäure, daher der zeitweise gültige Name Vulpicida = fuchstötend, dürfte aber kaum entsprechend verwendet worden sein.

Xanthoria parietina (L.) Th.Fr.

Gewöhnliche Gelbflechte, Wand-Gelbflechte (1,5 ×)

Merkmale: *Gelbe bis gelborange breitlappige Laubflechte mit orangen Apothecien.* – *Lager* orangegelb bis hellgelb, im Schatten (und nach Norden hin zunehmend) leicht grünlichgelb oder mit Grauton, rundlich-rosettig, bis 10 cm breit; *Lappen* flach bis leicht konkav, anliegend und einander ± überlappend, gegen die Enden zu verbreitert und abgerundet bzw. mit einzelnen Einschnitten, glatt bis runzelig, 1–5 mm breit; *Unterseite* weißlich, mit wenigen, einfachen, hellen, kurzen Rhizinen oder verbreiterten Anheftungsstellen. *Apothecien* (bis 4 mm) fast immer vorhanden, gehäuft in der Lagermitte, gegen die Lappenenden klein, an den Enden fehlend, sitzend bis schwach gestielt, mit deutlichem gelbem bis grauem Lagerrand, *Scheibe* meist dunkler (orange) als das Lager.

Reaktionen: K+ rot, C-, P-.

Verwechslung: Durch die großen, gelben, anliegenden Lappen ohne Sorale und die großen Apothecien gut kenntlich. ↑*X. polycarpa* hat ein meist nur bis 1,5 cm breites Lager und nur bis 1,7 mm große, sehr dichtstehende Apothecien, die das Lager meist größtenteils bedecken, ihre Lappen sind sehr schmal. *X. calcicola* kommt nur auf Gestein vor, ist gewöhnlich tiefer orange oder gold- bis braunorange gefärbt und auffallend runzelig (knollige Auftreibungen); Apothecien fehlen oft. Alle anderen ähnlichen Arten besitzen Sorale. Bei beschatteten Exemplaren überwiegt oft der Grauton die charakteristische Gelbfarbe; dann erfolgt auch nur eine schwache rote K-Reaktion.

Ökologie und Verbreitung: V. a. an nährstoffreicher Rinde an freistehenden Bäumen, auf Mauern, Dachziegeln, Kalkgestein und Küstenfelsen. Hat in den letzten Jahrzehnten durch Stickstoffzufuhr aus der Luft stark zugenommen („Vergilbung" der Äste); häufig, in Waldgebieten seltener. In ganz Europa mit Ausnahme der Arktis.

Verwendung: War als Lichen parietinus offizinell und wurde als Surrogat der Chinarinde gegen Wechselfieber, Skrofeln etc. verwendet. Wurde zum Gelb- und Braunfärben benutzt (Gehalt an Parietin).

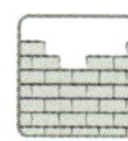

Xanthoria polycarpa
(Hoffm.) Rieber

Polycauliona polycarpa
(Hoffm.) Frödén et al.

Vielfrüchtige Gelbflechte (5,5 ×)

Merkmale: *Kleine gelbe, sehr schmallappige, dicht mit orangefarbenen Apothecien bedeckte Laubflechte.* – *Lager* gelb bis graugelb (im Schatten und nach Norden hin mit stärkerem Grauton oder leicht vergrünend), kleine gewölbte Polster bildend, gewöhnlich bis 2 cm, dicht mit Apothecien besetzt, so dass von den Lagerlappen kaum etwas zu sehen ist; *Lappen* schmal, bis 0,5 mm breit, mit unregelmäßig gekerbten, oft verbreiterten und geteilten Enden, auf denen oft winzige, knotige Anschwellungen sitzen, nicht runzelig; *Unterseite* weißlich, mit wenigen, einfachen, hellen Rhizinen. *Apothecien* (bis 1,7 mm) immer vorhanden, dichtstehend, oft das gesamte Lager verdeckend, sitzend bis schwach gestielt, mit deutlichem grauem bis gelbem Lagerrand; Scheibe dunkler (orange, auch bei vergrauendem Lager).

Reaktionen: K+ rot, C-, P-.

Verwechslung: Durch das kleine polsterförmige, oft bis zum Rand mit Apothecien bedeckte Lager kaum verwechselbar; ↑*X. parietina* wird viel größer, hat viel breitere, abgerundete Lappen, und die Randbereiche des Lagers sind gewöhnlich frei von Apothecien. Die zarte ↑*Candelaria concolor* ist K-.

Ökologie und Verbreitung: An nährstoffreicher Rinde freistehender Bäume und Sträucher mit hohem pH-Wert (z. B. Holunder, Pappeln, Weiden, Nussbaum, Esche), v. a. an Ästen, oft an Holzpfosten, oft in der Nähe landwirtschaftlicher Anwesen. Hat zugenommen (Eutrophierung); ziemlich häufig. In Europa weit verbreitet.

Candelaria concolor
(Dicks.) B. Stein
Gewöhnliche Leuchterflechte (14 ×)

Merkmale: *Winzige, sehr fein gegliederte, gelbe Laubflechte, meist sorediös. – Lager* gelb, matt, ± fein zerschlitzt; Läppchen sehr schmal, 0,3–2,0 mm lang, 0,1–0,3 (0,4) mm breit, oft nur unter der Lupe zu erkennen, meist angedrückt, bei ungestörtem Wuchs ± rosettig, selten etwas aufsteigend, oft mit körnigen, gelben Soralen an den Rändern oder auf der Fläche (wenn stark sorediös, dann fast krustig wirkend); *Unterseite* weißlich, glatt, mit einfachen, hellen Rhizinen. *Apothecien* sehr selten.

Reaktionen: R-.

Verwechslung: Reduziert entwickelte, stärker sorediöse Formen sind mit Vorsicht zu unterscheiden (sorgfältige Untersuchung unter dem Binokular). Die verwandte *C. pacifica* besteht aus kleinen aufgerichteten Schüppchen, die dicht stehen und ausgedehnte Rasen bilden, keine rundliche Rosetten; sie sind unterseits rau und grünlich, randlich sorediös. *Candelariella reflexa* hat anliegende Schüppchen, die oft einen Grünton zeigen; Rhizinen fehlen. Die ebenfalls gelben *Xanthoria*-Arten (v. a. die ähnlichen sorediösen Arten des *X. candelaria*-Aggregates) sind durch die K+ rote Reaktion leicht zu unterscheiden.

Ökologie und Verbreitung: V. a. an freistehenden Laubbäumen mit nährstoff- und basenreicher Rinde, meist an Straßenbäumen wie Spitzahorn, Esche, Linde, Pappel sowie an Apfel- und Nussbäumen; ziemlich selten, in Mitteleuropa v. a. im Süden. Vom mittleren Fennoskandien bis zum Mittelmeergebiet.

Hypocenomyce scalaris
(Lilj.) M. Choisy
Aufsteigende Schuppenflechte (7,5 ×)

Merkmale: *Flechte mit einem olivgrauen bis bräunlichen Lager aus dichtstehenden, aufgebogenen, am Rand sorediösen Schuppen.* – *Lager* ocker, braun, graubraun bis oliv, glatt, matt bis schwach fettig glänzend, aus vielen kleinen, ± muschelförmigen Schüppchen, diese sind dachziegelartig übereinander angeordnet (0,5–2 mm groß), am Rand oft aufwärts gebogen (wie gesäumt) und dort – wie auch unterseits – sorediös (Lippensorale); *Unterseite* hell, matt, ohne Rhizinen; *Sorale* weißlich, grau bis ocker. *Apothecien* ziemlich selten, schwarz, blau bereift, mit Eigenrand.

Reaktionen: K-, C+ rot, KC+ rot, P-.

Verwechslung: Ähnlich aussehende, sehr seltene, fast stets auf verbranntem Holz wachsende Arten gibt es in den Alpen; sie reagieren nicht mit C/KC; *H. caradocensis* ist ebenfalls C-, zudem nicht sorediös, und die Schuppen sind nicht muschelig aufgebogen.

Ökologie und Verbreitung: An saurer, nährstoffarmer Rinde von Bäumen im Freiland und in Wäldern, bevorzugt an Koniferen und Eichen, selten auf Silikatgestein; mäßig häufig/ziemlich selten. Vom borealen Nadelwaldgürtel bis zum Mittelmeer, in ozeanischen Regionen seltener.

Sonstiges: War früher außerhalb der Alpen sehr selten; durch forstliche Begünstigung der Koniferen und durch Ansäuerung der Rinden durch saure Luftverunreinigungen hatte sich diese acidophile Art im Laufe des 20. Jh stark ausgebreitet. In letzter Zeit unter Einfluss von Stickstoffdüngung aus der Luft wieder deutlich zurückgehend.

Dermatocarpon miniatum
(L.) W. Mann

Kalk-Nabelflechte (ca. 1 × bzw. 2,5 ×)

Merkmale: *An einer Stelle (Nabel) angewachsene Laubflechte mit grauer Ober- und hellbrauner, kahler Unterseite.* – *Lager* grau, rundlich-schildförmig und kaum gekerbt bis stärker geteilt und „mehrblättrig", derb lederig, konkav bis flach, 1–3 (5) cm im Durchmesser, unterseits hellbraun, rosabraun, glatt bis etwas runzelig, mit einem Nabel am Substrat befestigt, dicht anliegend bis an den Rändern deutlich abgehoben. *Fruchtkörper* sind punktförmig kleine (bis 0,3 mm breite) schwarze, ± eingesenkte *Perithecien.*

Reaktionen*: R-.

Verwechslung: Wenn auf Kalkgestein, kaum verwechselbar (nur mit dem alpinen *D. intestiniforme* mit viel- und dichtblättrigen Lagern, deren aufrechte Ränder schwarz gesäumt sind). *D. luridum,* das v. a. in Berglagen an nassen Felsen oder zeitweise überschwemmten Bachstandorten lebt, ist feucht auffallend grün, während *D. miniatum* feucht kaum verändert ist (in den Alpen kommt an Bächen eine weitere Art vor); außerdem bildet es meistens zusammenhängende Bestände, selten Einzelthalli. Vgl. ferner die strikt auf Silikatgestein beschränkte Gattung *Umbilicaria,* deren Arten Apothecien haben oder sich im sterilen Zustand durch andere Färbung der Ober- und Unterseite oder durch den Besitz von Rhizinen unterscheiden.

Ökologie und Verbreitung: Auf Kalkgestein, selten auf kalkhaltigem oder sehr basenreichem Silikatgestein, an lichtreichen bis halbschattigen Felsen und Blöcken; ziemlich selten. In ganz Europa.

Rhizoplaca chrysoleuca
(Sm.) Zopf

Rosafrüchtiger Nabelschild (ca. 3 ×)

Merkmale: *In alpinen Lagen wachsende, nur in der Mitte festgewachsene, blass gelblichgrüne Laubflechte (Nabelflechte) mit rosa bis rosa-beigen Apothecien.* – *Lager* hell grüngelblich, grünlichweiß bis fast beige, rundlich, derb und dick, mitunter fast polsterartig, am Rand schwach bis tief gelappt, nur ± in der Mitte an einer Stelle festgewachsen, bis 2 (3) cm breit; *Unterseite* schwärzlich bis schwarzblau. *Apothecien* lachsrosa bis rosa-beige (oft beige bis blassgelblich bereift), flach bis etwas konkav, bis 3 (4) mm, mit bleibendem kräftigem Lagerrand, oft gedrängt sitzend.

Reaktionen*: K-, C-, P-.

Verwechslung: Ähnlich ist *Rh. melanophthalma,* diese unterscheidet sich jedoch durch die gelbgrünliche, olivfarbene, blaugraue, blauschwarze bis schwarze (auch schwach bereifte) Scheibe.

Ökologie und Verbreitung: In subalpinen und alpinen Lagen auf lichtoffenen Felsen aus Silikatgestein, v. a. auf der gedüngten Kuppe von Vogelsitzplätzen, seltener an Steilflächen; Arktis und Hochgebirge Europas. Die beiden *Rhizoplaca*-Arten tolerieren erhebliche Konzentrationen von Harnsäure und Ammoniumverbindungen, auf Vogelsitzplätzen bilden sie und andere resistente Arten typische Gemeinschaften. Andere Flechten werden unter diesen Standortsbedingungen geschädigt.

Lasallia pustulata (L.) Mérat
Umbilicaria pustulata (L.) Hoffm.
Pustelflechte, Pustel-Nabelflechte (1 ×)

Merkmale: *Große, rundliche bis ovale, braune, kaum geteilte, nur an einer Stelle (Nabel) festgewachsene Laubflechte mit ovalen Pusteln.* – *Lager* braun, gegen die Mitte feinwarzig hellgrau bis weiß bereift, einblättrig, rundlich bis oval, nicht in Lappen gegliedert, aber im Alter randlich eingerissen, ± flach bis verbogen oder konkav, bis über 10 cm breit; *Oberseite* dicht mit rundlichen bis meist ovalen, stark aufgewölbten Pusteln besetzt, denen auf der Unterseite Gruben entsprechen, stellenweise isidiös; *Isidien* schwärzlich, knäuelig in kleinen Gruppen entwickelt oder zu größeren, kleiig-rauen Wülsten/Polstern zusammenfließend (besonders am Rand); *Unterseite* schwarz, ohne Rhizinen, mit ± zentraler Anheftungsstelle (Nabel). *Apothecien* selten, schwarz, flach, berandet, glatt, bis 2 (3) mm.

Reaktionen*: Mark K-, C+/KC+ rosa, P-.

Verwechslung: Unter den heimischen Nabelflechten durch die scharf begrenzten ovalen Pusteln unverwechselbar.

Ökologie und Verbreitung: Auf nährstoffreicheren Flächen von Felsen aus Silikatgestein an lichtoffenen Standorten, meist in größeren Beständen, verträgt mäßige Düngung durch mineralreiches Sickerwasser oder Vogelkot (Vogelsitzplätze); selten, gefährdet. Vom südlichen Skandinavien bis zum Mittelmeergebiet.

Nutzung: Wurde im 18./19. Jahrhundert zur Herstellung violetter Farbstoffe gesammelt.

Umbilicaria cylindrica (L.) Duby

Fransen-Nabelflechte (ca. 3,3 ×)

Merkmale: *Nur an einer Stelle (Nabel) angeheftete graue Flechte mit meist wenig gegliedertem Lager und dunklen randständigen Borsten, unterseits rosa bis beige.* – *Lager* grau, seltener bräunlichgrau, matt, v. a. gegen die Mitte auch bereift, im Umriss meist unregelmäßig rundlich, ± ungeteilt oder eingeschnitten, am Rand mit kurzen starren, dunklen, oft verflachten Borsten, manchmal auch schwärzlich gesäumt, bis 3 cm breit; *Oberseite* glatt oder v. a. in der Mitte runzelig bis wellig-faltig, *unterseits* glatt, hell bräunlichrosa, beige oder hellgrau, mit spärlichen Rhizinen. *Apothecien* häufig, schwarz, rundlich oder eingebuchtet, bis 1,5 mm, mit gerillter Scheibe und Eigenrand.

Reaktionen*: Mark K-/K+ rot, C-, KC-, P-/P+ orange.

Verwechslung: Bei Beachtung der Farbe der glatten Unterseite mit spärlichen Rhizinen, der randlichen Borsten und der rilligen Apothecien kaum zu verkennen. Mitunter sind die Borsten sehr spärlich oder fehlen gar, dann ist eine Verwechslung mit sehr seltenen Arten denkbar, z. B. *U. proboscidea,* die unterseits grau ist (Vogesen, Harz, Böhmerwald, Alpen).

Ökologie und Verbreitung: In wind- und lichtexponierten Gebirgslagen auf Silikatgestein, in den Hochgebirgen häufig, in den Mittelgebirgen selten und gefährdet, so im Schwarzwald, Böhmerwald, Erzgebirge, Harz.

Nutzung: Diese und andere Nabelflechten wurden im arktischen Nordamerika in Notzeiten gegessen („Tripe de Roche" der Pelzjäger). Eine andere Art, *U. esculenta,* gilt in Japan als Delikatesse.

Umbilicaria deusta (L.) Baumg.

Rußige Nabelflechte (3 ×)

Merkmale: *Nur an einer Stelle (Nabel) angeheftete, dunkelbraune bis schwarzbraune Flechte mit reichem Besatz an Isidien, unterseits schwarz, kahl.* – *Lager* braun bis schwarzbraun, einblättrig bis tief geteilt, an den Rändern oft etwas nach unten gebogen, auf der *Oberseite* dicht mit zylindrischen bis flachen Isidien besetzt und dadurch wie grob berußt oder „körnig-kleiig" erscheinend, bis 3 cm; *Unterseite* braunschwarz, ohne Rhizinen, oft etwas uneben. *Apothecien* sehr selten.

Reaktionen*: Mark K-, C± rot, KC± rot, P-.

Verwechslung: Durch den dichten Isidienbesatz von allen anderen *Umbilicaria*-Arten leicht zu unterscheiden. ↑*U. polyphylla* ist ebenfalls oberseits braun, unterseits schwarz, hat aber eine glatte Ober- und Unterseite. Unter den Nabelflechten hat nur noch ↑*Lasallia pustulata* Isidien, diese Art ist jedoch durch ihre auffallenden, scharf begrenzten, blasigen Pusteln leicht zu erkennen.

Ökologie und Verbreitung: V. a. in Mittelgebirgslagen, bis in die alpine Stufe, auf Silikatgestein, auf niedrigen Blöcken und an zeitweise leicht feuchten Felsflächen an lichtreichen, auch relativ nährstoffreichen Standorten, z. B. in Zwergstrauchheiden, Magerrasen; selten, wie mehrere andere Nabelflechten durch „Entsteinungen" von Extensivgrünland gefährdet. In ganz Europa, im Süden fast nur im Hochgebirge.

Nutzung: Wurde früher zur Bereitung eines roten Farbstoffes genutzt.

Umbilicaria polyphylla
(L.) Baumg.

Vielblättrige Nabelflechte (3,8 ×)

Merkmale: *Nur an einer Stelle (Nabel) angeheftete, meist stärker eingeschnittene, braune Flechte mit schwarzer Unterseite ohne Rhizinen.* – *Lager* oberseits braun bis dunkelbraun, glatt oder leicht runzelig, oft leicht glänzend, meist mehrfach eingeschnitten, am Rand wellig und unregelmäßig aufgebogen, meist nur bis 3 cm breit; *Unterseite* größtenteils schwarz, matt, ganz glatt, ohne Rhizinen. *Apothecien* sehr selten.

Reaktionen*: Mark K-, C-/± rot, KC± rot, P-.

Verwechslung: Die sehr seltene *U. torrefacta* unterscheidet sich durch eine durch Furchen gegliederte Oberseite, häufiges Auftreten schwarzer Apothecien und eine hellbraune bis dunkle, auffallend warzig-narbige, raue Unterseite mit wie angefressen wirkenden leistenartigen Strukturen. ↑*U. deusta* ist habituell recht ähnlich, aber leicht am Isidienbesatz zu unterscheiden, der wie ein grober Rußbelag wirkt.

Ökologie und Verbreitung: Von Mittelgebirgslagen bis in die alpine Stufe, auf Silikatgestein, v. a. an licht- und ziemlich windexponierten Felsen; selten, gefährdet. In ganz Europa, im Süden hauptsächlich alpin.

Umbilicaria hirsuta
(Westr.) Hoffm.
Zottige Nabelflechte (ca. 2,6 ×)

Merkmale: *Hellgraue bis leicht bräunlich getuschte, nur an einer Stelle (Nabel) festgeheftete, einblättrige, ± rundliche Flechte mit Rhizinen.* – *Lager* hellgrau bis bräunlichgrau, matt, einblättrig, d. h. kaum eingeschnitten, gegen die Mitte oft konkav, ganz am Rand oft nach unten gebogen, relativ schlaff und dünn, bis 4 cm; Oberseite sehr fein rissig, am Rande etwas mehlig bzw. wie abgeschabt; *Unterseite* hellbraun bis schwarz, glatt bis etwas warzig, mit zahlreichen hell- bis schwarzbraunen Rhizinen.

Reaktionen*: Mark K-, C± rot, KC+ rot, P-.

Verwechslung: Sehr ähnlich ist *U. grisea,* die jedoch auf der Unterseite immer (braun-)schwärzlich gefärbt ist, keine oder selten sehr wenige Rhizinen trägt und auffällig regelmäßig fein warzig ist. Sie kommt nur in milden Tieflagen vor (in Zentraleuropa v. a. Rheinisches Schiefergebirge); *U. vellea* wird wesentlich größer (bis 10 cm), ist derber und starrer, oft leicht violett überhaucht und hat an den Rändern nie eine mehlige Oberfläche; die Unterseite ist schwarz bis braunschwarz und dicht mit schwarzen bis braunschwarzen Rhizinen besetzt (fast nur in Lagen über 1000 m).

Ökologie und Verbreitung: Vom Tiefland bis in die alpine Stufe an ± lichtoffenen Silikatfelsen, meist an Steilflächen an nährstoffreichen oder etwas sickerfeuchten Flächen; selten. Von der Arktis bis ins Mittelmeergebiet.

Xanthoparmelia conspersa (Ach.) Hale

Isidiöse Gelbparmelie, Gesprenkelte Schüsselflechte (3,7 ×)

Merkmale: *Hellgelblichgrüne, großlappige Laubflechte mit Isidien, meist mit braunen Apothecien, auf Silikatgestein.* – *Lager* hellgrünlich bis hell gelbgrün, etwas glänzend, meist ziemlich groß, rundlich rosettig, tief geteilt, bis 12 cm; *Lappen* flach, ± anliegend, meist aneinanderschließend, bis 3 mm breit, spärlich bis v. a. im Zentrum dicht mit zylindrischen bis koralloid verzweigten Isidien besetzt, an den Enden gekerbt; *Unterseite* schwarz, mit schwarzen Rhizinen, am Rand braun. *Apothecien* ziemlich häufig, schüsselförmig, mit dunkelbrauner Scheibe, bis über 1 cm breit.

Reaktionen: Mark K+ gelb, dann rot, C-, P+ orange.

Verwechslung: *Flavoparmelia caperata*, die ähnlich große, breitlappige Lager bildet, kann auf Silikatgestein vorkommen, hat aber keine Isidien, sondern grobe Sorale. Die mit *X. conspersa* verwandte *X. stenophylla* hat weder Isidien (sorgfältig absuchen!) noch Sorale; bei ihr liegen die Lappen meist deutlich lockerer an und wachsen unregelmäßig, daher ist das Lager oft nicht rundlich-rosettig.

Ökologie und Verbreitung: Auf Silikatgestein an besonnten Standorten in ganz Europa mit Ausnahme der arktischen Gebiete, oft mit ↑*X. verruculifera* vergesellschaftet; ziemlich selten.

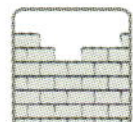

Xanthoparmelia verruculifera (Nyl.) O. Blanco et al.

Warzen-Braunflechte (4,3 ×)

Merkmale: *Dunkelbraune, tief geteilte Laubflechte, mit ± anliegenden Lappen und mit groben vorstehenden Warzen, auf Silikatgestein.* – *Lager* dunkelbraun, an den Lappenenden meist glänzend, blättrig, ± anliegend, meist ± rosettig, bis 6 (10) cm im Durchmesser; *Lappen* mit groben Warzen„knäueln" aus 0,1–0,2 mm dicken Isidien, gegen die Lagermitte runzelig und hier oft leicht gewölbt, gegen die Enden meist flach oder uneben, 1–3 mm breit; *Unterseite* schwarz, mit schwarzen Rhizinen.

Reaktionen: Mark C- oder C+ und KC+ rosa.

Verwechslung: Sehr ähnlich ist die seltenere *X. loxodes,* die jedoch mehr mittelbraun oder gelbbraun gefärbt ist und Warzenknäuel aus gröberen, bis 0,5 mm dicken, hohlen Isidien besitzt; die Isidien von *X. verruculifera* sind nicht hohl (Binokular!). ↑*X. pulla* ist ebenfalls braun bis dunkelbraun und wächst auch rosettig, hat aber braune Apothecien, keine Isidien.

Ökologie und Verbreitung: Auf lichtoffenen Silikatblöcken und -felsen, oft auch auf nährstoffreichen Mauerkronen, Dachziegeln und Grabsteinen; *Xanthoparmelia loxodes* wächst an noch nährstoffreicheren Stellen und viel seltener auf vom Menschen gemachten Substraten; ziemlich selten. Von Südskandinavien bis ins Mediterrangebiet, meist mit *X. conspersa* vergesellschaftet.

Sonstiges: Die braunen *Xanthoparmelia*-Arten werden auch in der Gattung *Neofuscelia* verselbständigt.

Xanthoparmelia pulla (Ach.) O. Blanco et al.

Dunkle Braunflechte (4 ×)

Merkmale: *Dunkel- bis mittelbraune, rundliche Lager bildende Laubflechte, mit ± anliegenden, glänzenden Lappen, mit braunen Apothecien, auf Silikatgestein.* – *Lager* braun, dunkelbraun, rotbraun, gelbbraun, zumindest an den Lappenenden glänzend, blättrig, ± anliegend, meist ± rosettig, in der Lagermitte kaum lappig gegliedert, bis 8 (10) cm breit; *Lappen* glatt bis v. a. gegen die Lagermitte querrunzelig, gegen die Enden flach oder uneben, aneinanderschließend bis überlappend, 1,5–4 mm breit, ohne knäuelige Isidien; *Unterseite* schwarz, mit schwarzen Rhizinen, nur am Rand braun. *Apothecien* fast immer vorhanden, braun, glänzend, mit konkaver bis flacher Scheibe, glatt berandet, bis 10 mm breit.

Reaktionen: Mark K-, C- oder C+ rosa, KC- oder KC+ rot, P-.

Verwechslung: Durch die Ausbildung von Apothecien, das Fehlen von Isidien und Soralen und das Vorkommen auf Gestein kaum zu verwechseln. Nur *Parmelia omphalodes* kann in hohen Gebirgslagen braune (statt normalerweise graue bis braungraue) Lager besitzen, hat aber oberseits weißliche Pseudocyphellen (ähnlich ↑*P. saxatilis*), ein P+ (oft auch K+) rotes Mark und tief konkave Apothecien. Die nächst verwandten ↑*X. verruculifera* und *X. loxodes* haben knäuelige Isidien.

Ökologie und Verbreitung: Vom südlichen Skandinavien bis ins Mittelmeergebiet auf besonnten Silikatfelsen, selten auch auf alten Mauerkronen und Grabsteinen, meist mit ↑*X. conspersa* vergesellschaftet; ziemlich selten.

Physcia dubia (Hoffm.) Lettau

Unsichere Schwielenflechte (2,7 ×)

Merkmale: *Rosettig wachsende, hellgraue Laubflechte mit strahlig ausgerichteten, schmalen Lappen mit Lippensoralen an den Lappenenden. – Lager* grau, weißgrau, rundlich-rosettig, aus strahlig orientierten, anliegenden, getrennten bis ± zusammenschließenden, langen, schmalen Lappen, bis ca. 4 cm breit; Lappen bis 1,5 mm breit und über 10 mm lang, verzweigt, schwach gewölbt, an den Enden verflacht, meist etwas aufgebogen und unterseits mit Lippensoralen, ohne Borsten; *Unterseite* weißlich bis beige, mit einfachen hellen Rhizinen. *Apothecien* sehr selten, schwarz, mit Lagerrand.

Reaktionen: K+ (grün-)gelb, C-, P-, Mark K-.

Verwechslung: An den endständigen, leicht lippenförmig aufgebogenen Soralen zu erkennen; ähnlich ist ↑*Ph. caesia,* die flächenständige Kugelsorale und eine hell gepunktete Oberseite besitzt und im Mark K+ gelb reagiert. ↑*Ph. tenella* kann auch auf Gestein wachsen (v. a. unter Bäumen), sie ist kleiner und zarter (Lappen nur bis 0,5 mm breit und 5 mm lang) und trägt an den Rändern und Enden weiße bis graue, 0,5–2 mm lange Zilien. ↑*Phaeophyscia orbicularis* hat dunkle Rhizinen und eine dunkle Unterseite und ist K- bis K+ grün.

Ökologie und Verbreitung: Oft auf nährstoffreichen anthropogenen Substraten, wie Mauerkronen, Grabsteinen, selten an Holzzäunen, auch an staubiger Rinde von Straßenbäumen (hier zunehmend), an lichtreichen Orten. Natürliche Habitate sind gedüngte Kuppen von Silikat- und Kalkfelsen (Vogelsitzplätze), kalkhaltige Silikatfelswände; mäßig häufig. In ganz Europa.

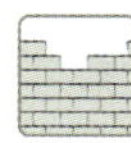

Physcia caesia (Hoffm.) Fürnr.

Blaugraue Schwielenflechte (ca. 4,8 ×)

Merkmale: *Rosettig wachsende, hellgraue Laubflechte mit strahlig ausgerichteten, schmalen Lappen mit grauen, kugeligen Soralen.* – *Lager* weiß- bis hellgrau, rundlich-rosettig, aus strahlig ausgerichteten, anliegenden, getrennten oder zusammenschließenden, langen schmalen Lappen, bis ca. 4 cm breit; Lappen bis 1 (2) mm breit und über 10 mm lang, verzweigt, schwach gewölbt, an den Enden verflacht, *Oberseite* leicht weiß gepunktet (v. a. feucht gut sichtbar); Sorale kugelig, selten verflacht, flächenständig, grau bis blaugrau, 1–2 mm breit; *Unterseite* weiß bis beige, mit einfachen hellen Rhizinen. *Apothecien* sehr selten, mit schwarzer Scheibe.

Reaktionen: K+ gelb, C-, P-, Mark K+ gelb.

Verwechslung: An den flächenständigen, selten endständigen, kugeligen Soralen und der etwas gepunkteten Oberseite zu erkennen; von ähnlichem Habitus ist ↑*Ph. dubia,* die jedoch Lippensorale an den Lappenenden besitzt. ↑*Phaeophyscia orbicularis* hat dunkle Rhizinen und eine dunkle Unterseite und reagiert K- bzw. K+ grün.

Ökologie und Verbreitung: Auf gedüngten Kuppen von Kalk-, selten Silikatfelsen, v. a. aber auf kalkhaltigen anthropogenen Substraten, z. B. auf Mauern, Grenzsteinen, Dachziegeln, auch am Stamm freistehender Bäume (hier zunehmend, Eutrophierung!) oder an Holz, an lichtreichen Standorten; mäßig häufig. In ganz Europa.

Xanthoria elegans
(Link) Th.Fr.

Rusavskia elegans
(Link) S. Y. Kondr. & Kärnefelt

Zierliche Gelbflechte (6,7 ×)

Merkmale: *Schmallappige, oft rosettig wachsende, orangerote Laubflechte auf Mauern, Dachziegeln und Kalkgestein.* – *Lager* orange bis rot, meist regelmäßig rundlich-rosettig, bis 3 cm breit; Lappen strahlig ausgerichtet, langgestreckt, schmal (bis über 10 mm lang, 1 mm breit), spitzwinklig verzweigt, gewölbt bis fast stielrund, mit herabgebogenen Rändern, an den Enden verflacht, meist deutlich getrennt, aber auch zusammenschließend, unterseits weißlich, mit einzelnen Haftstellen. *Apothecien* häufig, ± wie das Lager gefärbt, flach, berandet, erhaben sitzend, konzentriert in der Lagermitte, bis 1,5 mm.

Reaktionen: K+ rot, C-, P-.

Verwechslung: Von anderen gesteinsbewohnenden Gelbflechten mit Apothecien (ohne Sorale) durch die schmalen gewölbten Lappen unterschieden. ↑*X. parietina* hat viel breitere, ± flache Lappen. ↑*Caloplaca pusilla* und ↑*C. flavescens* sind mit der gesamten Unterseite mit dem Gestein verschmolzen und mit dem Messer nicht unzerbrochen abschälbar, während *X. elegans* zumindest feucht als Laubflechte vorsichtig abgelöst werden kann; außerdem sind bei den rosettig wachsenden *Caloplaca*-Arten die angedeuteten Lappen viel kürzer und erscheinen seitlich wie verschmolzen.

Ökologie und Verbreitung: Auf kalkhaltigen Gesteinen und Kunststein, wie Mauern, Dachziegeln, Grabsteinen; hat sich dank der Besiedlung künstlicher Substrate stark ausgebreitet; mäßig häufig. In ganz Europa.

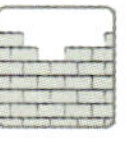

Collema fuscovirens
(With.) J. R. Laundon
Lathagrium fuscovirens
(With.) Otálora et al.
Braungrüne Leimflechte (1,8 ×), f

Merkmale: *Schwärzliche Gallertflechte, feucht gallertig aufquellend, mit breiten, an den Enden gerundeten Lappen und kugeligen Isidien.* – *Lager* blättrig, tief geteilt, trocken starr, schwarz, braun- bis olivschwärzlich, rosettig bis unregelmäßig, bis 4 cm breit; *Lappen* konkav, an den Rändern nach oben gebogen, bis 3 (5) mm breit, an den Enden abgerundet, mit kugeligen bis keuligen, bis 0,3 mm dicken Isidien, sonst glatt; *Unterseite* meist heller gefärbt als Oberseite. *Apothecien* sehr selten.

Reaktionen*: R-.

Verwechslung: Sehr ähnlich ist *C. (Lath.) auriforme.* Bei dieser ebenfalls isidiösen Art ist die Oberseite (trocken) fein, aber deutlich gestreift, und die Lappen sind oft fast flach. Sie wächst fast nie direkt auf Fels, sondern auf Humus und Moosen über Kalkfelsen. *C. cristatum* hat schmalere, langgestreckte, ± radial angeordnete, deutlich rinnige Lappen mit meist krausen Rändern und fruchtet recht oft. ↑*Collema polycarpon* ist reichlich mit Apothecien bedeckt.

Ökologie und Verbreitung: Auf besonnten bis halbschattigen Kalkfelsen und Mauern, kaum in Wäldern, fast stets direkt am Gestein festgewachsen; ziemlich selten. In ganz Europa.

Sonstiges: Gallertflechten nehmen ein Mehrfaches ihres Trockengewichtes an Wasser auf und quellen stark auf. Die Lager bestehen aus einer Gallerte, die von den zerstreut in ihr liegenden rosenkranzförmigen *Nostoc*-Algen gebildet wird; zwischen den Algen sind die Pilzhyphen eingebettet.

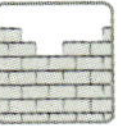

Collema polycarpon Hoffm.
Enchylium polycarpon (Hoffm.) Otálora et al.
Vielfrüchtige Leimflechte (6,7 ×)

Merkmale: *Schwärzliche Gallertflechte (feucht aufquellend und zäh-gallertig), mit rundlichen, dicht von Apothecien bedeckten Lagern und strahlig angeordneten schmalen Lappen.– Lager* braunschwarz bis schwarz, aus radial ausgerichteten schmalen Lappen, rundlich, meist bis 3 (4) cm breit, oft flachpolsterig erscheinend; *Lappen* langgestreckt (aber gegen die Lagermitte von Apothecien verdeckt), 1–2 mm breit, oft gegen die Enden breiter, flach bis schwach(!) rinnig, glatt, ohne Isidien. *Apothecien* gedrängt, oft das Lager (mit Ausnahme der Lappenenden) bedeckend, mit (im Alter dünnem) Lagerrand, deutlich verengt aufsitzend, bis 1,5 mm; *Scheibe* dunkel braunrot bis fast schwarz, flach bis schwach gewölbt; *Sporen* ellipsoid, querseptiert, (2-) 4-zellig.

Reaktionen*: R-.

Verwechslung: An den dichtstehenden Apothecien der rundlichen Thalli kenntlich. *Collema (Lathagrium) cristatum* hat deutlich rinnige Lappen mit oft etwas krausen Rändern, die Apothecien sind nicht dicht gedrängt. *C. (Ench.) tenax* lebt auf Erde und Moosen, z. B. zwischen Pflastersteinen; die Apothecien sitzen meist dicht dem Lager auf, die Sporen haben teilweise auch Längswände. *C. (Lathagrium) auriforme* und ↑*C. fuscovirens* haben breitere, isidiöse Lappen ohne Apothecien.

Ökologie und Verbreitung: Festgewachsen auf Kalkgestein an lichtreichen Standorten, meist an niedrigen Felsen oder an nach Regenfällen sickerfeuchten Flächen; selten. In ganz Europa.

Solorina saccata (L.) Ach.

Gewöhnliche Sackflechte, Solorine (1,5 ×), f

Merkmale: *Lager hellgrau, feucht rein grün, unterseits weißlich bis beige, mit in Gruben sitzenden dunklen Apothecien.* – *Lager* hellgrau bis leicht bräunlich getuscht, matt, feucht grün, ± einblättrig, randlich nur angedeutet gelappt, trocken sehr brüchig, bis 4 cm breit, aber oft zu größeren Lagern geschart; *Unterseite* weißlich bis leicht bräunlich, filzig. *Apothecien* flächenständig, in Gruben, dunkel- bis schwarzbraun, rundlich, bis 5 mm, einzeln bis zu mehreren pro Lager.

Reaktionen*: R-.

Verwechslung: Durch die in Gruben eingesenkten Apothecien, die hellgraue, feucht rein grüne Farbe und die helle Unterseite ohne dunkle Adern eine charakteristische, außerhalb der Alpen in Mitteleuropa unverwechselbare Art; in den Alpen kommen verwandte Arten vor, die z. B. an der Zahl der Sporen in den Asci unterschieden werden: *S. bispora* hat 2 (–1) Sporen im Ascus, *S. octospora* 8, *S. saccata* 4; bei ersterer ist das Lager oft ringartig um die Apothecien reduziert. ↑*Peltigera leucophlebia* und *P. venosa* sind ähnlich gefärbt, aber durch deutliche dunkle Adern auf der Unterseite unterschieden, *P. aphthosa* durch eine dunkle filzige Unterseite; ferner sitzen die Apothecien an den Lappenrändern/Lappenenden.

Ökologie und Verbreitung: Auf kalkhaltigen Böden, in Klüften von Kalkfelsen, v. a. in den Gebirgen (Kalkgebiete); selten, außerhalb der Alpen und des Jura stark gefährdet. Von der Arktis bis in Gebirge Südeuropas.

Name: Bezieht sich auf die Position der Apothecien in „sackartigen" Gruben.

Peltigera leucophlebia
(Nyl.) Gyeln.
Apfelflechte (1,2 ×), f

Merkmale: *Sehr breitlappige, hellgraue, feucht lebhaft grüne Laubflechte mit dunklen Adern auf der Unterseite. – Lager* hellgrau, feucht frisch grün, meist über 10 cm groß, breitlappig; Lappen gerundet, 2–4 cm breit, oft mit welligen Rändern, oberseits glatt, mit sehr zerstreuten kleinen (0,2–1 mm breiten) dunkelbraunen bis schwarzen oder grauen Flecken; *Unterseite* im Randbereich weiß, mit deutlichen schwarzen, im Randbereich hellen, verzweigten Adern und Rhizinen. *Apothecien* ziemlich selten, an kurzen Fortsätzen an den Lappenrändern, rotbraun, rundlich bis sattelförmig gekrümmt, bis 1 cm groß.
Reaktionen*: R-.
Verwechslung: In alpinen Lagen kommt eine ähnliche Art, *P. aphthosa,* vor, die sich durch eine (fast) einheitlich filzige, fast aderlose dunkle Unterseite unterscheidet. *P. venosa,* heute in Mitteleuropa ebenfalls auf die Hochgebirge beschränkt, hat kleine, nur bis 2 cm große rundliche bis muschelförmige Lager mit randlich stehenden, flachen, ± horizontalen, rundlichen, braunen bis schwarzbraunen Apothecien.
Ökologie und Verbreitung: An feuchten Silikat- und Kalkfelsen, auf humosen Böden, in Wäldern und Zwergstrauchheiden, in Mitteleuropa früher weit verbreitet, auch im Flachland, heute fast nur noch im Bergland; sehr selten, stark gefährdet. Von der Arktis bis ins mittlere Europa, in Südeuropa in den Gebirgen.
Heilkunde: Früher zusammen mit *P. aphthosa* als Herba musci cumatilis gegen Eingeweidewürmer gebräuchlich. Name bezieht sich auf die apfelgrüne Farbe.

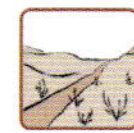

Peltigera praetextata (Sommerf.) Zopf

Schuppen-Hundsflechte, Schuppen-Schildflechte (0,9 ×)

Merkmale: *Lager groß, grau bis braun, mit Isidien, unterseits weißlich, mit deutlichen Adern und Rhizinen.– Lager* grau bis braun, feucht dunkel (blau)grau, schwärzlich oder dunkelbraun, lappig geteilt, bis 25 cm; *Lappen* an den Rändern meist aufwärts, am äußersten Saum jedoch in der Regel abwärts gebogen, gegen die Ränder leicht filzig (in trockenem Zustand prüfen; Lupe!) und matt, an Rändern und Rissen gewöhnlich mit wenigstens einzelnen flachen Isidien, auch dicht isidiös, 1–2,5 cm breit; *Unterseite* weiß, die Lagermitte ± dunkel, mit schmalen, erhabenen, dunklen, am Rand hellen, verzweigten Adern und langen, einfachen bis schwach verzweigten faserigen Rhizinen. *Apothecien* mäßig häufig, (rot-)braun, sattelförmig eingebogen, bis 6 mm, an aufsteigenden, schmalen Lappenenden.

Reaktionen*: R-.

Verwechslung: Trotz ihrer Größe sind die *Peltigera*-Arten schwierig. Diese Art ist die häufigste und an den Isidien kenntlich, die aber öfter spärlich sind (suchen!) oder gar fehlen. ↑*P. polydactylon* und ↑*P. horizontalis* unterscheiden sich durch eine ganz filzlose, glänzende Oberfläche und breite braune Adern. ↑*P. rufescens* hat schmalere, weiß bereifte, am Rand oft wellig-krause Lappen und kommt an trockenen Orten vor.

Ökologie und Verbreitung: An schattigen, luftfeuchten Stellen auf Erde, Moos, bemoosten Stämmen; ziemlich selten, zurückgehend. Boreale Nadelwaldzone bis Mittelmeergebiet.

Heikunde: Früher als Herba musci canini oder Hepaticae terrestris gegen Tollwut verwendet.

Peltigera rufescens
(Weiss) Humb.

Bereifte Schildflechte (2,4 ×)

Merkmale: *Lager mit langen, starren, grauen bis braunen, oft bereift erscheinenden Lappen mit aufsteigenden Rändern, unterseits weißlich mit dunklen Adern.* – *Lager* grau bis braun, besonders gegen die Enden feinfilzig (Lupe), oft (stellenweise) weiß bereift, nirgends glänzend, feucht meist dunkelbraun, tief gelappt, bis 15 (20) cm breit; Lappen 0,5–1,5 (2) cm breit, relativ lang, starr und brüchig, oft mit welligen, aufsteigenden Rändern, unterseits weißlich, mit schmalen erhabenen, vernetzten, schwarzbraunen, an den Lappenrändern hellen Adern; *Rhizinen* grau bis schwarz, am Lappenrand hell. *Apothecien* aufrecht stehend, sattelförmig gekrümmt, mit gekerbten bis zerfransten Rändern, braun, mäßig häufig.

Reaktionen*: R-.

Verwechslung: An der oft vorhandenen weißlichen Bereifung und dem angedrückten Filzbelag der Lappen in Kombination mit der weißlichen Unterseite, den dunklen Adern und dem basenreichen Substrat (die Art meidet saure und feucht-schattige Habitate) zu erkennen. ↑*P. praetextata* hat flache Isidien an Rissen und Lappenrändern und kommt nicht an trocken-warmen Orten vor. *P. canina* hat sehr vielgestaltige, aber oft gebündelt-büschelige Rhizinen, die durch schräg oder rechtwinklig abgehende Fasern zottig aussehen.

Ökologie und Verbreitung: Bis in die alpine Stufe, an lichtreichen Orten auf basenreichen Böden, erdverkrusteten Kalk-, selten Silikatfelsen, in Trockenrasen, oft an warmen Stellen; ziemlich selten, zurückgehend. Von der Arktis bis in den Mittelmeerraum.

Peltigera polydactylon
(Neck.) Hoffm.

Vielfingerige Schildflechte (1,5 ×), f

Merkmale: *Große Flechte, auch an den Lappenrändern ± glänzend, unterseits mit breiten, vernetzten Adern, Fruchtkörper an aufstrebenden Lappen, eingebogen.* – *Lager* braun bis grau (feucht braun bis schwärzlich), ± glänzend, nirgends angedrückt feinfilzig (starke Lupe!), ohne Isidien, bis ca. 20 cm breit; Lappen bis 2 cm breit, sterile Teile mit krausen Rändern, unterseits mit deutlichen dunklen, meist braunen, breiten, vernetzten Adern, dazwischen mit ± rundlichen bis ovalen weißen Zwischenräumen, auf den Adern mit *Rhizinen*; diese büschelig, blass bis braun, weiter innen braun bis schwarz, oft zusammenfließend. *Apothecien* an ± aufrechten Lappen, sattelförmig eingebogen, braun, rotbraun, bis 1 cm.

Reaktionen*: R-.

Verwechslung: Mit *P. neckeri*, die kleinere, sehr dunkle (oft fast schwarze), kurz gestielte (Stiele 3–5 mm) Apothecien hat und gegen die Mitte unterseits fast schwarz ist. Steril nur mit Übung von der ebenso glänzenden ↑*P. horizontalis* zu unterscheiden, bei der meist der gesamte Randbereich der Unterseite weiß bleibt, während die Adern bei *P. polydactylon* meist *bis fast zum Rand dunkel* und die Lappenränder meist auffallend wellig-kraus sind. ↑*P. praetextata* hat Isidien und ist feinfilzig. Es gibt weitere ähnliche Arten.

Ökologie und Verbreitung: Auf frischen Böden, erdverkrusteten oder bemoosten Felsen, an Wegen, bemoosten Stämmen, an mäßig bis ziemlich lichtreichen Orten, meist in Wäldern, ziemlich selten, zurückgehend. Von der borealen Zone bis in Gebirge Südeuropas.

Peltigera horizontalis (Huds.) Baumg.

Flachfrüchtige Schildflechte (0,9 ×), f

Merkmale: *Große Flechte, oberseits auch an den Rändern der Lappen ± glänzend, unterseits mit breiten, vernetzten Adern, Fruchtkörper flach, rund. – Lager* braun bis grau (feucht braun bis schwärzlich), ± glänzend, nirgends angedrückt feinfilzig (Lupe!), ohne Isidien, bis ca. 20 cm breit; Lappen bis 2 cm breit, unterseits mit dunklen, meist braunen, breiten, eng vernetzten, am Lappenrand hellen Adern, dazwischen mit ovalen bis spindeligen weißen Zwischenräumen, auf den Adern mit *Rhizinen*; diese jung kurz büschelig, hell bis braun, weiter innen dunkelbraun bis schwarz, oft in konzentrischen Reihen. *Apothecien* ± waagerecht stehend, mit flacher, meist runder Scheibe, nicht sattelförmig eingebogen, braun, rotbraun, bis 1 cm breit.

Reaktionen*: R-.

Verwechslung: Fruchtend leicht an den flachen, runden Apothecien zu erkennen (fast alle Arten der Gattung haben sattelförmige Apothecien). Steril nur mit Übung von der ebenfalls glänzenden ↑*P. polydactylon* zu trennen, deren Adern meist bis fast zum Rand dunkel sind, während bei *P. horizontalis* in der Regel der gesamte Randbereich weiß bleibt; bei ersterer sind die Lappenränder meist auffallend wellig-kraus. ↑*P. praetextata* hat Isidien und ist an den Lappenenden feinfilzig. Es gibt weitere ähnliche Arten.

Ökologie und Verbreitung: Auf frischen Böden, erdverkrusteten oder bemoosten Felsen, an bemoosten Stämmen, an schattigen, luftfeuchten Orten, meist in Wäldern, ziemlich selten, zurückgehend. Von der borealen Zone bis in Gebirge Südeuropas.

Cladonia foliacea (Huds.) Willd.

Elchgeweihflechte, Kleine Endivienflechte (3,4 ×)

Merkmale: *Locker dem Boden aufliegende Lager aus 1–3 cm großen, stark zerteilten, stark eingekrümmten Blättchen mit blass gelblicher Unter- und graugrünlicher Oberseite. – Lager* oberseits grünlich, olivgrün, graugrün, unterseits sehr blass gelblich bis fast weiß, aus vielfach eingeschnittenen bis zerteilten, aufgebogenen und sich stark einkrümmenden, die Unterseite zeigenden Blättchen; *Blättchen* bis 3 cm lang und 8 mm breit, locker stehend, oft zu größeren Rasen zusammentretend, einzelne Teilabschnitte 1–3 mm breit, am Rande vereinzelt mit kleinen schwarzen Faserbüscheln; *Podetien/Apothecien* sehr selten.

Reaktionen: K-, C-, P+ rot.

Verwechslung: Sehr ähnlich ist die sehr seltene *C. convoluta* (v. a. Rhein-, Maintal, Thüringen) mit größeren und breiteren (15–40 × 2–10 mm) Blättchen; diese Art hat, sofern vorhanden, weiße Faserbüschel; sie wächst auf basenreichen Böden und ist auf warme Trockenrasen beschränkt, während *C. foliacea* saure Böden bevorzugt und auch in lichten Wäldern vorkommt. Sehr ähnlich ist auch *C. cervicornis*, deren weiße Unterseite keinen Gelbstich aufweist, bei ihr findet man öfter Podetien mit Bechern.

Ökologie und Verbreitung: An lichtreichen Standorten auf sauren, mageren Böden, in Magerrasen, an felsigen Stellen, auf Sandflächen, in Mitteleuropa v. a. im subatlantischen Florengebiet (Westen und Norden); selten, gefährdet. Mediterrangebiet bis milde Lagen Skandinaviens.

Fulgensia fulgens (Sw.) Elenkin
Gyalolechia fulgens (Sw.) Søchting et al.

Gewöhnliche Feuerflechte (2,7 ×)

Merkmale: *Gelbe bis hellgelbe, rosettige, dicht anliegende Flechte mit Randlappen und orangefarbenen Fruchtkörpern, erdbewohnend, in trockenwarmen Gebieten.* – *Lager* gelb, hellgelb, matt, oft rau (Lupe), oft leicht weiß bereift, krustig anliegend, aber am Rand gelappt, rosettig-rundlich bis unregelmäßig, innen zusammenhängend oder rissig bis warzig, bis 3 cm breit; Randlappen oft gekerbt, meist flach, unterseits mit dem Substrat flächig verwachsen, am Rand weißlich, ohne Rhizinen. *Apothecien* häufig, orange bis dunkel orangebraun, rundlich, konkav bis flach, mit Lagerrand, später gewölbt und ± randlos, bis 1,5 mm; *Sporen* 1-, selten 2-zellig mit dünnem Septum.

Reaktionen: K+ rot, P-, C-.

Verwechslung: ↑*Xanthoria parietina* kommt nicht auf Erde vor, hat viel größere Lager und eine deutlich ausgebildete Unterseite. *Fulgensia (Gyalol.) bracteata* hat ein rein krustiges, schuppig-warziges Lager aus gewölbten Areolen und ist am Rand nicht oder nur undeutlich gelappt (Abb. folgende Seite).

Ökologie und Verbreitung: In lückigen Kalkmagerrasen, auf erdverkrusteten Kalkfelsen, auf basenreicher Feinerde (z. B. an Wegrändern), auf Löß, auch auf Moose übergehend, an besonnten warmen, niederschlagsarmen Orten, v. a. Main-Tauber-Gebiet, Thüringen, Oberrhein; sehr selten, vom Aussterben bedroht. Von England bis in osteuropäische Steppen, Mittelmeerraum. Mit ↑*Psora decipiens* und ↑*Toninia sedifolia* Charakterart der seltenen „Bunten Erdflechtengesellschaft".

Psora decipiens
(Hedw.) Hoffm.

Rotschuppe (3,8 ×), mit Fulgensia (Gyalolechia) bracteata (gelb)

Merkmale: *Lager aus rundlichen, rosaroten bis bräunlich roten Schuppen auf kalkhaltigen Böden.* – *Lager* schuppig; Schuppen rosarot, rot bis bräunlich rot, selten leicht bereift, gewöhnlich weißlich berandet, rundlich bis gebuchtet oder etwas gekerbt, konkav bis flach oder unregelmäßig gewölbt, zusammenschließend bis isoliert, nur selten überlappend, bis 3 mm breit, unterseits weißlich, aber weitgehend mit der Unterlage verwachsen. *Apothecien* schwarz, unbereift, rasch gewölbt und unberandet, bis 2 mm, mäßig häufig. *Sporen* einzellig.

Reaktionen*: R-.

Verwechslung: Am deutlich roten Farbton leicht zu erkennen; die in ähnlichen Habitaten lebenden, ebenfalls schuppigen *Placidium*-Arten und *Romjularia lurida* haben rein braune, nie rot oder bräunlichrot gefärbte, am Rand nie weißliche Schuppen.

Ökologie und Verbreitung: In flachgründigen Kalkmagerrasen, auf erdverkrusteten Bänken von Kalkfelsen, auf basenreicher Feinerde (z. B. an Wegrändern), auf Löß, an lichtreichen Standorten vom Flachland (hier v. a. in den Trockengebieten) bis in alpine Lagen, durch ganz Europa. Selten und stark gefährdet.

Sonstiges: Zusammen mit *Fulgensia (Gyalolechia) fulgens* (siehe dort) Charakterflechte der „Bunten Erdflechtengesellschaft“. Bodenbewohnende Krustenflechten hemmen die Erosion.

Toninia sedifolia (Scop.) Timdal
Thalloidima sedifolium (Scop.) Kistenich et al.
Blaugraue Blasenkruste (ca. 4 ×)

Merkmale: *Lager aus weißlichen bis blaugrauen, feucht olivgrünen, gewölbten bis gedunsenen „Schuppen" auf basenreichen Böden.* – Schuppen olivgrün bis braun, aber weißlich bis dicht blaugrau bereift, gewölbt bis aufgedunsen, seltener verflacht, rundlich bis eingefaltet-verbogen, bis 2,5 (3) mm groß. *Apothecien* schwarz, unbereift bis dicht (blau-)grau bereift, rundlich, flach bis schwach gewölbt, mit Eigenrand oder später unberandet, bis 2 (3) mm. *Sporen* 2-zellig, spindelig.
Reaktionen*: R-.
Verwechslung: *T. sedifolia* ist die häufigste von mehreren ähnlichen Arten. *T. physaroides* ist durch auffällige weißliche Fleckung (Pseudocyphellen) und oft unbereifte Apothecien unterschieden, eine andere Art (*T. opuntioides*) durch aufgeblasene, oft dachziegelig überlappende bzw. vertikal stehende, oben verflachte Schuppen. ↑*T. candida* hat ein Lager aus miteinander verwachsenen, verflachten, am Lagerrand oft etwas vergrößerten, dicht weiß bereiften Schuppen.
Ökologie und Verbreitung: In flachgründigen Kalkmagerrasen, auf erdverkrusteten Bänken von Kalkfelsen, auf basenreicher Feinerde (z. B. als Pionier an Wegrändern), auf Löß, an lichtreichen Standorten vom Flachland (v. a. in Trockengebieten) bis in alpine Lagen; selten, stark gefährdet. In ganz Europa. Art der „Bunten Erdflechtengesellschaft".

Toninia physaroides (Opiz) Zahlbr.
Thalloidima ph. (Opiz) Kist. et al.
Gefleckte Blasenkruste (2,8 ×)

Baeomyces rufus
(Huds.) Rebent.

Braune Köpfchenflechte (11 ×), f

Merkmale: *Flechte mit grauem bis blassgrünlichem krustigem Lager und pilzartigen Fruchtkörpern mit hellem Stiel und braunem gewölbtem „Hut“, auf Erde und Silikatgestein.* – *Lager* grau, grünlich grau, bräunlich grau, feucht hellgrünlich, dünnkrustig oder aus kleinsten angedeuteten Schüppchen zusammengesetzt, oft etwas sorediös aufbrechend. *Apothecien* bis 4 (5) mm hoch, fast sitzend bis meistens deutlich gestielt, mit weißlichem, oft stellenweise von grauen Körnchen bedecktem Stiel und rosabraunem bis rotbraunem, gewölbtem bis halbkugeligem, oft unregelmäßig geformtem, bis 2 mm breitem „Köpfchen“.
Reaktionen*: K+ gelb, P+ orange, C-.
Verwechslung: Das rosettig wachsende Lager des ziemlich ähnlichen *B. placophyllus* bildet am Rande deutliche, flache, bis 5 mm breite Lappen bzw. verlängerte Schuppen aus. ↑*Dibaeis baeomyces* hat ein weißes Lager aus kleinen blasigen Areolen und rosa gefärbte, kugelige Apothecienköpfchen. Die *Cladonia-Arten* haben ein kleinblättriges, kein krustiges Lager.
Ökologie und Verbreitung: Auf Erde und bodennahen Felsflächen an Wegböschungen, an offenen Stellen in Wäldern, in Heiden, mäßig häufig. Vom borealen Nadelwaldgürtel bis ins Submediterrangebiet verbreitet.

Dibaeis baeomyces
(L. f.) Rambold & Hertel

Rosa Köpfchenflechte (5 ×)

Merkmale: *Erdbewohnende Flechte mit weißem, krustigem Lager und pilzähnlichen Fruchtkörpern mit rosa Köpfchen und weißlichem Stiel.* – *Lager* weißlich bis hellgrau, krustig, aus kleinen gewölbten bis fast kugeligen Areolen, oft ausgedehnt, oft steril. *Apothecien* gestielt. Stiel bis 4 (5) mm hoch, 0,5–1 mm dick, weißlich, selten blass rosa, ein kugeliges, bis 2 (4) mm dickes, rosa gefärbtes Köpfchen tragend.

Reaktionen: K±/+ gelb, C-, P+ gelb.

Verwechslung: Aufgrund der gestielten Fruchtkörper mit rein rosa gefärbtem Köpfchen kaum zu verwechseln. Bei ↑*Baeomyces rufus* und *B. placophyllus* sehen die Fruchtkörperköpfchen ähnlich aus, sind aber braun gefärbt (in feuchtem Zustand auch rosabraun) und kürzer gestielt, das Lager ist grau bis grünlich- oder bräunlichgrau und besteht nicht aus gewölbten weißen Areolen. ↑*Icmadophila ericetorum* hat ebenfalls rosa, aber sitzende oder nur andeutungsweise gestielte Fruchtkörper mit flacher bis mäßig gewölbter Scheibe.

Ökologie und Verbreitung: Auf sauren, sandigen bis lehmigen Böden in Lücken von Magerrasen und Zwergstrauchheiden oder an offenen Wegböschungen an lichtreichen Orten, in Kalkgebieten fast fehlend; selten, stark gefährdet, durch Eutrophierung und Meliorierungen zurückgehend. V. a. in Nord- und Mitteleuropa, selten in höheren Lagen Südeuropas.

Icmadophila ericetorum
(L.) Zahlbr.
Heideflechte (3,8 ×)

Merkmale: *Krustenflechte mit blassgrünlichem bis hellgrauem, körnigem Lager und aufsitzenden, flachen bis gewölbten rosa Apothecien.* – *Lager* blass grünlich bis weißgrau, feucht meist intensiver grün, krustig, ± körnig, zusammenhängend, oft ziemlich ausgedehnt. *Apothecien* rosa, rosabeige, orangerosa, mitunter weißlich bereift, matt, anfangs flach bis in der Mitte eingedellt, mit weißlichem Rand, später gewölbt und randlos, (verengt) aufsitzend, 1–3 mm breit.

Reaktionen*: K+ gelb, dann orange bis rotbraun, C-, P+ orange. Apothecien K+ orange.

Verwechslung: Durch die großen rosa gefärbten, aufsitzenden Apothecien und das Vorkommen auf morschem Holz, Torf und Humus eine gut kenntliche Art. ↑*Dibaeis baeomyces* hat deutlich gestielte Fruchtkörper mit kugeligen Köpfchen und kommt auf humusarmen Lehm- und Sandböden vor. Rosa Apothecien kann auch *Trapeliopsis granulosa* haben, meist finden sich dort jedoch untergemischt ältere, graue, graugrünliche, schwärzliche oder missfarbene, berandete Apothecien; das Lager ist grau, körnig bis warzig, stellenweise sorediös und reagiert C+ rot.

Ökologie und Verbreitung: Auf Torf, Streu, Rohhumus, humosen Böden und morschem Holz von Stümpfen und liegenden Stämmen, selten auf Silikatgestein, heute v. a. in Bergwäldern, Heiden und Moorgebieten, selten, stark zurückgehend und mit Ausnahme der Hochgebirge vom Aussterben bedroht. Von Nord- bis Mitteleuropa, sehr selten in Gebirgen des Submediterrangebietes.

Caloplaca pusilla
(A. Massal.) Zahlbr.

Calogaya pusilla
(A. Massal.) Arup et al.

Kleiner Schönfleck (5,4 ×), mit C. (Calogaya) decipiens (links)

Merkmale: *Kleine, runde, gelbe bis orange Lager mit orangen Apothecien, am Rand mit keilförmig verbreiterten, verschmolzenen Läppchen. – Lager* hellgelb, orange, lachsrosa, matt, meist ± dicht bereift, rosettig, dicht mit der Unterlage verwachsen, bis 2 cm, mit radialen Läppchen, diese gewölbt, bis 2 mm lang, seitlich miteinander verschmolzen, keilförmig verbreitert und verzweigt. *Apothecien* stets vorhanden, orange, braunorange, rot, leicht bereift, flach, berandet, zuletzt gewölbt-randlos, bis 1,2 mm. *Sporen* 2-zellig, mit dickem Septum.

Reaktionen: K+ rot, C-, P-.

Verwechslung: *Caloplaca pusilla* ist eine von mehreren rundlich-rosettigen, nur bis 2 cm breiten Arten mit Randlappen. Schwierige Gruppe. *C. saxicola* ist kleiner (bis 0,8 cm), hat undeutliche, ungeteilte Lappen, ist fast ganz mit unbereiften Apothecien bedeckt, *C. arnoldii* ist fast rot gefärbt. ↑*Caloplaca flavescens* wird viel größer und hat breitere, unbereifte, glatte Lappen. Auch ↑*Xanthoria elegans* wird größer, hat stellenweise deutlich getrennte, stark gewölbte, viel längere Lappen, sie lässt sich mit dem Messer von der Unterlage lösen.

Ökologie und Verbreitung: In ganz Europa an Kalkfelsen, v. a. an Steilflächen, oft an Mauern, Grabsteinen, Betonwänden an Misthaufen); mäßig häufig. Durch Besiedlung künstlicher Substrate hat sich diese Art, die ursprünglich fast nur auf Kalkfelsen vorkam, weit ausgebreitet.

Caloplaca flavescens
(Huds.) J. R. Laundon
Variospora flavescens
(Huds.) Arup et al.
Hepps Schönfleck (3,5 ×)

Merkmale: *Gelb bis orange gefärbte, rundliche, am Rand gelappte Krustenflechte auf Kalkgestein.* – *Lager* gelb bis gelborange, nicht (oder sehr schwach) bereift, ziemlich glatt, matt bis schwach glänzend, krustig, meist rundlich-rosettig, dicht mit der Unterlage verwachsen, am Rand gelappt, im Zentrum ± areoliert bzw. aus kurzen Läppchen, bis 4 (6) cm; Randlappen bis 1,2 mm breit, Lappenenden fächerig verzweigt und verbreitert; Lager mitunter im Zentrum gebleicht. *Apothecien* im Zentrum konzentriert, bis 1,5 mm breit, lange berandet, in relativ breitem Randbereich (nahezu) fehlend; *Sporen* 2-zellig, zitronenförmig bis rhombisch.
Reaktionen: K+ rot, C-, P-.

Verwechslung: Ähnlich die seltenere *C. aurantia,* sie hat kräftiger orange gefärbte, größere Thalli – bis 5 (10) cm –, deren Lappenenden wie geplättet erscheinen und bis 3 mm breit werden (*C. flavescens* hat eher etwas gewölbte Läppchen); ähnlich ist auch *C. thallincola,* die aber nur an Meeresküsten vorkommt (Westeuropa, Nordeuropa, Großbritannien). Die Arten des *C. pusilla*-Aggregates sind nur bis 2 cm groß, haben wesentlich kürzere Randlappen und ellipsoide Sporen.
Ökologie und Verbreitung: An Kalkfelsen, v. a. an Steilflächen, im Freiland und in lichten Wäldern, auch an Mauern aus Kalkstein; ziemlich selten. In Kalkgebieten verbreitet vom Mittelmeergebiet bis Mitteleuropa und Großbritannien, vereinzelt im südlichen Skandinavien.

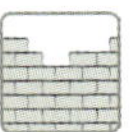

Caloplaca decipiens
(Arnold) Blomb. & Forssell
Calogaya decipiens
(Arnold) Arup et al.
Trügerischer Schönfleck (7,5 ×)

Merkmale: *Gelbe bis orangegelbe, rosettig wachsende, angedeutet gelappte Krustenflechte mit Soralen.* – *Lager* gelb bis orangegelb, matt, oft leicht bereift, rosettig-rundlich, bis 2 (3) cm, mit dem Substrat verwachsen, aus strahlig ausgerichteten Läppchen; Läppchen schmal (meist bis 0,8 mm breit), gewölbt, gegen die Enden hin keilförmig verbreitert und „fächerig" verzweigt, seitlich meist miteinander verschmolzen; (Lippen-)*Sorale* an den Enden kurzer Läppchen v. a. in der Lagermitte, wie das Lager gefärbt, bis ca. 0,6 mm breit, auch zusammenfließend.

Reaktionen: K+ rot, C-, P-.

Verwechslung: Merkmale der Art sind die Sorale an den Enden kurzer Seiten-Läppchen und das rundlich-rosettige Lager mit strahlig ausgerichteten Läppchen; bei der ähnlichen *C. cirrochroa* sitzen die (Fleck-)Sorale auf der *Fläche* der nur 0,5 mm breiten, oft deutlich getrennten Läppchen und sind konkav bis flach, zudem zitronen- bis grüngelb und damit oft heller als das gelbe bis orangegelbe Lager. Andere Arten von ähnlichem Wuchs (z. B. ↑*C. pusilla*-Aggregat) haben Apothecien, keine Sorale. Ähnlich ist auch die hellgelbe *Candelariella medians,* die in der Lagermitte eine körnige Oberfläche ohne Sorale aufweist und nicht mit K reagiert.

Ökologie und Verbreitung: An nährstoffreichen Stellen von Kalkfelsen (Steilwände, Überhänge), an Mauern, Grabsteinen, Betonwänden an Misthaufen etc.; mäßig häufig. In Mittel- und Südeuropa.

Caloplaca citrina (Hoffm.) Th.Fr.
Flavoplaca citrina
(Hoffm.) Arup et al.
Zitronengelber Schönfleck

Merkmale: *Gelbe, oft ausgedehnte Lager bildende, areolierte, sorediöse Krustenflechte, vor allem an Mauern.* – Lager gelb, krustig, aus kleinen Areolen, die unregelmäßig sorediös aufbrechen und schließlich völlig sorediös aufgelöst sind, oder durchgehend feinkörnig, oft sehr ausgedehnt und eine undifferenziert erscheinende, diffuse Kruste bildend. *Apothecien* ziemlich selten, Scheibe orange, mit sorediösem Lagerrand, bis 1 mm breit.

Reaktionen: K+ rot, C-, P-.

Verwechslung: Die Art gehört zur einer schwierigen Gruppe, am besten als „*C. citrina* s. lat." zu bestimmen. An den oft ausgedehnten, sorediös werdenden Lagern zu erkennen, die an nährstoffreichen Standorten (z. B. an Mauern) ganze Flächen gelb färben; auf Kalkfelsen kommt *C. coronata* vor, die ein körniges, nicht sorediöses, mehr orange gefärbtes Lager hat und häufig Apothecien entwickelt. Gesteinsbewohnende *Candelariella*-Arten sind grobkörnig bis areoliert und reagieren nicht oder nur sehr schwach rötlich mit K.

Ökologie und Verbreitung: In ganz Europa, an gedüngtem Kalkfels und vom Menschen geschaffenen steinernen Substraten, v. a. an gedüngten Stellen an der Basis von Mauern im Einflussbereich von Hundeharn, an Misthaufen etc.; sehr häufig. Weist eine höhere Resistenz gegen Ammoniumdüngung auf als alle anderen kalkbewohnenden heimischen Arten, bleibt demzufolge als letzte Flechte an stark von Hunden frequentierten Mauern und an Misthaufeneinfassungen „übrig".

Caloplaca oasis
(A. Massal.) Szatala
Flavoplaca oasis
(A. Massal.) Arup et al.
Beton-Schönfleck (15 ×), mit Candelariella aurella (links)

Merkmale: *Flechte mit zahlreichen orange gefärbten, kleinen Apothecien und undeutlichem Lager, häufig auf künstlichen Substraten.* – *Lager* undeutlich, grau bis schwärzlich. *Apothecien* orange, orangebraun, zahlreich bis dicht gedrängt, bis 0,4 (0,8) mm; *Scheibe* flach bis gewölbt; *Rand* deutlich, im Alter verschwindend, orange, aber an der Außenseite nicht selten grau; *Sporen* 2-zellig, mit 3–5 µm dickem Septum, 10–13 × 5–6 µm.
Reaktionen: Apothecien K+ rot.
Verwechslung: Es gibt mehrere sehr ähnliche, aber seltenere *Caloplaca*-Arten; charakteristisch für diese Art sind die dichtstehenden Apothecien mit orangem Rand, das fehlende oder sehr dünne, nie gelbe Lager und das dicke Sporenseptum. Hinzu kommt der Standort: Es handelt sich meist um künstliche Substrate.
Ökologie und Verbreitung: Auf Mauern, Waschbetonplatten, Grabsteinen, selten auf reinem Kalkstein, auf staubimprägniertem Holz; häufig. In ganz Europa.

Candelariella aurella
(Hoffm.) Zahlbr.

Merkmale: Ähnlich aussehend wie *Caloplaca oasis,* aber Apothecien hellgelb bis schmutzig gelb, nicht orange, 0,3–1,2 mm, Sporen einzellig. Lager undeutlich oder körnig. **K-!**
Verwechslung: vgl. *Candelar. vitellina.*
Ökologie und Verbreitung: wie *Caloplaca oasis,* jedoch auch öfter auf reinem Kalkstein.

Protoblastenia rupestris
(Scop.) J. Steiner

Gewöhnliche Triebflechte (ca. 12,6 ×)

Merkmale: *Lager grau bis oliv oder graubraun, mit gewölbten, randlosen, orange bis orangebraunen Apothecien.* – *Lager* grau, graubraun, oliv, grünlichgrau, rissig bis rissig areoliert, meist dünn, aber deutlich über dem Gestein entwickelt. *Apothecien* (schmutzig) orange, bräunlich orange, mäßig gewölbt, randlos, sitzend, bis 0,8 mm; *Sporen* einzellig.

Reaktionen: Lager R-, Apothecien K+ rot.

Verwechslung: Von den *Caloplaca*-Arten, die zum großen Teil auch orangefarbene Apothecien besitzen, durch die *ein*zelligen Sporen unterschieden, von den meisten *Caloplaca*-Arten außerdem durch die von Anfang an *randlosen* gewölbten Apothecien und die Färbung des Lagers. Die Trennung von *P. calva* (die nur in den Alpen häufiger ist) ist manchmal schwierig; diese hat deutlich größere Apothecien (0,4–1,8 mm) und ein sehr schwach ausgeprägtes, weißlich bis grau erscheinendes Lager, das nicht deutlich über dem Gestein entwickelt ist. *Protoblastenia incrustans* hat kleine (bis 0,5 mm breite), in das Gestein *eingesenkte* Apothecien (im Alter fallen diese aus und hinterlassen Gruben im Gestein); ein sichtbares Lager fehlt.

Ökologie und Verbreitung: Auf Kalkgestein in ganz Europa, hauptsächlich an bodennahen oder beschatteten Felsflächen, auf Steinen, auch auf Kunststein, z. B. an Grabeinfassungen, im Freiland und in Wäldern; mäßig häufig.

Lobothallia radiosa
(Hoffm.) Hafellner
Graurosettenflechte (5 ×)

Merkmale: *Rosettig wachsende, graue bis braungraue, kalkbewohnende Krustenflechte mit angedeuteten, schmalen, zusammenschließenden Randläppchen.* – *Lager* krustig, hell- bis bräunlichgrau, gegen den Lagerrand heller, rosettig wachsend, dicht mit dem Substrat verwachsen, am Rand aus schmalen, zusammenschließenden, angedeuteten Läppchen, im Zentrum rissig areoliert, meist bis 6 cm breit; Randläppchen lang und schmal, 0,5–1,2 mm breit. *Apothecien* braunschwarz, in der Lagermitte zahlreich und gedrängt, eingesenkt, mit konkaver, später flacher Scheibe, vom Lager berandet, bis 1 (1,5) mm; *Sporen* einzellig.

Reaktionen: K+ rot/K-, P+ orange/P-, C-.

Verwechslung: Nur mit extrem seltenen Arten zu verwechseln, wenn auf den dicht angepressten, randlich angedeutet gelappten Thallus und die braunschwarzen, eingesenkten Apothecien geachtet wird. Die ähnlich rosettig wachsende ↑*Lecanora muralis* hat gewöhnlich einen leicht grünlichen bis gelbgrünlichen Farbton, kann aber auf Kalkstein auch stärker weiß bereift sein; sie ist an den hellen Apothecien zu unterscheiden.

Ökologie und Verbreitung: Auf kalkhaltigen Gesteinen und auf Mauerkronen an lichtreichen, nährstoffreichen Standorten, z. B. an niederen Felsen in Kalktrockenrasen; ziemlich selten. Vom südlichen Skandinavien bis in den Mittelmeerraum.

Lecanora dispersa
(Pers.) Sommerf.

Polyozosia dispersa
(Pers.) S. Y. Kondr. et al.

Zerstreutfrüchtige Kuchenflechte (11 ×)

Merkmale: *Krustenflechte mit zerstreuten bis gedrängten, flachen Apothecien mit heller, ± brauner Scheibe und weißem Rand, auf kalkhaltigen Gesteinen.* – *Lager* nicht sichtbar oder höchstens aus kleinen zerstreuten Körnchen. *Apothecien* sitzend, zerstreut oder in Gruppen gedrängt, mit weißem, kräftigem, oft etwas gekerbtem Rand und flacher, gelb- bis olivbrauner, hellbrauner bis olivgrauer Scheibe, bis 1 mm.

Reaktionen: R-.

Verwechslung: *L. dispersa* ist die häufigste und in niederen und mittleren Lagen verbreitetste Art unter mehreren ähnlichen Verwandten mit unauffälligem Lager, von denen nur *L. semipallida* und *L. crenulata* hier behandelt werden können, die ebenfalls ein sehr undeutliches Lager haben; erstere unterscheidet sich durch einen gelblichen Apothecienrand, letztere durch einen stark vorstehenden, mehrfach (meist 5–7 ×) tief gespaltenen Apothecienrand und eine gewöhnlich grau bis blaugrau bereifte Scheibe. Die häufige *L. albescens* bildet ein dickliches, meist rundliches, deutlich begrenztes Lager aus, in dessen Zentrum die Apothecien dicht gedrängt aufsitzen oder fast eingesenkt erscheinen.

Ökologie und Verbreitung: Alle genannten Arten auf kalkhaltigen Gesteinen, vorwiegend (außer *L. crenulata*) auf von Menschen geschaffenen Substraten (Mauern, Waschbetonplatten, Ziegeln etc.), häufig; in ganz Europa; *L. crenulata* lebt v. a. an Steilwänden von Kalkfelsen und ist selten.

Toninia candida
(Weber) Th.Fr.

Thalloidima candidum
(Weber) A. Massal.

Weiße Blasenkruste (5,2 ×)

Merkmale: *Lager aus zusammenhängenden, durchgehend dicht weiß bereiften Schuppen, kleine Rosetten bis Polster auf Kalkgestein bildend. – Lager* schuppig, durch dichte Bereifung weiß, meist bis 2,5 cm breit; Schuppen miteinander verwachsen, ein zusammenhängendes Lager bildend und am Lagerrand vergrößert, flach bis gewölbt, meist bis 3 (4) mm. *Apothecien* schwarz, jedoch dicht weiß bis grauweiß bereift, flach, bleibend berandet, bis 2 mm; *Sporen* 2-zellig, spindelig.

Reaktionen*: R-.

Verwechslung: Von *T. sedifolia* durch die nicht aufgeblasenen, mehr verflachten und zu einer zusammenhängenden Kruste verschmolzenen Schuppen unterschieden; *T. sedifolia* ist gewöhnlich deutlich schwächer bereift, daher eher grau bis graublau und wächst selten direkt auf Gestein, sondern meistens auf Kalkböden.

Ökologie und Verbreitung: Auf Kalkgesteinen, v. a. an kluftreichen, verwitterten Stellen, an lichtreichen Standorten, z. B. an Felsen in Magerrasen, vom Flachland bis ins Hochgebirge, oft mit *Dermatocarpon miniatum*; selten, gefährdet. Mittel- und Südeuropa.

Gyalecta jenensis
(Batsch) Zahlbr.
Jenaer Grubenflechte (11 ×), f

Merkmale: *Durch die aufsitzenden Apothecien mit eingetiefter oranger Scheibe und oft gekerbtem weißlichem bis leicht rosa gefärbtem Rand auffallende Krustenflechte.* – *Lager* schwach entwickelt, zusammenhängend oder etwas rissig, rosagrau bis orangegrau oder weißlich. *Apothecien* erhaben sitzend, bis 1 mm; Scheibe orange, eingesenkt, anfangs nur porenartig, dann weiter geöffnet, konkav bis flach, mit stark vorstehendem weißlichem bis leicht rosa gefärbtem, meist radial gestreiftem oder gekerbtem Rand; *Sporen* 4-zellig bis mauerartig geteilt.

Reaktionen: R-.

Verwechslung: Bei Beachtung des Substrates ist diese auf kalkhaltigen Gesteinen wachsende Flechte kaum zu verwechseln, ausgenommen mit extrem seltenen Arten. *Petractis clausa* hat kleinere (bis 0,6 mm breite), gewölbt erscheinende Apothecien mit breitem 4- bis 6 (8)-spaltigem Rand und bleibend porenartig geöffneter, kleiner Scheibe.

Ökologie und Verbreitung: Auf kalkhaltigen Gesteinen an luftfeuchten oder substratfeuchten, schattigen Standorten; ziemlich selten. In ganz Europa.

Name: Nach der Stadt Jena benannt, von deren Umgebung die Art erstmals beschrieben wurde.

Verrucaria nigrescens Pers.

Schwärzliche Warzenflechte (11 ×)

Merkmale: *Dunkel- bis schwarzbraune, rissige bis rissig areolierte Krustenflechte auf Kalk, mit sehr kleinen schwarzen, vorgewölbten Fruchtkörpern.* – *Lager* krustig, dunkelbraun, seltener braunschwarz, rissig oder rissig gefeldert, oft von schwarzem Vorlager umgeben, dünn bis mäßig dick, feucht meist mit einem Grünstich, bis 10 cm und mehr groß; Felderchen 0,2–0,8 mm breit, flach bis schwach gewölbt, oft unter dem Mark schwarz (schwarze basale Schicht sichtbar, wenn man mit der Rasierklinge das Lager ± oberflächenparallel anschneidet). *Fruchtkörper* (Perithecien) schwarz, kugelig, aber eingesenkt und nur mit dem Scheitel etwas vorragend, sichtbarer Scheitel bis 0,2 mm; *Sporen* einzellig.

Reaktionen*: R-.

Verwechslung: Die Gattung *Verrucaria* ist sehr schwierig. Unter den braunlagerigen Arten ist *V. nigrescens* die mit Abstand häufigste Art. *V. macrostoma* hat ein hell- bis mittelbraunes, dickeres Lager, größere Areolen (bis 2 mm) und größere Perithecien (Scheitel 0,2–0,4 mm).

Ökologie und Verbreitung: Häufig auf kalkhaltigen Gesteinen, auch Mörtel, Ziegel, Beton. Auf Mauern etc. für die schwärzlichen Flecken „verantwortlich". An lichtreichen Standorten an beregneten Felsflächen, Mauern, Grabsteinen etc.; häufig. In ganz Europa.

Lecanora muralis
(Schreb.) Rabenh.
Protoparmeliopsis muralis
(Schreb.) M. Choisy
Mauerflechte (3,8 ×)

Merkmale: *Krustenflechte mit großen rundlichen, am Rand schmallappigen, blass grünlichen Lagern und grünlichen bis braunen Apothecien.* – *Lager* blass grünlich bis graugrünlich, auch (auf Kalkstein) weiß bereift, rundlich-rosettig, dünnkrustig, mit dem Substrat verwachsen, am Rand gelappt; Läppchen strahlig ausgerichtet, langgestreckt, schmal, flach, ± verzweigt und außen oft verbreitert, einander berührend oder überwachsend, oft schmal hell gesäumt, unterseits ohne Rhizinen, bis 10 cm. *Apothecien* beige, hellbraun bis blass bräunlichgrün, auch rotbraun, gegen die Mitte des Lagers dichtstehend, scheibenförmig bis verformt, flach, angedrückt, mit hellem Rand, bis 1,5 mm; *Sporen* einzellig.

Reaktionen*: K-/K+ gelblich, C-, P-/P+ gelblich.

Verwechslung: An den großen, blass grünlichen Rosetten mit angedeuteten *flachen* Randlappen gut zu erkennen; ähnlich ist die sehr seltene *L. garovaglii,* die aber stark gewölbte Randlappen hat. ↑*L. polytropa* hat ähnliche Apothecien, aber kein gelapptes Lager.

Ökologie und Verbreitung: Häufig auf nährstoffreichen Flächen von Silikat- und Kalkgestein, oft auf vom Menschen geschaffenen Substraten (z. B. Waschbeton), selbst auf Asphalt. In ganz Europa.

Sonstiges: Ist gegen Umweltbelastungen sehr widerstandsfähig, dringt bis in Zentren von Ballungsräumen vor, nimmt wie manche andere Flechten Schwermetalle weit über biologische Bedürfnisse hinaus auf (früher mit hohen Bleigehalten).

Diploicia canescens
(Dicks.) A. Massal.

Graue Burgenflechte (7,5 ×)

Merkmale: *Grauweiße, rundlich-rosettig wachsende Krustenflechte mit angedeutet gelapptem Rand und fleckartigen Soralen.* – *Lager* grauweiß, matt, durchgehend bereift, krustig, auch am gelappten Rand dem Substrat völlig anliegend, im Innern gefeldert und v. a. hier mit kleinen unregelmäßig fleckförmigen weißlichen Soralen, bis 3, selten bis 4 cm; Randlappen deutlich differenziert, aber miteinander seitlich verschmolzen, flach bis leicht gewölbt, bis 1 mm breit. *Apothecien* schwarz, in Deutschland fast immer fehlend.

Reaktionen: K ± gelb, C-, P-.

Verwechslung: Von anderen weißlichen bis grauen Krustenflechten mit gelapptem Rand (z. B. ↑*Lobothallia radiosa)* durch den Besitz von begrenzten Soralen unterschieden. *Caloplaca teicholyta* hat ein körniges Zentrum und sehr undeutlich ausgeprägte Randlappen; ihr Lager reagiert K- oder schwach violett.

Ökologie und Verbreitung: Auf kalkhaltigem oder basischem Silikatgestein an Steilflächen und unter Überhängen, fast nur in atlantisch getönten Gebieten, so in Nord- und Westdeutschland, v. a. an altem Gemäuer wie z. B. Weinbergmauern; ziemlich selten, gefährdet durch Renovierungsarbeiten (Hochdruckreinigung). Mittelmeergebiet bis Großbritannien und Norddeutschland (sehr selten im südlichsten Skandinavien).

Name: Im westlichen Deutschland ist diese Art ein steter Burgbegleiter; die ökologischen Bedingungen, die gemörtelte Natursteinmauern bieten, sagen der Art zu.

Acarospora fuscata (Nyl.) Th. Fr.

Gewöhnliche Kleinsporenflechte (11 ×)

Acarospora macrospora (Hepp) A. Massal. ex Bagl.

Kalk-Kleinsporenflechte (8,5 ×)

Merkmale: *Lager aus braunen, eckigen bis (am Lagerrand) gerundeten Areolen mit eingesenkten, rot- bis dunkelbraunen Apothecien.* – *Lager* hellbraun, rotbraun, gelbbraun, krustig, areoliert bis schollig; Areolen durch Risse getrennt, gedrängt, selten zerstreut, eckig bis gerundet (v. a. die randlich sitzenden), 0,5–3 mm, meist mit 1–5 Apothecien. *Apothecien* rotbraun bis dunkelbraun, eingesenkt, flach bis etwas konkav (Scheibe etwa auf dem Niveau der Lageroberfläche), rundlich bis meist eckig, bis 0,6 (1) mm; *Sporen* zu sehr vielen in den Asci, länglich-ellipsoid, 4–6 × 1–1,5 µm.

Reaktionen: K-, C+ rot (oft schwach), KC+ rot, P-.

Verwechslung: Es gibt mehrere ähnliche *Acarospora*-Arten, von denen jedoch *A. fuscata* die bei Weitem häufigste Art ist. Mehrere Arten lassen sich nur mit Hilfe einer mikroskopischen Untersuchung trennen, andere durch ihre negative C- bzw. KC-Reaktion oder das Vorkommen auf Kalk ausschließen. Eine auf Kalk wachsende, habituell sehr ähnliche Art, die KC- reagiert, ist *A. macrospora* (siehe Bild rechts). Ihre Sporen sind für die Gattung relativ groß (6–13 × 3–6 µm).

Ökologie und Verbreitung: *A. fuscata*: auf Silikatgestein an lichtreichen Standorten, oft an leicht durch Nährstoffe angereicherten Flächen oder entlang von Ritzen; häufig. *A. macrospora*: auf kalkreichem Gestein. Beide Arten bis in alpine Lagen und in ganz Europa.

Candelariella vitellina
(Hoffm.) Müll. Arg.
Gewöhnliche Dotterflechte (ca. 15 ×)

Merkmale: *Lager hellgelb, gelb, mit gelblichen scheibenförmigen Apothecien, auf Silikatgestein.* – *Lager* hellgelb, gelb, selten braunstichig gelb, krustig, aus zerstreuten bis dichtstehenden Körnchen bis gefeldert; Lagerkörnchen oft verflacht, Areolen glatt oder mit unebener Oberfläche. *Apothecien* wie das Lager gefärbt oder schmutzig gelb bis bräunlichgelb, mit bleibendem, meist etwas vorstehendem, ± gekerbtem Lagerrand, rundlich scheibenförmig oder mit etwas unregelmäßigem Umriss, einzeln stehend oder zu mehreren gedrängt, 0,5–1,5 mm; *Sporen* einzellig, selten angedeutet 2-zellig, zu 12–32 in den Asci.
Reaktionen: R- oder K+ leicht(!) rötlich.
Verwechslung: Leicht mit der ähnlich aussehenden ↑*C. aurella* zu verwechseln, die jedoch auf kalkigen (nicht auf kalkfreien) Gesteinen wächst und ferner nur 8 Sporen im Ascus entwickelt. Bei unklaren Substratverhältnissen (Kalkgehalt) kann die Unterscheidung ohne Sporencheck schwierig sein; die Apothecien von *C. aurella* sind oft nicht rein gelb, sondern eher „schmutzig" gelb oder grünlichgelb gefärbt. Etliche *Caloplaca*-Arten sehen ähnlich aus, aber reagieren sofort intensiv mit K+ tiefrot.
Ökologie und Verbreitung: Kosmopolit, in ganz Europa auf Silikatgestein an lichtreichen Standorten, auch auf Grabsteinen, Denkmälern etc., häufig vom Flachland bis ins Hochgebirge.

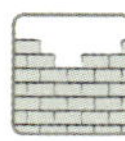

Psilolechia lucida
(Ach.) M. Choisy
Gelbfrüchtige Schwefelflechte

Chrysothrix chlorina
(Ach.) J. R. Laundon
Lepra-Schwefelflechte, Fels-Schwefelflechte

Merkmale: *Mehlige, oft großflächige, gelbgrüne bis hellgelbe Überzüge an regengeschützten Flächen von Silikatfelsen.* – *Lager* grünlichgelb bis (hell-)gelb, fein mehlig, ausgedehnt, einförmig, dünn, selten (wenn fruchtend) kräftiger entwickelt und rissig. *Apothecien* selten, gelb, gewölbt, randlos, bis 0,3 mm.
Reaktionen: R-.
Verwechslung: *Caloplaca*-Arten mit feinkörnigem oder mehligem Lager reagieren K+ rot und haben meist einen „wärmeren" Farbton; sie wachsen ferner meist auf kalkreichem Gestein, während *P. lucida* kalkhaltige Substrate meidet. Schwieriger kann die Unterscheidung von *Chrysothrix chlorina* sein, die ebenfalls an Überhängen von Silikatgestein vorkommt. Das mehlige Lager dieser Art ist in der Regel wesentlich dicker, intensiver gelb und wächst an lichtreicheren Stellen, meist nur an großen Felspartien oder in Blockmeeren, kaum etwa an Felsböschungen von Wegrändern. Sehr ähnlich sind sterile Lager von *Chaenotheca furfuracea,* die normalerweise stecknadelartige Fruchtkörper trägt. Mikroskopisch kann diese Art durch ihre ± eiförmigen gegenüber kugeligen Algen unterschieden werden.
Ökologie und Verbreitung: Beide Arten an regengeschützten Flächen von Silikatfelsen, an der Unterseite von Blöcken, *Psilolechia lucida* auch an Grabsteinen etc.; nie an Mörtel; mäßig häufig. Von Mittelskandinavien bis Südeuropa.

Rhizocarpon geographicum (L.) DC.

Gewöhnliche Landkartenflechte (1,7 ×), mit Fuscidea kochiana (grau)

Merkmale: *Gelbe bis gelbgrüne, gefelderte Krustenflechte mit schwarzen Fruchtkörpern am Rand der eckigen Areolen, mit schwarzem Vorlager, auf Silikatgestein.* – *Lager* gelb bis gelbgrün, krustig, gut entwickelt, gefeldert, mit schwarzem Vorlager, dadurch „landkartenartig“ erscheinend, wenn – was meist der Fall ist – mehrere Lager aneinandergrenzen, klein bis sehr ausgedehnt; Areolen (= Felder) eckig, flach bis leicht gewölbt, bis 2 mm breit. *Apothecien* schwarz, am Rand der Areolen bzw. zwischen den Areolen sitzend, flach bis etwas gewölbt, ± rundlich bis eckig, mitunter Gruppen oder Linien bildend, mit oder ohne (Eigen-)Rand, bis 1,5 mm; *Sporen* vielzellig, mit zahlreichen Quer- und Längswänden, grünlich bis bräunlich gefärbt.

Reaktionen: Mark K-, C-/C± rot, KC-/KC± rot, P-/P± orangerot, J+ blau.

Verwechslung: *Rh. alpicola* kommt nur in klimatisch rauen, hochmontanen bis alpinen Lagen vor und unterscheidet sich durch 2-zellige braune Sporen und negative Jod-Reaktion des Markes; bei *Rh. lecanorinum* werden die schwarzen Apothecien auffallend sichelmondförmig bis ringförmig vom gelben Lager umgeben.

Ökologie und Verbreitung: Charakterflechte der „sauren“ Silikatgesteine in lichtoffenen Habitaten; mäßig häufig, in felsreichen Gebieten massenhaft, siehe auch Foto S. 2. In ganz Europa; Kosmopolit.

Name: Bestände dieser Flechte erinnern durch die linienartigen, vernetzten Vorlager an eine Landkarte.

Ophioparma ventosa
(L.) Norman

Blutaugenflechte (5,5 ×)

Merkmale: *Krustenflechte mit dunkelroten Apothecien und dickem, blass gelbgrünlichem Lager.* – *Lager* blass graugrünlich bis grünlichgelb, krustig, sehr dick (bis 3 mm), gefeldert, die Felder aus kleinen unregelmäßigen bis länglichen, ± gewölbten Areolen zusammengesetzt. *Apothecien* mit dunkelroter bis braunroter, runder bis unregelmäßiger, ± flacher Scheibe, bis 2,5 mm breit, eingesenkt bis angedrückt sitzend, mit angedeutetem Eigenrand und kräftigem bis bald zurücktretendem Lagerrand; *Sporen* schmal und lang, mit zugespitzten Enden (nadelförmig), mehrfach querseptiert.

Reaktionen: Mark K+ gelborange, P+ gelborange, C-; Apothecienscheibe K+ blau.

Verwechslung: Durch die roten Apothecien, das dicke blass gelbgrünliche Lager (im Schatten graustichig) in Mitteleuropa unverwechselbar; in Nordeuropa die sehr ähnliche *O. lapponica* (Mark K- und P-).

Ökologie und Verbreitung: Auf exponierten Felsen aus Silikatgestein an lichtreichen Standorten in hohen Mittelgebirgs- und Hochgebirgslagen; außerhalb Zentralalpen selten und gefährdet. Verbreitet in der Arktis und den Gebirgen Europas.

Nutzung: Aus dieser Flechte wurden früher rotbraune Farben gewonnen.

Tephromela atra
(Huds.) Kalb

Schwarze Kuchenflechte (7,5 ×)

Merkmale: *Grauweiße Krustenflechte mit tiefschwarzen, grauweiß berandeten Apothecien, auf Silikatgestein. – Lager* grauweiß, krustig, mäßig dick, warzig areoliert bis uneben warzig-körnig. *Apothecien* mit wulstigem lagerfarbenem Rand und glänzend schwarzer Scheibe, 1–2 (2,5) mm, sitzend, flach bis mäßig gewölbt, Rand oft wellig; *Sporen* einzellig.

Reaktionen: K+ gelb, C-, P- bis P+ gelb.

Verwechslung: ↑*Lecanora campestris* kann sehr dunkle Scheiben haben und dann *T. atra* ähneln; meist haben ihre Fruchtkörper aber nicht-glänzende Scheiben mit einem Braunstich (zumindest gequollen), das Lager ist mehr grau getönt, die bis 1,4 mm breiten Apothecien stehen meist dichter. *Lecanora gangaleoides,* die in Mitteleuropa nur im Westen vorkommt, hat auch schwarze, aber eher matte Apothecien; sicher können die Arten mikroskopisch erkannt werden; das Hymenium von *T. atra* ist gänzlich braun- bis lilarot, das von *Lecanora gangaleoides* (nur) oben grünlich bis oliv, das von *L. campestris* (nur) oben orange bis rotbraun. Sehr selten wächst *T. atra* auf Rinde und kann dann mit *Lecanora pulicaris* verwechselt werden, deren Apothecien zumindest angefeuchtet nicht tiefschwarz sind; Lager/Apothecienrand reagieren P+ rot.

Ökologie und Verbreitung: Auf mineralreichen Silikatgesteinen (selten auf kalkhaltigem Gestein), an lichtreichen Standorten, sehr selten an Rinde, vom Flachland bis ins Hochgebirge, ziemlich selten. In ganz Europa, Kosmopolit.

Lecanora campestris
(Schaer.) Hue
Feld-Kuchenflechte (5,5 ×)

Merkmale: *Graue Krustenflechte mit dunkelbraunen bis braunschwarzen, hell berandeten Apothecien, auf nährstoffreichem oder kalkhaltigem Silikatgestein.* – *Lager* weißgrau bis grau, randlich auch heller, krustig, warzig bis zusammenhängend runzelig oder areoliert oder grobkörnig, dick bis ziemlich dünn, im Umriss oft rundlich. *Apothecien* mit grauem (Lager-)Rand und dunkel (rot-)brauner bis (rot-)braunschwarzer, matter bis leicht glänzender Scheibe, flach, im Alter auch leicht gewölbt, sitzend, 0,5–1,5 (2) mm, zahlreich; Rand gewöhnlich nicht gekerbt und nicht wellig, Scheibe angefeuchtet etwas heller, mit deutlich rotbraunem Stich; *Sporen* einzellig.

Reaktionen: K+ gelb, C-, P-/P+ gelblich.

Verwechslung: Bei Exemplaren mit sehr dunklen Scheiben ist eine Verwechslung mit *Tephromela atra* möglich, deren Apothecien eine meist glänzende, (auch feucht) rein schwarze Scheibe und im Alter oft einen wellig verbogenen oder gebuchteten Rand haben; angefeuchtet bekommen die Scheiben von *L. campestris* meist einen rotbraunen Ton (Lupe). *L. gangaleoides* hat rein schwarze Apothecien und ein grünes (*L. campestris* ein rotbraunes) Epihymenium, bei *Tephromela atra* ist das gesamte Hymenium lilarot.

Ökologie und Verbreitung: Auf basenreichen oder kalkhaltigen Silikatgesteinen, auf Naturstein relativ selten, dagegen häufig auf Mauern, Grabsteinen etc., Ausbreitung daher vom Menschen stark gefördert; vorwiegend in niederen und mittleren Lagen. Von Nord- bis Südeuropa, ausgenommen die Arktis.

Lecanora polytropa
(Hoffm.) Rabenh.
Vielgestaltige Kuchenflechte (10 ×)

Merkmale: *Krustenflechte mit blass gelblichen bis gelbgrünlichen Fruchtkörpern und Lagern.* – *Lager* blass grünlich bis hell gelbgrünlich oder hell graugrünlich, körnig bis gefeldert, mit ± glatter Oberfläche, oft wegen der sehr zahlreichen, dichtstehenden Apothecien kaum entwickelt. *Apothecien* blass gelblich, gelbgrünlich, beige, ocker, mit blass grünlichem, grau- bis gelbgrünlichem, zuletzt verschwindendem Lagerrand, oft sehr zahlreich und zu vielen nebeneinandersitzend, scheibenförmig rund bis (durch gegenseitigen Druck) unregelmäßig verformt, flach bis gewölbt, meist aufsitzend, 0,3–0,8 mm, v. a. im Gebirge auch breiter; *Sporen* einzellig.

Reaktionen: K± gelb(-lich), C-, P-.

Verwechslung: Die in der Regel nur in Gebirgslagen vorkommende *L. intricata* hat ein kräftiger entwickeltes, gefeldertes Lager, ± eingesenkte Fruchtkörper mit grünbraunen bis dunkel olivfarbenen (oder fast grünschwärzlichen) Scheiben; die Lagerareolen haben eine runzelige Oberfläche. ↑*L. muralis* weist stets – auch bei schlechter Entwicklung und unregelmäßigem Wuchs – kleine Randläppchen auf.

Ökologie und Verbreitung: Auf Silikatgestein, auch oft auf älteren Grabsteinen und Denkmälern etc., v. a. an lichtreichen Standorten, vom Flachland bis ins Hochgebirge, mäßig häufig. In nahezu ganz Europa.

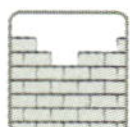

Lecanora rupicola (L.) Zahlbr.

Fels-Kuchenflechte (11 ×)

Merkmale: *Krustenflechte mit rissig-gefeldertem, meist kräftigem grauem Lager und dicht weißgrau bis blaugrau bereiften, rundlichen Fruchtkörpern.* – *Lager* grau, weißgrau, krustig, rissig gefeldert, deutlich entwickelt. *Apothecien* dicht weißgrau, grau bis blaugrau bereift, unter dem Reif rosa, braun, selten schwärzlich, mit oft etwas verbogenem bis welligem lagerfarbenem Rand, flach bis seltener gewölbt, scheibenförmig rundlich bis durch gegenseitigen Druck unregelmäßig, eingesenkt bis etwas vortretend, 0,5–2 mm, farblich oft kaum vom Lager abgehoben; *Sporen* einzellig.
Reaktionen: K+ gelb, C-, P+ gelb(-lich); Scheibe C+ und KC+ gelb/orange, P-.
Verwechslung: Ähnlich ist *L. subcarnea,* die jedoch auf Überhänge oder Steilflächen von Felsen beschränkt ist. Ihre Fruchtkörper haben meist trotz der Bereifung einen rosa bis bräunlichen Ton, reagieren P+ rot, C-. Ähnliche Arten mit weiß bereiften Apothecien kommen auf Rinde vor, gehen aber nicht auf Gestein über, so ↑*L. carpinea*.
Ökologie und Verbreitung: Auf Silikatgestein, Horizontal- bis Vertikalflächen, meist auf mineralreicheren Gesteinen oder an etwas nährstoffreicheren Stellen, an Mauern, Grabsteinen; ziemlich selten. In ganz Europa.

Ochrolechia parella

(L.) A. Massal.

Parelleflechte (3,5 ×)

Merkmale: *Graue Krustenflechte mit auffallend großen, beige bis rosabraun gefärbten, oft bereiften Apothecien.* – *Lager* weißgrau, oft recht dick, glatt bis warzig oder rissig, am Rand oft etwas gezont und mit heller Vorlagerlinie, meist ausgedehnt. *Apothecienscheibe* beige bis rosabraun, oft weiß bereift, leicht konkav bis flach, mit dickem, vorstehendem Lagerrand, bis 2 mm, zahlreich, oft gedrängt; *Sporen* einzellig, groß (bis 75 µm).

Reaktionen: K-, C-/C+ gelblich, P-; Apothecien C+ rot/KC+ rot.

Verwechslung: Durch die großen, rosabraunen, ± flachen, mit C+ rot reagierenden Apothecien kaum zu verwechseln; die sehr ähnliche *O. pallescens* lebt auf Rinde; *O. androgyna* hat C+ rote Sorale; ↑*Diploschistes scruposus* hat unter dem Reif schwarze Apothecien.

Ökologie und Verbreitung: Auf (meist mineralreichem) Silikatgestein, an ± lichtreichen Habitaten; sehr selten, gefährdet. Atlantisch, in Westeuropa bis zum Mittelmeer, im östlichen Mitteleuropa und in Osteuropa ± fehlend.

Nutzung: Unter anderem aus dieser Flechte wurde Parelle oder Orseille hergestellt („Erd-Orseille“ oder „Orseille von Auvergne“), ein roter Farbstoff in der Wolle- und Seidenfärberei. Man sammelte die Flechte z. B. an der Atlantikküste. Den Farbstoff erhielt man, indem man die zermahlenen Flechten mit Wasser und Urin (in späterer Zeit Ammoniak) versetzte und gären ließ. Nach ähnlichen Verfahren wurde der blaue Farbstoff Lackmus zubereitet (Indikator für Säuren/Basen).

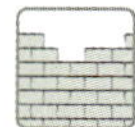

Diploschistes scruposus (Schreb.) Norman

Raue Krugflechte, Silikat-Krugflechte (11×)

Merkmale: *Graue bis beigegraue Krustenflechte mit unebener Oberfläche und eingesenkten Apothecien mit grauer Scheibe.* – *Lager* grau, leicht gelblichgrau, beigegrau, krustig, kräftig entwickelt, rissig areoliert bis zusammenhängend, mit unebener buckeliger bzw. warziger Oberfläche, oft ausgedehnt. *Apothecien* schwarz, aber durch Bereifung grau, mit vertieft eingesenkter, flacher bis leicht konkaver Scheibe und ± erhabenem, zur Scheibe scharf abgesetztem, nach außen oft etwas gewölbtem Lagerrand, 1–2,5 mm; *Sporen* mauerförmig, braun bis dunkelbraun.

Reaktionen: K- bis + grüngelb bis gelb, C+ rot, KC+ rot, P-.

Verwechslung: Schon habituell leicht an den (v. a. bei jungen Apothecien tief) eingesenkten grauen Scheiben und das Vorkommen auf Silikatgestein zu erkennen. Verwandte Arten kommen auf Kalk oder (*D. muscorum* mit kleineren, oft eng geöffneten Apothecien) auf Erde, Moosen und Flechten vor. Die Apothecien von ↑*Ochrolechia parella* sind unter dem Reif beige bis rosabraun gefärbt.

Ökologie und Verbreitung: Auf Silikatgesteinen an mäßig bis ziemlich lichtreichen Standorten, oft an bodennahen Flächen, ziemlich selten. In ganz Europa.

Nutzung: Lieferte einen blauen Farbstoff, sogenanntes blaues Orseille.

Lecidella carpathica Körb.

Karpaten-Schwarznapfflechte (ca. 1,7 ×)

Merkmale: *Krustenflechte mit weißgrauem, areoliertem Lager und schwarzen, glänzend berandeten Apothecien, meist auf Mauern, Grabsteinen etc.* – *Lager* weißgrau, weiß, gelbstichig weiß, warzig uneben bis gefeldert, deutlich entwickelt; Felder oft mit unebener Oberfläche. *Apothecien* schwarz, flach, später gewölbt, mit glänzend schwarzem, dünnem, oft welligem, zuletzt auch verschwindendem Rand, angedrückt sitzend, bis 1(1,5) mm; *Sporen* einzellig.

Reaktionen: K+ gelb, C-, P+ gelb.

Verwechslung: Möglich mit mehreren *Lecidea*- und *Porpidia*-Arten; allerdings kommen diese kaum am häufigsten Standort der *L. carpathica* (Mauern etc.) vor und zeigen oft andere Reaktionen. Charakteristisch ist der dünne glänzende Rand junger Apothecien; mikroskopische Merkmale sind ein grünes bis blaugrünes Epihymenium, breit ellipsoide Sporen, ein gelb- bis rotbraunes Hypothecium und beim Quetschen der Schnitte relativ leicht sich voneinander lösende Paraphysen. *Lecidella stigmatea* hat meist ein dünnes, mehr graues Lager, matte Apothecienränder und ein fast farbloses Hypothecium und kommt auf kalkreicheren Gesteinen vor.

Ökologie und Verbreitung: Auf Silikatgestein an nährstoffreichen (staubimprägnierten) Stellen bzw. auf basischen Silikatgesteinen (Schiefer, Basalt, manche Sandgesteine) an lichtreichen Standorten, oft auf Mauern, Bildstöcken, Grabsteinen; mäßig häufig. In ganz Europa.

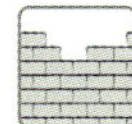

Lecidea fuscoatra (L.) Ach.

Braune Schwarznapfflechte (11 ×)

Merkmale: *Krustenflechte mit rissig-areoliertem, braunem bis braungrauem Lager und schwarzen bis grauschwarzen Apothecien.* – *Lager* braun, rotbraun, braungrau, selten (bei leichtem Kalkeinfluss) grau, rissig gefeldert, kräftig entwickelt; Felderchen flach bis gewölbt, matt bis glänzend, ± glatt. *Apothecien* schwarz bis (durch Bereifung) grau, flach bis gewölbt, mit wenig vortretendem, zuletzt auch verschwindendem Rand, weitgehend ins Lager eingesenkt oder später mit der gewölbten Scheibe vortretend, bis 2 (3) mm; *Sporen* einzellig.

Reaktionen: K-, C- bis meist C+ rot, KC+ rot, P-; Mark C+ rot, J-.

Verwechslung: Sehr variable, aber an der braunen Lagerfarbe und der KC+ roten Reaktion relativ gut erkennbare Krustenflechte (Sammelart, inkl. *L. grisella*), doch sind zur sicheren Bestimmung Apothecienschnitte nötig: Hypothecium dunkelbraun bis schwarz, Epihymenium olivgrün bis olivbraun. In Hügel- und mittleren Berglagen gibt es mit braunem Lager kaum Doppelgänger; die in höheren Gebirgslagen vorkommenden *Lecidea atrobrunnea* und *Immersaria athroocarpa* (diese mit ganz eingesenkten Apothecien) zeigen keine positive KC-Reaktion und im Mark eine violette Reaktion mit J.

Ökologie und Verbreitung: Auf Silikatfelsen, Grabsteinen und Mauerkronen aus ± kalkfreien Gesteinen an lichtreichen Standorten, mäßig häufig. Vom südlichen Fennoskandien bis ins Mittelmeergebiet.

Lecidea lithophila (Ach.) Ach.

Stein-Schwarznapfflechte (12 ×)

Merkmale: *Krustenflechte mit dünnem, oft ausgedehntem, grauem, teilweise rostfarbenem Lager und dicht angedrückten bis ± eingesenkten mattschwarzen, oft bereiften Apothecien.– Lager* grau, teilweise (selten ganz) rostfarben (v. a. gegen die Mitte), dünn, oft ziemlich groß, mit schwarzem Vorlager (sichtbar, wenn mehrere Lager aneinanderstoßen), bis über 10 cm breit. *Apothecien* mattschwarz, oft grau bereift, gequollen braunstichig, angedrückt sitzend bis ± eingesenkt, rundlich bis oft ± kantig, flach, bis 1,5 (2) mm; Eigenrand deutlich; *Sporen* 10–15 × 4,5–6,5 µm, Hypothecium farblos bis leicht bräunlich.

Reaktionen: R-.

Verwechslung: Am dünnen, grauen, teilweise rostfarbenen Lager und an den mattschwarzen, meistens bereiften, feucht einen braunroten Stich bekommenden Apothecien gut zu erkennen. *L. lapicida* sieht ähnlich aus, kommt aber gewöhnlich erst in Höhenlagen über 700 m vor, reagiert meist K+ gelb oder rot, im Lagermark J+ blau *(L. lithophila* J-); die Apothecienscheibe bleibt angefeuchtet schwarz. *Porpidia*-Arten (Abb. 5) können auch ein rostfarbenes Lager haben (R- oder K+ gelblich), besitzen aber größere Sporen (über 15 µm) und ein dunkles Hypothecium (sichtbar nach Anschneiden der Apothecien unter einer starken Lupe).

Ökologie und Verbreitung: Auf kalkfreien Gesteinen, v. a. als Pionier an Böschungen, an bodennahen, häufig taufeuchten Blöcken in Weiden, Wiesen, Blockmeeren, kaum über der Waldgrenze; selten. Nord-, Mittel- und Westeuropa, selten in Gebirgen Südeuropas.

Porpidia crustulata
(Ach.) Hertel & Knoph
Kiesel-Porpidie (3,8 ×)

Merkmale: *Krustenflechte mit sehr dünnem grauweißem Lager und schwarzen, berandeten Fruchtkörpern, meist an kleinen Steinen.* – *Lager* krustig, dünn bis undeutlich, weißlich, grau oder grünlichgrau, manchmal von einer schwarzen Linie umgeben (Vorlager). *Apothecien* schwarz, aufsitzend, meist regelmäßig rund, flach bis gewölbt, mit dünnem schwarzem Rand, bis 1 mm, selten größer, mitunter in konzentrischen Kreisen angeordnet; Hypothecium sehr dunkel (schon mit der Lupe im Schnitt zu erkennen); *Sporen* einzellig.

Reaktionen: K- bis K+ gelblich, C-, P- bis P+ orange.

Verwechslung: Es gibt viele Arten mit weißlichem bis grauem Lager und schwarzen Apothecien. Zur sicheren Ansprache ist eine mikroskopische Untersuchung nötig. Ökologisch ist *P. crustulata* durch das Vorkommen an kleinen Silikatsteinen als Pionier (wo sonst kaum andere ähnliche Arten auftreten) ausgezeichnet. *P. macrocarpa* hat Apothecien, die deutlich über 1 mm groß werden und manchmal bereift sind, und ein weißliches bis rostfarbenes Lager. Habituell ähnliche Arten gibt es auch auf Kalkgestein, das aber von *P. crustulata* strikt gemieden wird.

Ökologie und Verbreitung: An auf dem Boden liegenden Steinen aus Silikatgestein an schattigen bis ziemlich lichtreichen Orten, an Felsen nur an frisch freigelegten Flächen; mäßig häufig. In ganz Europa.

Sonstiges: Die mitunter auftretenden konzentrischen „Apothecienringe“ dieser raschwüchsigen Art dürften sozusagen Jahresringen entsprechen.

Pertusaria corallina (L.) Arnold
Lepra corallina (L.) Hafellner
Korallen-Porenflechte (8,6 ×)

Merkmale: *Krustenflechte mit grauweißem, dicht mit stiftförmigen Isidien besetztem Lager, auf Silikatfels.* – *Lager* grauweiß, ziemlich dick, rissig bis rissig areoliert, oft sehr ausgedehnt, dicht mit zylindrischen, meist einfachen, seltener verzweigten, meist aufrechten, bis 0,3 mm dicken und bis über 1 mm langen Isidien besetzt. *Apothecien* sehr selten.

Reaktionen: K+ gelb, später oft ± rotbraun, C-, P+ gelb, dann bald orange.

Verwechslung: Unter gesteinsbewohnenden Arten nur mit *P. pseudocorallina* zu verwechseln, deren Lager rasch K+ deutlich blutrot wird und deren Isidien oft oben leicht gebräunt sind, sowie mit der sehr seltenen *P. schaereri* (Lager R-, Mark J+ rosa [-braun]), die auf basischen oder kalkhaltigen Silikatgesteinen vorkommt.

Ökologie und Verbreitung: Auf Silikatgestein in niederschlagsreichen, lichtoffenen Lagen, oft an Vertikalflächen, v. a. in den Mittel- und Hochgebirgen; außerhalb der Alpen selten. Von der borealen Zone bis in Gebirge des Mittelmeerraumes.

Nutzung: Wurde früher zur Herstellung von Erd-Orseille, einem roten Farbstoff, verwendet und z. B. in der Rhön zu diesem Zweck gesammelt.

Calicium salicinum Pers.

Weiden-Kelchflechte (30 ×)

Merkmale: *Krustenflechte an vor Regen geschützten Stellen von Bäumen, mit schwarzen stecknadelähnlichen Fruchtkörpern, deren Köpfchenunterseite braun gefärbt ist.* – *Lager* meist undeutlich oder hellgrau, dünn. *Apothecien* kurz stecknadelförmig, bis 2 mm hoch; Stiel schwarz, Köpfchen mit schwarzer pulveriger Kuppe, braunem Rand und brauner Unterseite, 0,2–0,5 mm breit; *Sporen* sehr klein, 2-zellig, braun.

Reaktionen*: R- oder K± rot, P± gelblich.

Verwechslung: *Calicium*-Arten (sowie Verwandte) müssen mit der Lupe gesucht werden; sie haben auf dem Köpfchen eine schwarze pulverige Masse (die ähnlichen Fruchtkörper von *Chaenotheca* eine braune Masse). Das sehr ähnliche *Calicium viride* mit ebenso hohen Fruchtkörpern unterscheidet sich durch ein deutliches warziges, grünes bis gelbgrünes Lager. Andere Arten, unter ihnen als häufigste *C. glaucellum,* haben rein schwarze Apothecien (allenfalls mit weißlichem Rand); *C. trabinellum* wächst v. a. auf Holz und hat Köpfchen mit gelblichem Rand.

Ökologie und Verbreitung: Von Nord- bis Südeuropa an alten Laub- und Nadelbäumen an vor Regen geschützten Stellen (Borkenrisse, nicht beregnete Flanken), v. a. an Eichen, auch auf Holz, meist in Wäldern oder alten Hainen; ziemlich selten.

Sonstiges: Durch die Entwicklung von Stielen ragt der sporenbildende Teil des Fruchtkörpers bei den *Calicium*- und *Chaenotheca*-Arten relativ weit in den Luftraum vor, so dass die Sporenausbreitung aus den windgeschützten Borken-Nischen erleichtert wird. Anders als das Bild zeigt, sind die Fruchtkörper meist horizontal orientiert.

Chaenotheca chrysocephala (Ach.) Th.Fr.

Goldgelbe Stecknadelflechte (30 ×)

Merkmale: *Flechte mit gelbem, krustigem Lager und stecknadelartigen Fruchtkörpern mit oberseits braunem, unterseits gelbem Köpfchen.* – *Lager* krustig, gelb, aus zusammenschließenden, gewölbten Areolen bzw. fast kugeligen Körnern; Areolen/Körner ca. 0,2–0,6 mm. *Fruchtkörper* an kurze Stecknadeln erinnernd, gestielt, mit konischem bis eiförmigem Köpfchen, bis 1,5 mm hoch; Stiel im unteren Teil schwarz bis braun, oben gelb bereift; Köpfchen oberseits mit brauner, pulveriger Sporenmasse (starke Lupe), mit (bei jüngeren Fruchtkörpern gut sichtbarem) abgesetztem, gelb bereiftem Rand, unterseits gelb bereift, 0,2–0,3 mm dick.

Reaktionen: R-.

Verwechslung: Bei Beachtung des gut entwickelten gelben, nichtsorediösen Lagers, der braunen Oberseite und der gelben Farbe der Unterseite des Köpfchens und des Stiels kaum zu verwechseln. Mehrere andere, seltene Arten mit ähnlich gefärbten Fruchtkörpern haben ein anderes Lager, so *Ch. phaeocephala* mit dickem warzigem bis schuppigem, grauem bis olivbraunem Lager. *Ch. ferruginea* hat ein graues bis *ocker*gelbes Lager, aber (bis auf die braune Oberseite) rein schwarze Fruchtkörper.

Ökologie und Verbreitung: Auf saurer Borke an regengeschützten Stammstellen von Nadel-, seltener Laubbäumen (fast nur Eiche, Birke) in Wäldern und an Waldrändern; ziemlich selten, zurückgehend. V. a. in der borealen Zone und im Bergland der mitteleuropäischen Laubwaldregion, selten in den Gebirgen Südeuropas.

Graphis scripta (L.) Ach.

Gewöhnliche Schriftflechte (5,2 ×)

Merkmale: *Krustenflechte mit weißlichem bis grünlichgrauem Lager und runenartigen, langgestreckten, oft verzweigten, schwarzen Fruchtkörpern.* – *Lager* weißlich, grünstichig grau, grau, krustig, dünn bis fast kaum wahrnehmbar, ± glatt bis rissig. *Apothecien* sehr schmal und lang (bis 3 (6) × 0,6 mm), strichförmig, gerade, gebogen oder geschlängelt, einfach bis verzweigt, schwarz, oft auch grau bereift, mit erhabenen, unbereiften Rändern; *Sporen* lang und schmal (25–70 × 6–10 µm), querseptiert, 6–16-zellig, alt etwas gebräunt, mit linsenförmigen Fächern.

Reaktionen: R-.

Verwechslung: Die Art umfasst mehrere „Kleinarten", die sich durch Bereifung und Fruchtkörperform unterscheiden. Die sehr seltene atlantische *G. elegans* hat stark längs gefurchte Apothecienränder. ↑*Arthonia atra* hat wesentlich kleinere, stärker verzweigte, oft sternförmige, unbereifte Apothecien; ihre Sporen sind vierzellig, bis 20 µm lang.

Ökologie und Verbreitung: Auf glatter Rinde von Laubbäumen und Tanne in luftfeuchten Wäldern, am häufigsten an Hainbuche, Esche; im südlichen Mitteleuropa häufig, im nördlichen deutlich seltener und durch Eutrophierung (Stickstoff) zurückgehend. Vom mittleren Skandinavien bis Südeuropa.

Name: Der Name Schriftflechte erklärt sich aus der Fruchtkörperform. Der Schriftsteller H. M. Enzensberger hat dieser Art im Gedicht „flechtenkunde" ein Denkmal gesetzt: „sie ist der erde langsamstes telegramm, ein telegramm, das nie ankommt: überall ist es schon da …".

Arthonia atra (Pers.) A. Schneid.

Schwarze Zeichenflechte (11 ×)

Merkmale: *Krustenflechte mit dünnem, hellem Lager und sternförmigen, schwarzen Fruchtkörpern.* – *Lager* weißlich bis grünlichweiß, sehr dünn, glatt, oder nur als heller Fleck angedeutet, meist kaum über 3 cm groß. *Apothecien* schwarz, unbereift, in Form von gestreckten, 0,1–0,2 mm breiten, meist verzweigten, oft „sternförmigen" Gebilden von 0,5–1,5 mm Länge/Größe; bei stärkerer Vergrößerung ist eine enge Ritze in den schmalen Apothecien erkennbar; *Sporen* schmal ellipsoid bis leicht keulig, mit drei Quersepten.

Reaktionen*: R-.

Verwechslung: Mit Arten der Gattung *Opegrapha* (wohin *A. atra* bis vor kurzem gestellt wurde), die aber meist Sporen mit mehr als 4 Zellen bzw. ein bräunliches Lager haben; diese Arten müssen mikroskopiert werden. Schon mit der Lupe ansprechbar ist *Alyxoria varia* mit sitzenden, kräftigen, bis über 1,5 mm langen und 0,4 mm breiten Apothecien, deren Scheibe oft nicht ritzenförmig, sondern flach ausgebreitet ist. ↑*Graphis scripta* unterscheidet sich durch viel größere Apothecien (länger als 1,5 mm) und vielzellige Sporen mit linsenförmigen Fächern. *Arthonia radiata* (Bild rechts) hat fleckenartig gedrungene, kaum erhabene Apothecien mit unberandeter, nicht ritzenförmiger Scheibe.

Ökologie und Verbreitung: Auf glatter Rinde von Laubbäumen und Tanne v. a. in Wäldern und Auen in luftfeuchter Lage; ziemlich selten, zurückgehend. Von Südskandinavien bis ins Mittelmeergebiet.

Arthonia radiata (Pers.) Ach.

Gewöhnliche Fleckflechte (15 ×)

Pyrenula nitida (Weigel) Ach.

Glänzende Kernflechte (ca. 3 ×)

Merkmale: *Krustenflechte mit glattem, düster olivgrünem bis braunem Lager und hügelartig gewölbten Fruchtkörpern mit schwarzem Scheitel.* – *Lager* olivbraun, braun, düster oliv, mitunter mit feinen hellen Pünktchen, etwas ölig glänzend, krustig, mit auffallend glatter Oberfläche, wie „ergossen", stellenweise fein rissig, bis über 10 cm große Lager bildend. *Fruchtkörper* (Perithecien) über das Lager gewölbt, mit schwarzem Scheitel, an den Flanken vom Lager bedeckt und „gleitend" ins Lager übergehend, 0,6–1,2 mm breit; *Sporen* spindelig, vierzellig, braun bis grünlich.

Reaktionen*: K+ orangerot, C-, P-.

Verwechslung: Mit *P. nitidella* möglich, deren Fruchtköper nur 0,25–0,4 mm breit werden, nicht so stark vorstehen und schärfer vom Lager abgesetzt sind; das Lager dieser Art, die fast nur auf Esche (selten Hainbuche) vorkommt, ist fast stets weißlich punktiert. *Pseudosagedia aenea* hat farblose vierzellige Sporen, ein mattes rotbraunes bis dunkelbraunes Lager und sehr kleine schwarze Perithecien (0,1–0,3 mm).

Ökologie und Verbreitung: Auf glatter Rinde von Laubbäumen, v. a. Rot- und Hainbuche, in schattigen, nicht eutrophierten Wäldern; ziemlich selten, zurückgehend. Im Gebiet der sommergrünen Laubwälder, hauptsächlich in Mitteleuropa.

Pertusaria pertusa
(Weigel) Tuck.
Gewöhnliche Porenflechte (3,8 ×)

Merkmale: *Graue Krustenflechte mit knolligen Warzen, die mehrere, nur an den punktartigen, dunklen Mündungen erkennbare Fruchtkörper enthalten.* – Lager grünlich- bis hellgrau, etwas glänzend, uneben bis warzig. *Apothecien* zu mehreren (3–10) in höckerförmigen (vom Lager gebildeten und lagerfarbenen) Fruchtwarzen eingeschlossen. *Fruchtwarzen* (0,8–2 mm) oft sehr gedrängt und das Lager bedeckend, mit abgeflachter Oberseite, steil abfallenden Flanken und oft etwas verengter Basis, nicht regelmäßig gewölbt, im Umriss rundlich bis unregelmäßig kantig, mit mehreren *punktförmigen dunklen Fruchtkörpermündungen* (Perithecien-ähnlich); *Sporen* zu 2 im Ascus, sehr groß (110–230 × 40–80 µm), dickwandig.

Reaktionen: K+ gelblich, C-, P-; Mark K+ gelb, C-, P+ orangerot; bei Exemplaren von schattigen Habitaten Reaktionen schwach.

Verwechslung: An den höckerigen Fruchtwarzen mit abgeplatteter Kuppe und steil abfallenden Flanken sowie der Vielzahl darin befindlicher Apothecien meist gut zu erkennen. Ähnlich ist ↑*P. leioplaca,* die gleichmäßig gewölbte, allmählich abfallende Warzen mit nur 1 (–2) Apothecium und 4–6 Sporen/Ascus besitzt. Es gibt weitere ähnliche, aber seltene *Pertusaria*-Arten. Die Unterscheidung kann bei reduzierter Entwicklung und undeutlichen Reaktionen Probleme bereiten.

Ökologie und Verbreitung: Auf Bäumen im Freiland und im Wald, meist auf glatter Rinde (v. a. auf Buche, Hainbuche, Eichen); ziemlich selten, zurückgehend. Vom südlichen Skandinavien bis Südeuropa.

Pertusaria leioplaca DC.

Glatte Porenflechte (5 ×)

Merkmale: *Krustenflechte mit grüngrauem bis hellgrauem, glattem Lager und zerstreuten gewölbten Fruchtwarzen mit meist einer punktuellen dunklen Mündung.* – *Lager* hellgrau, grünlichgrau, dünn, glatt, „ergossen“, selten etwas rissig. *Apothecien* ± regelmäßig zerstreut, einzeln (bis zu zweit) in mäßig gewölbten bis fast halbkugeligen Lagerwarzen eingeschlossen, deren Flanken gleitend, selten etwas steiler abfallen; Warzen mit einer (bis zwei) punktuellen, dunklen Mündung, gelegentlich auch ausgefallen, wodurch sie kraterförmig geöffnet erscheinen können; *Sporen* zu 4 (–6) im Ascus, 40–100 × 20–45 µm.

Reaktionen: Mark K- bis K+ gelb, C-, P- bis P+ ocker/rötlich.

Verwechslung: ↑*P. pertusa* hat knollige Fruchtwarzen mit steilen Flanken und mindestens teilweise 2–4 punktartigen Mündungen. Bei der seltenen *P. pustulata* enthalten die Fruchtwarzen nur ein Apothecium und verbreitern sich an der Basis wie bei *P. leioplaca,* doch bleibt die Mündung nicht punktförmig, sondern weitet sich zur (schwarzen) Scheibe aus (nicht mit „leeren“ Fruchtwarzen von *P. leioplaca* verwechseln); Sporen zu 2 im Ascus. Vorsicht: *P. leioplaca* ist oft durch Schneckenfraß beschädigt; diese Lager haben häufig eine mehr grünliche Farbe und leere, ausgehöhlte Fruchtwarzen.

Ökologie und Verbreitung: Auf glatter Rinde, v. a. von Hainbuche und Buche, fast nur in Wäldern, mäßig häufig, nur in stärker luftverunreinigten oder laubwaldarmen Gebieten selten, zurückgehend. Vom südlichen Skandinavien bis ins Mittelmeergebiet.

Amandinea punctata
(Hoffm.) Coppins & Scheid.

Pünktchenflechte (14 ×), mit Lecanora saligna (links und rechts)

Merkmale: *Graue Krustenflechte mit kleinen schwarzen Apothecien ohne Lagerrand.* – *Lager* hell- bis dunkelgrau oder bräunlichgrau, krustig, glatt bis rau, zusammenhängend bis rissig-warzig, matt, nicht sorediös, oft auch fast fehlend, ohne Vorlager. *Apothecien* häufig, schwarz, matt, unbereift, zerstreut bis gedrängt, klein – 0,3–0,5(0,6) mm –; *Scheibe* flach bis stark gewölbt; *Rand* wenig erhaben, oft ziemlich undeutlich, im Alter schwindend; *Sporen* braun, 2-zellig, gerade bis leicht gebogen, 10–16 × 6–7 µm.

Reaktionen: R-.

Verwechslung: Mit ↑*Lecidella elaeochroma*, diese hat aber deutlich größere (meist 0,4–1,0 mm), oft etwas glänzende Apothecien, einzellige farblose Sporen (Quetschpräparat genügt) und ein glatteres Lager, das, wenn gut entwickelt, K+ gelb und C+ orange reagiert und oft von einem schwarzen Vorlager umgeben ist. *Buellia disciformis* hat zwar ähnliche, aber deutlich größere Sporen (15–26 × 6–10 µm), ein K+ gelbes Lager und kommt fast nur im Wald an glatter Rinde vor. Auf Holz wächst mit stärker gewölbten, randlosen Apothecien *Micarea denigrata* (Sporen farblos, 1–2-zellig, Lager mit vorstehenden, von weißem Pfropf gekrönten Pyknidien besetzt).

Ökologie und Verbreitung: An freistehenden Bäumen auf nährstoffreicher, eutrophierter Borke, seltener an Waldbäumen, auch auf Holz; recht unempfindlich gegenüber Luftschadgasen und Düngung; häufig. In ganz Europa.

Lecidella elaeochroma
(Ach.) M. Choisy

Olivgrüne Schwarznapfflechte (3,7 ×)

Merkmale: *Krustenflechte mit schwarzen Apothecien und weißlichem bis olivgrauem oder ockergelblichem Lager.* – *Lager* weißlich, grau, graugrünlich, oliv, gelblich, häufig durch Schneckenfraß beschädigt und dann grünlich, glatt bis körnig, oft schwach glänzend, oft durch schwarzes Vorlager begrenzt, 1–3 cm breit. *Apothecien* 0,4–1,0 mm, zerstreut bis gedrängt; *Scheibe* schwarz bis dunkel rotbraun, sehr selten bereift, flach bis stark gewölbt (v. a. bei alten Lagern), nicht selten deformiert; *Rand* schwarz, glatt (im Alter auch schwindend); *Sporen* einzellig.

Reaktionen: Lager K+ gelblich (bis K-), C+ orange bis C-, KC+ gelb, P-.

Verwechslung: Diese Art ist sehr formenreich. Verwechslungen sind in der Regel (wenn man die Art breit fasst) nur mit *Buellia*-Arten und *Amandinea* möglich, die sich jedoch durch 2- (bis 4-)zellige, braune Sporen unterscheiden (Quetschpräparat genügt): ↑*Amandinea punctata* hat kleinere (nur 0,2–0,6 mm breite) Apothecien, ein in der Regel undeutlicheres, mattes, nie mit K und C reagierendes Lager, kein schwarzes Vorlager. Beide sind verbreitet. Ein Doppelgänger von *L. elaeochroma* kann die seltene *Buellia disciformis* sein mit bis 1,3 mm großen Apothecien und 2-zelligen braunen, 15–26 × 6–10 µm großen Sporen; sie kommt meist in Wäldern vor.

Ökologie und Verbreitung: Vorwiegend auf glatter Rinde (v. a. an junger Esche, Walnuss und Hainbuche), in Wäldern und an freistehenden Laubbäumen, mäßig häufig. Von Nord- bis Südeuropa.

Bacidia rubella (Hoffm.) A. Massal.

Rötliche Stäbchenflechte (14,5 ×)

Merkmale: *Krustenflechte mit graugrünlichem, auffallend regelmäßig körnigem Lager und (meist hell-) rotbraunen Apothecien.* – *Lager* blass grünlich, graugrünlich, grünlich beige, deutlich körnig; Körnchen dicht gelagert, z. T. verlängert, 0,04–0,12 mm dick. *Apothecien* mit hell bis mittel braunroter bis rotbrauner, flacher Scheibe und gleich gefärbtem, erhabenem Rand, ± rund, mit verengter Basis aufsitzend, bis 1 mm; *Sporen* sehr schmal und lang, zugespitzt (nadelförmig), septiert, 45–75 × 2,5–3,5 µm.

Reaktionen: R-.

Verwechslung: An den rotbraunen, berandeten, erhaben sitzenden Apothecien in Verbindung mit dem körnigen Lager zu erkennen. Andere Arten der Gattung *Bacidia*, die sich durch septierte, spindelige bis nadelförmige Sporen auszeichnet, mit (rot-)braunen Apothecien haben ein undeutliches oder schorfiges oder warziges Lager. *Caloplaca*-Arten, die auch braunrote bis rote Apothecien haben, unterscheiden sich durch die tiefrote Reaktion der Apothecien mit K.

Ökologie und Verbreitung: In Wäldern auf Laubbäumen mit basenreicher, rissiger Rinde, v. a. an Ahorn-Arten, Esche, Ulme, auch an freistehenden Bäumen (Alleen) oder in Obstgärten (v. a. Apfelbaum, Nussbaum), ziemlich selten, zurückgehend. Vom südlichen Skandinavien bis ins Mittelmeergebiet.

Caloplaca cerina (Hedw.) Th. Fr.
Wachs-Schönfleck (10 ×)

Merkmale: *Graue Krustenflechte mit gelben bis orange gefärbten, grau berandeten Fruchtkörpern.* – *Lager* hell- bis dunkelgrau, auch leicht blaustichig, dünn bis mäßig dick, auch undeutlich, glatt oder uneben-warzig, warzig gefeldert oder grobkörnig. *Apothecien* mit verengter Basis aufsitzend, zerstreut bis gedrängt und dann oft unregelmäßig verbogen, bis 1,5 mm; *Scheibe* orange bis gelb oder rotbraun, matt, jung leicht konkav und oft leicht bereift, dann flach, *Rand* bleibend, erhaben grau.

Reaktionen: Lager R- (junge Apothecienanlagen K+ rot), Apothecienscheibe K+ rot.

Verwechslung: Unter den auf Rinde vorkommenden *Caloplaca*-Arten durch die großen, grau berandeten Apothecien charakterisiert; die meisten anderen heimischen rindenbewohnenden Arten haben gelbe bis orange gefärbte Apothecienränder. Am nächsten steht *C. chlorina,* die v. a. basal an Baumstämmen (und an nährstoffreichen Felsflächen) vorkommt; das Lager ist grau bis dunkelgrau oder grüngrau, areoliert, mit körniger Oberfläche (unter dem Binokular sind feine kugelige bis korralloide Isidien oder winzige läppchenartige Sprossungen erkennbar), der Apothecienrand oft auch körnig; die Scheibe ist gelb, orange, orangebraun, orangerot, oft etwas missfarben.

Ökologie und Verbreitung: Auf mineralreicher bzw. basenreicher (oft staubimprägnierter) Rinde von Laubbäumen an lichtreichen Standorten; selten, außerhalb der Alpen stark gefährdet. *C. chlorina* ist stärker eutrophierungstolerant. In ganz Europa.

Lecanora argentata (Ach.) Malme

Silbrige Kuchenflechte (5,5 ×)

Merkmale: *Grauweiße Krustenflechte mit rotbraunen Apothecien mit Lagerrand.* – *Lager* weißlich, hellgrau, glatt bis v. a. zur Mitte hin uneben bis warzig bzw. rissig, mitunter leicht speckig glänzend und mit schwarzem Vorlager. *Apothecien* zahlreich, 0,4–0,9 mm; *Scheibe* dunkelbraun bis dunkel rotbraun, unbereift, flach bis leicht gewölbt, mit bleibendem, nicht oder nur angedeutet gekerbtem Lagerrand. Die sichere Unterscheidung von ähnlichen Arten ist nur mit Hilfe einer mikroskopischen Untersuchung von Dünnschnitten von Apothecien möglich: Das *Epihymenium* zeigt im polarisierten Licht keine Kristalle (Pol-), seine rotbraune Färbung bleibt auch nach Zugabe von K erhalten, im Apothecienrand finden sich große Kristalle (Pol+), die in K unlöslich sind. *Sporen* einzellig.

Reaktionen: K+ deutlich gelb, C-, P+ gelblich.

Verwechslung: Mit mehreren *Lecanora*-Arten möglich. Bei *L. pulicaris*, die braune, rotbraune bis braunschwarze Scheiben hat, reagiert der Apothecienrand (meist) P+ rot, daran gut erkennbar. ↑*L. chlarotera* hat *meist* eine hellere, hell- bis schmutzigbraune Scheibe und im Epihymenium kleine Kristalle (Pol+), die nach Zugabe von K verschwinden. *L. intumescens* (Abb. 5) hat auffallend breite, wellige bis eingebuchtete Apothecienränder, die nicht über die gelb- bis hellbraune Scheibe ragen und die P+ intensiv gelb reagieren.

Ökologie und Verbreitung: An Laubbäumen im Wald, selten Freiland; ziemlich selten; zurückgehend. Im Laubwaldgebiet der gemäßigten Zone bis Mittelmeergebiet.

Lecanora chlarotera Nyl.

Helle Kuchenflechte (5,5 ×)

Merkmale: *Grauweiße Krustenflechte mit braunen bis beige gefärbten Apothecien mit Lagerrand.* – *Lager* weißlich bis (grünlich) grau, glatt bis warzig. *Apothecien* 0,5–1,5 mm, meist gedrängt, sitzend; *Scheibe* in der Regel nicht rein braun, sondern blass braun, rosabraun, missfarben rosa, graubraun, nicht bereift, kaum glänzend, flach, manchmal aber auch dunkelbraun, dann schwierig von ähnlichen Lecanoren zu unterscheiden; *Rand* oft verbogen, nicht bis deutlich gekerbt oder warzig, lagerfarben; sichere Bestimmung mit Mikroskop: *Epihymenium* farblos bis missfarben braun, mit kleinen Körnchen durchsetzt, die nach Zugabe von K verschwinden (leuchten in polarisiertem Licht); im Apothecienrand und -mark große graue Kristallhaufen (Pol+). *Sporen* einzellig.

Reaktionen: K+ gelb, C-, P-/+ schwach gelblich.

Verwechslung: Variable Art. Mit anderen *Lecanora*-Arten zu verwechseln; diese, so *L. pulicaris und* ↑*L. argentata* (siehe dort), haben aber in der Regel rein dunkel- bis rotbraune und weniger dicht stehende Apothecien und ein Epihymenium ohne kleine Kristalle (Pol-), dessen Färbung nach Zugabe von K bleibt (keine Auflösung von Kriställchen). Die Apothecien von *L. chlarotera* haben häufiger als die anderen Arten gekerbte bis warzige Ränder und stehen häufiger dicht an dicht.

Ökologie und Verbreitung: An Laubbäumen mit nährstoff- oder basenreichen Rinden; im Offenland wie in Wäldern. Kulturfolger, wegen mäßiger Empfindlichkeit gegen Eutrophierung auch in Siedlungen; mäßig häufig. Von Nord- bis Südeuropa.

Lecanora carpinea-Aggregat

Hainbuchen-Kuchenflechte (9 ×)

Merkmale: *Hellgraue Krustenflechte mit hellen, bereiften, weißlich berandeten Apothecien.* – *Lager* weiß bis weißgrau, dünn, glatt, rissig bis körnig, meist klein (selten über 2 cm). *Apothecien* 0,5–1 mm, zerstreut bis oft gedrängt stehend und durch gegenseitigen Druck kantig, das Lager häufig ganz verdeckend; *Scheibe* weißlich bis bleigrau bereift, unter dem Reif ocker, blass bräunlich bis grauweiß, flach bis schwach gewölbt; *Rand* ± glatt, später manchmal fast verschwindend, lagerfarben; *Sporen* einzellig.

Reaktionen: (V. a. Apothecienrand) K+ gelb, C-, P± leicht gelblich; Apothecienscheibe: C+ gelb.

Verwechslung: An der Gelbfärbung der Apothecien mit C ist *L. carpinea* gut zu erkennen. Auch die starke Bereifung und die sich oft (nicht immer) gegenseitig verformenden Apothecien sind charakteristisch. Eine Verwechslung ist allerdings mit der wesentlich selteneren *L. subcarpinea* möglich, die die gleiche Reaktion mit C zeigt; ihr Apothecienrand reagiert aber mit P+ tiefgelb bis orange (bei *L. carpinea* P- bis P+ leicht gelblich); die Apothecien werden auch größer und stehen mehr zerstreut. Auch *L. albella* (vorwiegend in feuchten Wäldern) sieht ähnlich aus; Lager und Apothecienscheibe reagieren aber mit P+ rot, nicht jedoch mit C.

Ökologie und Verbreitung: An Straßenbäumen, in Obstgärten, in Wäldern. Bevorzugt glatte Rinde, besiedelt daher besonders Zweige und Äste von Laubbäumen sowie Stämme von Hainbuche (Name!); mäßig häufig. Von Nord- bis Südeuropa.

Lecanora conizaeoides Cromb.
Staubige Kuchenflechte (6 ×)

Merkmale: *Graugrüne, sorediös aufbrechende Krustenflechte, meist mit Apothecien. – Lager* gelblich graugrün (jung heller gelblichgrün), blass grünlich, manchmal reduziert, oft aber dick, körnig bis warzig, meist unregelmäßig sorediös aufbrechend. *Apothecien* 0,4–1,2 mm, sitzend; *Scheibe* blassgrau, schmutzig graugrün bis hell bräunlich oder beigebraun, unbereift, leicht konkav bis ± flach; *Rand* mitunter sorediös, lagerfarben. *Epihymenium* ist nicht rein braun, sondern farblos bis missfarben braun und mit kleinen Körnchen versehen (Pol+); Färbung und Körnchen verschwinden bei Zugabe von K.

Reaktionen: K+ gelb(-lich) bis K-, C-, P+ orangerot.

Verwechslung: Infolge der Rotfärbung von Lager und Apothecienrand mit P leicht von den meisten Lecanoren zu unterscheiden. Wenn ohne Sorale und gelblich, eventuell mit *L. varia* zu verwechseln. Diese reagiert mit P intensiv gelb, hat einen dicken, etwas glänzenden, fast immer welligen Apothecienrand, der oft über die Scheibe gebogen ist, und ein grüngelbes, ± warziges, oft etwas glänzendes Lager; sie wächst meist an Holz und glatter Rinde. Steril z. B. mit ↑*L. expallens* zu verwechseln, die blassgrünliche, mehlige Überzüge bildet, aber nicht mit P, dafür mit KC+ orange reagiert.

Ökologie und Verbreitung: Infolge der sehr hohen Resistenz gegen saure Luftverunreinigungen konnte *L. conizaeoides* in hoch mit SO_2 belasteten Ballungszentren überleben. Durch die Ansäuerung des Niederschlagwassers („saurer Regen") und der Baumrinden durch Immissionen und die forstliche Förderung von Nadelbäumen (saure Rinde!) hatte sich diese Flechte, die vor 100 Jahren noch extrem selten war, enorm ausgebreitet. Gebietsweise, so etwa in Sachsen, war sie eine der wenigen noch vorhandenen Baumflechten überhaupt. Sie besiedelte alle Baumarten, sofern die Borke sauer genug war. Heute wieder selten geworden, fast nur noch auf Bäumen mit natürlich saurer Borke (v. a. Koniferen, Birke, Erle, Holz), hauptsächlich noch in Ostdeutschland. Weit verbreitet v. a. in Mittel- und Westeuropa.

Lecanora symmicta (Ach.) Ach.

Randlose Kuchenflechte (12 ×)

Merkmale: *Krustenflechte mit gewölbten, meist randlosen, beige, hellbraun bis grünlich gefärbten, zerstreut oder meist dicht stehenden bis zusammenwachsenden Apothecien und grauem bis grünlichem Lager.* – *Lager* kleinflächig, meist rund bis oval, graugrünlich, gelblichgrün, hellgrau, kaum angedeutet bis körnig oder schorfig, in der Mitte oft dicht mit Apothecien besetzt. *Apothecien* beige, oliv, hellbraun bis leicht grünlich gefärbt, mit gewölbter Scheibe, nur sehr jung angedeutet berandet, oft dicht stehend bis zusammenwachsend, 0,4–1 mm.

Reaktionen: K-, P-, C-/KC- oder + orange.

Verwechslung: Variable Art, aber durch die meist schwach gewölbten, ± randlosen, oft „verschmelzenden“ Apothecien und die meist leicht grünliche Farbe des Lagers gut ansprechbar. Andere ähnlich gefärbte *Lecanora*-Arten haben Apothecien mit deutlichem Rand. ↑*L. expallens* hat ein sorediöses Lager.

Vorkommen: Lichtliebende Art auf Rinde von Stämmen und Zweigen von Laubbäumen, auf Sträuchern, in Baumkronen, besonders häufig auf Schlehe, Zwetschge, Birnbaum, auch auf Holz, am schnellsten an Ästchen zu finden; mäßig häufig. Weit verbreitet durch Europa, bis ins nördliche Fennoskandien.

Lecanora expallens Ach.

Ausbleichende Kuchenflechte
(2 ×, 11 ×)

Merkmale: *Gelbgrüne bis fahlgrüne, großflächig sorediöse, oft größere Flächen bedeckende Krustenflechte.* – *Lager* blass grüngelblich bis blass grünlich, zunächst mit begrenzten, 0,1–0,3 mm großen, konkaven Soralen (Lupe!). Diese fließen bald zu einer zusammenhängenden, durchgängig mehlig-sorediösen, einheitlichen bis rissig-gefelderten (areolierten) Kruste zusammen. *Apothecien* selten, unauffällig, 0,4–0,8 mm, mit gelblicher, bräunlicher bis rosa Scheibe, anfangs mit Lagerrand.

Reaktionen: K+ gelb, C+ orange (diese Reaktion ist oft nur schwach gelborange), KC+ orange bis rosarot, P-.

Verwechslung: ↑*L. conizaeoides*, durch 0,4–1,2 mm große, erhaben berandete Apothecien unterschieden, lässt sich auch steril durch die rote P-Reaktion des Lagers (und Lagerrandes) sicher von *L. expallens* trennen; sie hat außerdem gröbere Soredien. Dem blau- bis grünstichig weißlichen Lager von ↑*Lepraria incana* fehlt der gelbgrüne Ton sowie die positive C-Reaktion, es ist außerdem von Anfang an einheitlich leprös, d. h. nur aus feinen Soredien zusammengesetzt. Es gibt ferner sehr ähnlich aussehende, nicht mit KC+ orange ragierende Krusten, die ohne chemische Untersuchung kaum einzuordnen sind.

Ökologie und Verbreitung: An allen Baumarten, vorwiegend an ± regengeschützten Flanken der Stämme, in Wäldern und an freistehenden Bäumen. Eine häufige Flechte, v. a. in flechtenärmeren Gebieten.

Candelariella xanthostigma
(Ach.) Lettau

Körnige Dotterflechte (ca. 15 ×)

Merkmale: *Flechte mit deutlich körnigem, gelbem Lager ohne Sorale, meist ohne Apothecien.* – *Lager* gelb (ohne Grünton), aus zerstreuten bis ± gedrängten, kleinen (bis 0,1 mm dicken), kugeligen bis ellipsoiden, selten abgeflachten *glatten* Körnchen, die oft ziemlich regelmäßig verteilt sind, aber stellenweise auch zusammenschließen; meist ist zwischen den Körnchen die Baumrinde noch sichtbar. *Apothecien* recht selten, gelb, mit gleich gefärbtem Rand, flach, später gewölbt, bis 0,8 mm breit; *Sporen* einzellig.

Reaktionen: R-.

Verwechslung: *C. reflexa* besitzt kleine verflachte, am Rand gekerbte, oft in Gruppen zusammenstehende Schüppchen, die sich sorediös auflösen und hat oft einen Stich ins Grünliche; ihre gelben Soredien sind deutlich kleiner als die glatt berindeten Körnchen von *C. xanthostigma* (0,03–0,08 mm gegenüber 0,07–0,1 mm). Das gilt auch für das *C. efflorescens*-Aggregat, dessen Arten gewölbte, meist voneinander getrennte Sorediehäufchen bilden (Soredien 0,02–0,04 mm). Sind Apothecien vorhanden und das Lager besteht aus verflachten, nicht sorediös aufbrechenden Areolen, so handelt es sich um ↑*C. vitellina*. Ähnliche *Caloplaca*-Arten unterscheiden sich durch die kräftige K+ rote Reaktion.

Ökologie und Verbreitung: An nährstoffreicher Rinde, besonders von freistehenden Laubbäumen, an Straßenbäumen und in Obstgärten (oft zusammen mit ↑*Amandinea punctata* und ↑*Physcia tenella);* ziemlich häufig. In ganz Europa.

Pertusaria coccodes (Ach.) Nyl.

Kugelkopf-Porenflechte (11 ×)

Merkmale: *Graue, mit K+ rote Krustenflechte mit feinen Isidien.* – *Lager* weißgrau bis seltener leicht bräunlichgrau, ziemlich glatt bis warzig, rissig, dicht isidiös (Lupe); *Isidien* zart, kugelig bis keulig, entweder regelmäßig verteilt oder (seltener) in Gruppen, manchmal (an lichtoffenen, nährstoffreicheren Orten) mit bräunlichen oder dunkelgrauen Spitzen, bis 0,5 (1) mm hoch und 0,2 mm dick. Gelegentlich brechen die Isidien ab, wodurch das Lager stellenweise ein ± sorediöses Aussehen erhält. *Apothecien* sehr selten, in Warzen (ähnl. *Pertusaria pertusa*).

Reaktionen: K+ gelb, dann blutrot, C-, P-; Mark P+ gelborange.

Verwechslung: Sehr ähnlich ist *P. coronata*, die neben *P. coccodes* wachsen kann, dann aber farblich meist durch einen Grünstich abweicht; sie reagiert mit K nur gelb, und ihre Isidien sind oft schlanker, nur selten kopfig verdickt, selten bräunlich. *P. flavida* hat ein sehr ähnliches, aber gelbliches Lager und reagiert mit K-, C+ orange. ↑*Phlyctis argena* ist auch K+ rot, aber weitgehend sorediös und bildet nie Isidien aus; auch bei schlecht entwickelten, „erodierten" Exemplaren von *P. coccodes* finden sich stets einige deutlich ausgebildete Isidien (Lupe).

Ökologie und Verbreitung: In Wäldern (Eiche, Hain- und Rotbuche) und an freistehenden Bäumen, ziemlich selten, *P. coronata* fast nur in Wäldern, weniger eutrophierungstolerant. Im Laubwaldgebiet der gemäßigten Zone bis ins Mittelmeergebiet.

Pertusaria albescens
(Huds.) M. Choisy & Werner
Lepra albescens
(Huds.) Hafellner
Zonierte Porenflechte (2,3 ×)

Merkmale: *Graue Krustenflechte mit ± flachen, großen, runden, weißen Soralen.* – *Lager* grau bis grünlichgrau, knorpelig, glatt bis uneben, schwach rissig, zuweilen von einem Vorlager begrenzt und am Rand dann ± gezont (abwechselnd helle und dunklere Streifen); *Sorale* stets vorhanden, scharf begrenzt, rund, konkav bis ± flach, sehr groß (1–5 mm), weiß bis weißgrau, also heller als das Lager, ziemlich regelmäßig verteilt, zur Mitte hin gedrängt. Geschmack der Sorale mild, nicht bitter. *Apothecien* sehr selten.

Reaktionen: R-.

Verwechslung: Durch die sehr großen, scharf begrenzten, fast an weißliche Apothecien erinnernden Sorale kenntlich, aber habituell ↑*P. amara* recht ähnlich, die mehr gewölbte Sorale hat, die bitter schmecken und sich mit KC deutlich violett färben. *Ochrolechia turneri,* deren Lager heller gefärbt und ebenfalls R- sind, hat allenfalls im Randbereich deutlich begrenzte rundliche, sonst diffus zusammenfließende Sorale. *Ochrolechia androgyna* hat ein warziges Lager, meist grünlichgraue, nicht auffallend kreisrunde Sorale und reagiert mit C+ rot.

Ökologie und Verbreitung: Auf Laubbäumen, an Straßenbäumen (z. B. Ahorn, Esche, Linde) und Obstbäumen, in Wäldern, selten auch an Nadelbäumen. Stärkere Eutrophierung tolerierend als *P. amara*. Mäßig häufig. In ganz Europa mit Ausnahme der arktischen und nördlichen borealen Gebiete.

Pertusaria amara (Ach.) Nyl.
Lepra amara (Ach.) Hafellner
Bitterflechte, Bittere Porenflechte (2,4 ×)

Merkmale: *Graue Krustenflechte mit gewölbten weißen Soralen.* – *Lager* grau, runzelig oder höckerig bis knorpelighäutig, am Rand nur sehr selten gezont; *Sorale* 0,5–1,5 mm, ziemlich regelmäßig verteilt, anfangs einzeln und deutlich begrenzt, rundlich, gewölbt bis halbkugelig, später auch teilweise zusammenfließend, so dass stellenweise ein dickliches, weißes Lager entsteht, sehr bitter schmeckend (mit feuchtem Finger über die Sorale streichen und ablecken: der bittere Geschmack tritt erst nach und nach auf; dann ausspucken). *Apothecien* sehr selten.

Reaktionen: R-; Sorale K-, C-, KC+ flüchtig aber deutlich violett, daran unverkennbar! P- oder P+ schwach orange.

Verwechslung: Leicht mit ↑*P. albescens* zu verwechseln, die sich jedoch durch ein randlich oft zoniertes Lager, nicht bitter schmeckende, meist konkave bis nur schwach gewölbte, gewöhnlich größere Sorale unterscheidet. Außerdem zeigen die Sorale keine violette KC-Reaktion. Weitere Verwechslungsmöglichkeiten siehe bei *P. albescens;* bei Beachtung der KC-Reaktion bzw. des bitteren Geschmacks der fast stets deutlich gewölbten Sorale ist *P. amara* einwandfrei ansprechbar.

Ökologie und Verbreitung: Auf Laubbäumen mit saurer Rinde und Nadelbäumen, v. a. in Wäldern und an Waldrändern, weniger tolerant gegen Eutrophierung/Staubbelastung als *P. albescens*; mäßig häufig.

Chemie: Enthält „Flechtenbitter" (Picrolichenin), das gegen Wechselfieber angewendet wurde.

Phlyctis argena (Spreng.) Flot.

Gewöhnliche Blatternflechte (2,6 ×), mit Pertusaria albescens (oben)

Merkmale: *Weißliche bis hellgraue, unregelmäßig flächig sorediös aufbrechende, sonst undifferenzierte, mit K+ rote Krustenflechte.* – *Lager* weißlich bis grau, zum Rand hin oft heller (weiß bis silbrigweiß), dünn und ± glatt bis mäßig dick und runzelig bis uneben warzig, kaum rissig, deutlich begrenzt, v. a. gegen die Mitte mit Soralen; *Sorale* zerstreut und unregelmäßig begrenzt bis großflächig zusammenfließend, feinkörnig bis mehlig, matt, weiß bis cremefarben, in der Regel heller als der nicht-sorediöse Bereich; zuweilen haben die Sorale einen rosa bis rötlichen Ton durch Einfluss von Alkalien. *Apothecien* sehr selten, bis 0,4 mm, schwarz, mit körnig sorediösem Lagerrand.

Reaktionen: K+ gelb, dann schnell blutrot (bei schattig gewachsenen Lagern nur langsam rot), C-, P+ gelb (Sorale orange).

Verwechslung: *Ph. agelaea* (auch K+ rot) hat immer (wenig auffällige, wie in Sorale eingesenkte) Apothecien, ist sonst soredienlos. Ähnlich aussehende *Pertusaria*- und *Ochrolechia*-Arten sind K- (lediglich ↑*Pertusaria coccodes* ist ebenfalls K+ rot, hat aber feine Isidien). *Buellia griseovirens* kann, wenn sie ein weißliches Lager ausbildet, ebenfalls mit *Ph. argena* verwechselt werden. Ihre Sorale sind aber grau bis graugrün, rundlich, die Reaktion mit K ist nie blutrot, sondern (Sorale) eher orange bis rotbraun (Lager K+ gelb).

Ökologie und Verbreitung: Auf glatter bis rissiger Rinde an Laub-, selten Nadelbäumen an schattigen bis lichtreichen Standorten; häufig. Vom südlichen Fennoskandien bis Südeuropa.

Lepraria incana (L.) Ach.

Graue Lepraflechte (ca. 3 ×)

Merkmale: *Grauweiße bis grünlichweiße, durchgehend mehlig sorediöse Krustenflechte ohne Apothecien.* – Lager weißgrau, grün- bis blaustichig weiß, völlig sorediös aufgelöst, d. h. mehlig-körnig, diffus begrenzt, Soredien um 50–125 µm dick.

Reaktionen: R-, UV+ weiß.

Verwechslung: Es gibt mehrere sehr ähnliche *Lepraria*-Arten, die ohne chemische Analyse nicht sicher unterschieden werden können. *L. incana* leuchtet im UV-Licht weiß auf. *L. finkii* hat wattige, blassgrünliche, bei feuchtem Wetter intensiver grünliche, relativ dicke, schwammige Lager, die eine Art weißes Mark besitzen. Bei Unsicherheit als *Lepraria* sp. benennen! ↑*Lecanora expallens* ist hell gelbgrün, feiner mehlig und C+/KC+ orange.

Ökologie und Verbreitung: An luftfeuchten, beschatteten Standorten, meidet direkte Beregnung und findet sich daher häufig in Borkenrissen. Auf saurer Rinde (z. B. Eiche, Koniferen), nicht in höheren Berglagen, zurückgehend; *L. finkii* auf basenreicher Rinde; beide häufig. Von der borealen Zone bis Südeuropa.

Name: Wegen des „ungestalten" Aussehens Lepraflechte genannt. Früher hielt man die *Lepraria*-Arten wegen ihres einfachen Baus und des Fehlens von Fruchtkörpern für primitive Flechten oder Flechten, bei denen Alge und Pilz nicht „harmonieren". Das Auffinden komplizierter Inhaltsstoffe zeigt aber, dass die Leprarien eher von höher entwickelten Arten abstammen und dass die oberflächenreiche mehlige Auflösung des Lagers in Anpassung an die regengeschützten Habitate entstanden ist.

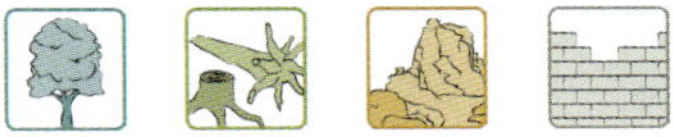

Einführung

Moose begegnen uns auch in Mitteleuropa überall. Der Boden unserer Wälder ist oft von ausgedehnten Moosdecken überzogen, und besonders Baumstümpfe und Steinbrocken sind bevorzugte Siedlungsplätze für sie. An trockenen und vor allem an feuchten Felsen besiedeln Moose noch die winzigsten Nischen wie auch ganze Felswände. In nassen Wiesen und in lückigen Trockenrasen gedeihen zahlreiche Arten, ebenso auf kaum genutzten, ungepflegten Waldwegen und an Mauern. In den Mooren und in der alpinen und subalpinen Stufe sind Moose gar tonangebend und verdrängen oft die sonst meist dominierenden Gefäßpflanzen. Auch ihre Zahl ist nicht unbedeutend: Es sind in Deutschland 1145, in der Schweiz 1119 und in Österreich 1103 Arten; alle drei Länder zusammen kommen auf 1302 verschiedene Arten.

Moose haben den Ruf, schlecht kenntlich zu sein. Auch die meisten Botaniker glauben irrtümlicherweise, sie seien viel schlechter zu unterscheiden als Blütenpflanzen. Dass man zur Erkennung einer Moosart oft, zur Bestimmung einer Gefäßpflanze aber nur ab und zu eine Lupe benutzen muss, sollte das Kennenlernen dieses interessanten Wissensgebietes nicht verhindern. Natürlich reicht zur Bestimmung nicht immer die Lupe aus; nicht selten muss auch der fortgeschrittene Moosforscher mikroskopieren. Das betrifft aber kaum den Anfänger und erst recht nicht den interessierten Laien. Zweifellos ist auch die Variabilität bei vielen Moosen viel größer als üblicherweise bei Gefäßpflanzen. Untypische Proben sollte man erst einmal beiseitelegen und später wieder hervorholen, oder aber den Fachleuten überlassen. Es wäre schade, wenn man sich die Freude an der Schönheit und Formenvielfalt der Mooswelt verderben ließe. Jeder versierte Botaniker weiß, dass auch unter den einheimischen Blütenpflanzen und Farnen genügend „kritische“, schwer zu erkennende und zu bestimmende Arten sind. Man denke an Gräser, Gänsefußgewächse, gelbe Korbblütler und nichtblühende Exemplare!

Moose gehören wie die Farnpflanzen zu den „Archegoniaten“. Das heißt, sie sind ebenfalls als Anpassung für das Leben auf dem Land entstanden und entwickeln wie die Farne in der geschlechtlichen Phase Archegonien und Antheridien. Archegonien sind flaschenförmige Bildungen, die eine Eizelle beherbergen, also die weiblichen Organe. Die meist sackförmigen männlichen Organe, die Antheridien, produzieren zahlreiche Samenzellen; bei Öffnung der Behälter entweichen die Spermatozoiden, im Wasser aktiv bewegliche Samenzellen. Da man in frühwissenschaftlicher Zeit die Blumen der Blütenpflanzen für die Geschlechtsorgane selbst hielt (daher Phanerogamen, d. h. „Offengeschlechtige“), entsprechende Geschlechtsorgane bei Moosen und anderen „Niederen Pflanzen“ dem unbewaffneten Auge aber verborgen blieben, nannte man die letzteren Kryptogamen (d. h. „Verborgengeschlechtige“). Ironischerweise hat aber die weitere Forschung gezeigt, dass es genau umgekehrt ist: Die bis auf wenige Zellen reduzierten Geschlechtsorgane (entsprechend den Archegonien und Antheridien) der sogenannten „Phanerogamen“ sind in der Samenanlage bzw. in den Staubbeutelkammern verborgen. Die noch vollständig ausgebildeten Geschlechtsorgane der „Kryptogamen“ liegen hingegen meist relativ offen, d. h. sie sind im besten Falle in den Achseln blattartiger Organe verborgen. Lediglich bei den laubartig entwickelten (thallosen) Lebermoosen sind die Geschlechtsorgane im Thallus eingesenkt. Aber auch sie öffnen sich zur Zeit der Reife nach außen, um die männlichen Zellen zu empfangen bzw. um diese freizulassen.

Dieses freie Umherschwimmen ist sehr notwendig, denn eine Befruchtung kann bei den Moosen immer nur in Gegenwart von flüssigem Wasser erfolgen. Hierin stimmen sie wesentlich mit den Farnen (Pteridophyta) überein, die in Bau und Lebensweise eine Übergangsstellung zwischen Phanerogamen und Moosen einnehmen. Deshalb glaubte man früher auch, die Moose seien die Vorläufer der Farne. Inzwischen weiß man, dass dem nicht so ist. In den letzten Jahren wurde die Taxonomie und Phylogenie der Moose durch moderne molekulare Methoden stark überarbeitet. Auch wenn die Verwandtschaftsbeziehungen noch keineswegs restlos geklärt sind und vor allem über die taxonomischen Rangstufen zahlreiche unterschiedliche Auffassungen herrschen, gibt es starke Hinweise darauf, dass Hornmoose, Lebermoose und Laubmoose keine natürliche Verwandtschaftsgruppe bilden, sie also untereinander nicht näher verwandt sind als mit den Blütenpflanzen. Die ersten Moose, die fossil belegt sind, sind Lebermoose aus dem Devon; sie existierten also mindestens bereits vor etwa 350 Millionen Jahren.

Ihre Formenvielfalt haben die Moose mit Sicherheit schon vor jenen Zeiten erreicht, in denen die Blütenpflanzen die Herrschaft auf unserem Planeten übernommen haben. Entsprechend sind sie heutzutage – gemäß ihrer Herkunft – bevorzugt unter ähnlichen Kli-

Moos- und Flechtenvegetation an einem Berg-Ahorn (vorwiegend *Antitrichia curtipendula*).

mabedingungen wie ihre Urahnen zu finden und vor allem da, wo „Höhere Pflanzen" geringere oder keine Existenzmöglichkeiten haben. Sie sind ebenso wie die Flechten Besiedler „ökologischer Nischen" und wie diese im Allgemeinen auf kühlere Standorte beschränkt, als sie gemeinhin von Sprosspflanzen besiedelt werden.

Flechten und Moose nehmen das Lebenselixier Wasser im Wesentlichen mit ihrer Oberfläche und nicht wie Sprosspflanzen mit Hilfe von Wurzeln auf. Schließlich sind fast alle Flechten, wie auch sehr viele Moose, zu zeitweiliger Austrocknung befähigt. Das bedeutet, sie sind im Gegensatz zu den fast immer homoiohydrischen (Austrocknung nicht überstehenden) Sprosspflanzen poikilohydrisch. Naturgemäß konkurrieren Flechten und Moose wegen ähnlicher Größe, Physiologie und Standortwahl besonders an sonnigen und oft länger austrocknenden Plätzen. Hier behaupten sich meist die Flechten, an mehr schattigen und feuchten Standorten gewöhnlich die Moose.

Dieses Buch soll über seine reiche Bebilderung zuallererst das Interesse an diesen vielfältigen Pflanzen wecken. Es ist aber nicht nur für den interessierten Laien, sondern auch als Einführung für einen angehenden Moosforscher geschrieben. Anhand möglichst naturnaher Bilder und einer präzisen Beschreibung werden alle wichtigen, d. h. alle häufigeren und gut erkennbaren Moose behandelt. Die Anordnung der Arten im Buch erfolgt nach leicht erkennbaren Wuchsformen, die auch (in etwa) den Verwandtschaftsverhältnissen entsprechen. Der Text verweist auf ähnliche Arten und gibt detaillierte Hinweise zu Ökologie, Verbreitung und Gefährdung. Die Kenntnis darüber kann eine sehr wertvolle Bestimmungshilfe sein, ebenso wie das bevorzugte Wuchssubstrat. Dieses ist jeweils im Text und für die schnelle Orientierung zusätzlich in Form von Icons angegeben (siehe dazu Seite 22). Dazu gibt es ergänzende Hinweise zu Besonderheiten der Biologie, zu Geschichtlichem, wie auch zum Nutzen oder Schaden der jeweiligen Arten.

Die systematische Gliederung der Moose

Im Folgenden werden die Grundzüge der systematischen Gliederung der Moose vorgestellt. Die **Hornmoose** (Abteilung **Anthocerotophyta**), von denen sechs Arten in Mitteleuropa vorkommen, sind nach heutiger Auffassung am nächsten mit den Gefäßpflanzen verwandt. Ein Beispiel ist *Anthoceros*. Seine Geschlechtspflanzen sind thallos, ein- bis mehrschichtig und ungegliedert. Die Thalli bilden Schleimhöhlen, in denen Blaualgen (Cyanobakterien) leben. Die Thalluszellen beherbergen nur einen Chloroplasten. Die Sporenpflanze besteht aus einer meist stabförmigen Sporenkapsel. Sie steht nicht auf einer Seta, sondern ist in einer sockelförmigen Thalluserhebung mit ihrem Fuß (Haustorium) verankert. Sie ähnelt, indem sie sich durch Längsspaltung zur Reife öffnet, einer dünnen Schote. Zuerst sind auch die Sporogone grün und photosynthetisch aktiv. Wie bei den Laubmoosen haben die Klappen, mit denen die Sporenpflanze sich öffnet, zahlreiche Spaltöffnungen. Diese sind denen der Höheren Pflanzen entwicklungsgleich (homolog). Die Sporogone reifen von der Spitze her, was an der Schwärzung zu erkennen ist. Mit der Reife spaltet sich die Kapsel von oben beginnend, wobei beide Klappen einem Gehörn ähnlich auseinanderklaffen (Name). Neben den Sporen werden in ihnen auch wurstförmige, sterile Zellen (Pseudoelateren) produziert, die bei der Ausbreitung der Sporen helfen.

Sporogone eines beblätterten Lebermooses (*Lophocolea heterophylla*).

Abteilung Lebermoose (Marchantiophyta)

Die Abteilung der **Lebermoose** (Abteilung **Marchantiophyta**) umfasst ganz unterschiedliche Wuchsformen. Die „klassische" Gestalt der thallosen Lebermoose wird durch die Gattung *Marchantia* vertreten – jedoch stellen die thallosen Lebermoose nur einen geringen Anteil der Artenvielfalt der Lebermoose. Die große Mehrheit der Arten vertritt einen gänzlich anderen Typ.

Aus Mitteleuropa sind 314 Lebermoos-Arten bekannt. Die Vertreter der Klasse **Marchantiopsida** sind immer thallos und oft reich gekammert. Dazu zeichnen sie sich durch ungestielte Sporenkapseln aus. Man kennt von ihnen relativ wenige Arten – in Mitteleuropa nur etwa 40. Viele ihrer Vertreter sind an trocken-warme Standorte angepasst und nicht wenige sind sogar typische Wüstenpflanzen. Die meisten Arten zeichnen sich durch einen reich gegliederten, z. T. den Blättern der „Höheren Pflanzen" im Aufbau ähnlichen Thallus aus. In ihrer Verwandtschaft hat die Geschlechtspflanze, also hier der laubige Thallus, die höchste Differenzierung im

Bereich der Moose erfahren. Nur bei diesen Moosen finden wir sowohl „Luftkammern“ als auch eine Kutikula und „Zäpfchenrhizoiden“. Letztere dienen nicht nur der Haftung, sondern auch dem Wasser- und Nährstofftransport. Außerdem zeichnen sich die Lager meist durch starre, im Gegensatz zu den Spaltöffnungen der Laubmooskapseln nicht regelbare Atemöffnungen aus. Die Geschlechtsorgane befinden sich in Thallus-Auswüchsen oder verborgen im Thallus selbst.

Vertreter der Klasse **Jungermanniopsida** zeichnen sich durch vierspaltig sich öffnende, auf glasklaren, hinfälligen Stielen (Seten) emporgehobene Sporenkapseln aus. In den Sporenkapseln werden neben Sporen immer auch längliche, durch spiralige Verdickungen ausgezeichnete sterile Zellen produziert, sogenannte Elateren. Sie können fest inseriert sein oder auch frei gebildet werden. Mit ihren hygroskopischen Bewegungen sollen sie das Ausstreuen der Sporen fördern. Diese Lebermoosgruppe eint weiter das Ausbilden einer „Blüten“-Hülle (Perianth), in deren Schutz sich der Sporophyt bis zur Reife entwickelt. Ein Teil der Arten wächst thallos, z. B. *Pellia* mit ganz ungegliedertem Thallus und rückenständigen Geschlechtsorganen. *Metzgeria* bildet gabelig (dichotom) verzweigte Thalli mit Mittelrippe aus; die Gametangien stehen bauchseitig an der Rippe.

Alle übrigen Jungermanniopsida stellen die beblätterten Lebermoose dar. In Mitteleuropa gehören ca. 220 Arten hierher. Die grüne Geschlechtspflanze, der Gametophyt, ist ähnlich dem der Laubmoose in Blätter und Stängel gegliedert. Ihre Rhizoiden entbehren der Zäpfchen und dienen im Allgemeinen nur der Haftung am Substrat. Die Zellen enthalten fast immer eine größere Zahl oft artspezifischer Ölkörper. In dieser Gruppe sind die meisten Arten an ein feuchtes, oft auch kühles Klima angepasst. Trotz ihrer Ähnlichkeit mit Laubmoosen gibt es wesentliche Unterschiede: Ihre Blättchen sind immer breit angewachsen und fast immer drei- oder bei Fehlen von Unterblättern (Amphigastrien) zweizeilig angeordnet. Meist sind es zwei Reihen größerer Flankenblätter und eine bauchständige Reihe kleinerer Unterblätter. Im Vergleich zu den Laubmoosen fehlen den Flankenblättern stets die Rippen und sie sind nicht selten in zwei oder mehrere (im Extrem haarfeine) Zipfel aufgeteilt. Die Blattzellen sind meist rundlich, oft an den Ecken verdickt und zeichnen sich meist durch charakteristische und deshalb oft für die Bestimmung bedeutsame Ölkörper aus. Letztere sind normalerweise sehr vergänglich; daher braucht man für eine mikroskopische Bestimmung beblätterter Lebermoose in manchen Gattungen Frischmaterial. Die meisten Arten sind getrenntgeschlechtig, weshalb die ungeschlechtliche Vermehrung häufig eine bedeutendere Rolle spielt. Brutkörper oder andere Brutorgane stellen dann die Erhaltung und Ausbreitung sicher. Die Sporophyten werden hier spitzenständig an den Zweigenden produziert. Die Flankenblätter können quer, längs, unterschlächtig oder oberschlächtig inseriert sein. Bei Unterschlächtigkeit ist in Aufsicht der Hinterrand sichtbar, bei oberschlächtigen Blättern ist der Vorderrand zu sehen. Die Flankenblätter sind oft rund oder zweispitzig, seltener drei- oder vierspitzig oder auch noch stärker geteilt und dann in haarfeine Zellfäden aufgelöst. Die Unterblätter sind nur an einem Teil der Arten vorhanden, sie können durchaus groß und auffällig sein. Es kommen gefaltete oder gekielte Blätter vor mit großen Unter- und kleineren Oberlappen oder auch umgekehrt. Der Verwandtschaftskreis um *Lejeunea* mit taschenförmigen Unterlappen hat in den tropischen Regenwäldern eine außerordentliche Mannigfaltigkeit entwickelt. Die zugehörigen Arten haben sich dort immergrüne Blätter als Lebensraum erschlossen, der ihnen kaum von anderen Makrophyten streitig gemacht wird (epiphyller Wuchs). Die Perianthien sind vielgestaltig: zylindrisch, faltig, zusammengedrückt, gefranst, manchmal auch gar nicht zu sehen, für den Fall, dass die Sporogone in einem Marsupium („Beutel"), geschützt im Sprossinneren heranwachsen (*Calypogeia*).

Abteilung Laubmoose (Bryophyta = Musci)

Die grüne Moospflanze, der Gametophyt, ist immer in Stängel und Blätter gegliedert. Letztere sind meist spiralig angeordnet. Die Schwärmerzellen werden durch gelösten Rohrzucker angelockt. Die Sporenkapseln sind langlebig, meist mit Spaltöffnungen ausgestattet und vor der Sporenreife grün. Sie betreiben Photosynthese und wachsen als temporärer Halbparasit auf dem

Sporenpflanzen eines Laubmooses mit Haube (*Polytrichum strictum*).

Gametophyten. Die Kapseln besitzen zur Sporenreife meist einen Öffnungsmechanismus.

Es gibt zwei große Gruppen, deren Vertreter anhand der Wuchsform fast immer leicht zuordenbar sind: die spitzenfrüchtigen oder **akrokarpen Laubmoose** und die seitenfrüchtigen oder **pleurokarpen Laubmoose**. Bevor wir uns ihnen widmen, werden zunächst einige kleinere Gruppen mit teilweise sehr bekannten Arten vorgestellt, die verwandtschaftlich etwas abseits stehen und den akrokarpen Laubmoosen zumindest im Sprossaufbau ähnlich sehen. Bei den **Torfmoosen** sind die Sporenkapseln ungestielt, auf einem Pseudopodium sitzend, außerdem kugelig bis länglich und öffnen sich mit einem Deckel. Die Blättchen sind rippenlos, aber in Chlorocyten und Hyalocyten differenziert. Torfmoose kommen fast ausschließlich auf nassen und sehr sauren Substraten vor. Auch bei den **Klaffmoosen** stehen die ungestielten, länglichen Sporenkapseln auf einem Pseudopodium. Zur Reife öffnen sie sich über vier Längsspalten, die sich bei Anfeuchtung wieder schließen. Die aufrechten, meist rot- bis schwarzbraunen Pflanzen sind zu Polstern vereinigt, die Blättchen gerippt oder ungerippt. Bei allen folgenden Gruppen fehlt das Pseudopodium. *Tetraphis* hat schlanke, durch eine Seta lang gestielte Sporenkapseln; sie öffnen sich mittels eines Deckels und sind durch nur vier Peristomzähne ausgezeichnet. Die Blättchen sind gerippt. Bei den **Frauenhaar-Laubmoosen** (*Polytrichum* und Verwandte) sind die Kapseln durch 32 oder 64 starre, aus ganzen Zellen gebildete Peristomzähne gekrönt und gewöhnlich durch eine Membran (Trommelfell) verschlossen. Die Blätter haben meist eine stark verbreiterte, anatomisch differenzierte Rippe, die mit Längslamellen bedeckt ist. Die Gruppe zeigt die am höchsten entwickelten Blattformen und den höchstdifferenzierten Stängelaufbau, den wir bei Laubmoosen kennen.

Akrokarpe (gipfelfrüchtige) Laubmoose

Die Geschlechtsorgane und entsprechend auch später die Sporenpflanzen wachsen bei den akrokarpen Laubmoosen gipfelständig am Ende der Stängel, manchmal auch an der Spitze von Seitensprossen und werden dann vom Hauptspross übergipfelt (z. B. *Schistidium*). Die Sporenkapseln haben zumindest bei den ursprünglichen Formen fast immer Spaltöffnungen. Sie öffnen sich mit einem Deckel und werden auf einer – zuweilen stark verkürzten – Seta emporgehoben. Das Peristom ist einfach (haplolepid), seltener doppelt (diplolepid), d. h. aus 16 bzw. 32 Zähnen aufgebaut. Die hygroskopischen Zähne sind aus Zellteilen zusammengesetzt, seltener auch völlig reduziert. Der Öffnungsmechanismus der Kapseln kann bis zur Peristomlosigkeit und zu deckellosen („kleistokarpen", „geschlossenfrüchtigen") Kapseln reduziert sein, welche die Sporen nur durch Zerfall ihrer Wände freigeben. Die Stängel wachsen fast immer aufrecht (orthotrop), sie sind z. T. kurzlebig (einjährig). Die Blätter haben fast immer eine einfache Rippe, zuweilen ist ein Blattsaum vorhanden, der aus einem Band schmalerer Zellen besteht. Die Blattzellen sind quadratisch bis rechteckig, papillös, mamillös oder glatt und besitzen keine spitzen Enden.

Pleurokarpe Laubmoose (Seitenfrüchtige oder Astmoose)

Bei den pleurokarpen Laubmoosen sind die Sporophyten seitenständig; die Sporenkapseln sind meist geneigt, sonst

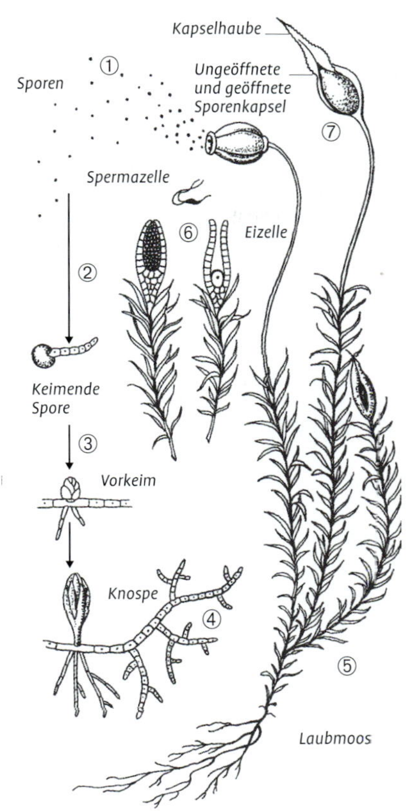

Lebenszyklus eines Laubmooses

1. Aus der Sporenkapsel werden Sporen ausgestreut.
2. Die Spore keimt zu einem Vorkeim.
3. Am Vorkeim bildet sich eine Moosknospe.
4. Der Vorkeim verzweigt sich zu einem Fadengeflecht.
5. Aus den Moosknospen entstehen beblätterte Moospflanzen mit Geschlechtsorganen.
6. Die Spermazelle wandert zur Eizelle und befruchtet sie.
7. Aus der befruchteten Eizelle wächst die Kapsel mit Sporen.

aber ähnlich wie bei den Akrokarpen. Das Peristom ist fast immer vorhanden und oft doppelt, also aus 32 Zähnen aufgebaut, selten ist der äußere oder innere Kranz reduziert. Die Pflanzen sind meist verzweigt und nicht selten mehrfach und regelmäßig gefiedert, oft niederliegend, gelegentlich mit Bäumchenwuchs, trocken oft kaum schrumpfend. Die Moospflanzen wachsen vorwiegend in Decken oder auch in Bäumchenrasen oder Moosfilzen. Die Beblätterung ist zuweilen verflacht. Die Astblätter sind oft von den Stängelblättern verschieden; die Blattrippe ist nicht immer ausgebildet. Die Blattzellen sind glatt oder seltener papillös, prosenchymatisch, d. h. länglich-linealisch bis wurmförmig und mit spitzen Enden. Häufig sind Blattflügel ausgebildet.

Bestimmungshilfe

Schlüssel zu den hier behandelten Arten

1 Pflanzen niederliegend, nicht beblättert, sondern flächig entwickelt (laubartig oder streifenförmig, thallose, Lager bildende Hornmoose und Lebermoose) **2**

1* Pflanzen beblättert **3**

2 Thallusoberfläche ungegliedert (ohne zellenartige Struktur) . . . . **Seite 189, 193–199**

2* Thallus mit Luftkammern, derb, mit zellenartiger Oberflächenstruktur. . . . . **Seite 190–193**

3 Blättchen nie mit echter Rippe, oft 2-lappig bis mehrfach geteilt. Pflanzen mit meist einfachem oder gabelig verzweigtem, selten fiederigem Stängel. Sporenpflanzen kurzlebig, mit 4-klappig aufspringenden, nie grünen Kapseln . . **4**

3* Blättchen einfach, gerippt oder, wenn ungerippt, fast immer spitz zulaufend. Sporenpflanzen langlebig, die Kapseln sich nie 4-klappig öffnend . . . **8**

4 Blättchen einfach, abgerundet . . . . **Seite 202, 203, 209**

4* Blättchen geteilt oder gelappt. **5**

5 Blättchen flach (seltener gekielt), 2- bis mehrfach zerteilt, auch fein gefranst. . . . . **Seite 200–201, 204, 206–208, 210, 212–213**

5* Blättchen gefaltet. **6**

6 Blättchen doppelt, aus kleinerem oberem und größerem unterem Blattteil bestehend. Ohne Unterblätter. Erd- und Felsmoose. . . . . **Seite 205, 211**

6* Oberer Blattlappen größer, der untere z. T. sehr ungleich. Meist an Borke und Gestein **7**

7 Der unterseitige Lappen flach angedrückt. Pflanzen gelb- oder dunkelgrün. Mit oder ohne Unterblätter . . . . **Seite 214–215, 218**

7* Der unterseitige Lappen rundlich bis länglich oder hohl. Immer mit Unterblättern. . . . . **Seite 216–217**

8 Pflanzen trocken weißliche, feucht hellgrüne oder rötliche Polster oder Polsterrasen bildend. Blätter mit zweierlei Zellen, Chlorocyten und Hyalocyten **9**

8* Pflanzen trocken nie weißgrün (vgl. aber *Bryum argenteum*) **10**

9 Pflanzen mit kurzen Gipfel- und verlängerten Seitentrieben. Stängel- und Astblätter ungleich, ungerippt. Nur an Nassstandorten. Kapseln ohne Seta und Peristom (*Sphagnum*) ....**Seite 219–221**

9* Polster aus gleichartigen Trieben und dickrippigen Blättchen. Wald- und Felsmoose. Kapseln sehr selten, gestielt (*Leucobryum*)............. **Seite 242**

10 Kleine, kaum 1 cm hohe rotbraune Pölsterchen an kalkfreiem, meist sonnigem Gestein vor allem der Gebirge (mit stark verdickten Zellwänden, mit oder ohne Rippe). Kapseln feucht schlank, ca. 1 mm lang und scheinbar kurz gestielt, trocken kugelig-4-spaltig (*Andreaea*) .. .. **Seite 222**

10* Moose nie mit trocken 4-spaltigen Kapseln. Junge Sporenkapseln grün. Wenn mit nur 4 Peristomzähnen und gipfelständigen Brutschüsselchen (oder -köpfchen) s. *Tetraphis* (S. 229).....**11**

11 Moose mit eiförmigen, mindestens **3 mm** langen Sporenkapseln, ohne oder mit schnabelförmigem Peristom. Blättchen anscheinend fehlend oder unscheinbar zungenförmig, grünbraun .. ..**Seite 230–231**

11* Moose immer mit gut ausgebildeten Blättchen **12**

12 Blättchen (außer bei *Atrichum*) derb, dunkelgrün, mit sehr breiter Rippe (diese mit streifenförmigen Lamellen) und durchscheinender Blattscheide. Pflänzchen immer aufrecht. Kapseln mit 1 Reihe von 32 oder 64 unbeweglichen Zähnen, mit einer Membran verschlossen und meist mit großer, behaarter Haube (Frauenhaar-Verwandte) ... .**Seite 223–228**

12* Blättchen fast immer ohne sehr breite Rippe und oft durchscheinend. Kapseln, wenn mit 1-reihigem Peristom, mit beweglichen 16 Zähnen, ohne Verschlussmembran (Laubmoose im engeren Sinne) **13**

13 Stängel fast immer aufrecht, mit endständigen Sporenkapseln. Blättchen (außer bei *Hedwigia*: S. 278) gerippt. Peristom zuweilen fehlend (Akrokarpe Laubmoose)....................**14**

13* Stängel niederliegend, mit Seitenästen. Wenn aufrecht, einem Kriechspross entspringend, oft verzweigt. Sporenpflanzen seitlich ansitzend. Alle übrigen Pleurokarpen **20**

14 Kapseln ohne oder mit sehr kurzer Seta, von Hüllblättern umgeben **15**

14* Kapseln mit Seta (gestielt) **17**

15 Peristom vorhanden (*Schistidium*) .... **Seite 254**

15* Ohne Peristom **16**

16 Kapseln gedeckelt, Blättchen mit Glasspitze, rippenlos (*Hedwigia*)...... .... **Seite 278**

16* Kapseln deckellos, Sporen nur bei Verwitterung freilassend (Kleistokarpe) ....**Seite 241, 249**

17 Peristom fehlend ... **Seite 250, 258**

17* Mit Peristom................**18**

18 Peristom einfach und Kapseln aufrecht, seltener etwas geneigt. Blättchen spiralig oder seltener auch 2-zeilig angeordnet, manchmal mit Glashaaren, meist nicht durchscheinend oder glänzend .... **Seite 232–240, ..242–248, (250), 251–253, 255–256**

18* Peristom doppelt **19**

19 Moose mit endständigen, meist hängenden Kapseln und immer durchscheinenden, oft auffällig lockerzelligen, manchmal deutlich gesäumten Blättchen, Trocken geschrumpft.......... ....**Seite 257, 259–263–267**

19* Moose mit aufrechten oder geneigten Kapseln, Blättchen trocken anliegend oder kraus. Überwiegend auf Borke und Gestein........ **Seite 268–277**

20 Blättchen mit einfacher Rippe ...**21**

20* Blättchen ungerippt (oder mit nur mikroskopisch erkennbarer Doppelrippe) **22**
21 Nicht glänzende, oft fiederzweigige Astmoose, vor allem der Wälder, aber auch in trockenen Wiesen . . . . **Seite 290–292**
21* Glänzende, oft fiederige, vielfach feuchtigkeitsliebende Astmoose (wenn Blätter querwellig, s. *Rhytidium* S. 314) . . . **Seite 280, 287, 293–296, 298–307**
22 Trocken glänzende Wassermoose mit dreizeiliger Beblätterung. Kapseln sitzend (*Fontinalis*) . . . . **Seite 275**
22* Spiralig beblätterte, nicht dreizeilige, selten Wasser bewohnende Moose **23**
23 Zweige abgeflacht, Blätter gerade, angedrückt, nur scheinbar zweizeilig ansitzend (wenn lockerzellig und an Feuchtstandorten s. *Hookeria* S. 288; wenn Blätter mit Rippe s. *Homalia* S. 286) . . . . **Seite 284–285, 309**
23* Zweige nicht abgeflacht, oder wenn, mit gekrümmten Blättchen. . . **24**
24 Unregelmäßig verzweigte, trocken oft glänzende, wurmförmige Borken- und Felsmoose . . . **Seite 281–283, 289**
24* Oft fiederzweigige, meist bodenbewohnende Arten **25**
25 Stängel kahl. Blättchen oft einseitswendig oder auch sparrig abstehend. Pflanzen oft große Decken bildend (*Hypnum*-Verwandte) . . . . **Seite 297, 308, 310–313, 315–318**
25* Stängel filzig behaart, rotbraun und Zweige z. T. 2–3-fach gefiedert. (Wenn Blättchen papillös, s. *Thuidium* S. 292) . . . . **Seite 319**

Anthoceros agrestis Paton

Acker-Hornmoos (2,5 ×)

Merkmale: Dunkelgrüne, dünne, etwas wellige und gelappte, kurzlebige, 0,25–2 cm breite Thalli mit schuppenartigen Wucherungen und zahlreichen dunklen Punkten: Blaualgen-Kolonien. Sporenkapseln auf der Oberfläche, 1–3 cm lang, pfriemlich, erst grün, zur Reife von oben nach unten schwärzend und oben auseinanderklaffend. Sie entlassen Elateren und schwarze, mit zahlreichen schlanken und spitzen Papillen besetzte Sporen.

Verwechslung: Ebenfalls auf Äckern wächst sehr selten *A. neesii* mit kleineren Thalli, kürzen Kapseln und kurzen, kräftigen Papillen auf den Sporen. Steril ähnlich ist ↑*Blasia pusilla,* die sich aber u. a. durch reiche Brutkörperbildung in flaschenförmigen Brutkörperbehältern und meist heller grüne Färbung unterscheidet. *A. punctatus* ist größer, wächst nicht auf Äckern und kommt in Mitteleuropa nur in Baden-Württemberg und im Tessin vor. *Phaeoceros carolinianus* hat kaum gelappte, glatte Thalli und braune, glatte Sporen.

Ökologie und Verbreitung: Krumenfeuchte Äcker, Gärten, Grabenwände auf lehmigen, neutralen bis schwach sauren, mäßig nährstoffreichen Böden. Eine bis mehrere Generationen im Jahr, bei günstiger Witterung von Juli bis November. Durch frühen Umbruch der Äcker stark rückläufig, noch mäßig häufig und mit Ausnahme der Alpen überall verbreitet. Meist zusammen mit *Riccia*-Arten.

Sonstiges: Der Name stammt von dem Italiener MICHELI, der die Gattung 1829 als Erster beschrieb, jedoch die Sporogone für Blüten hielt. Er bedeutet Moos „mit hornförmigen Blüten" und leitet sich von gr. anthos = Blüte und keras = Horn ab. Symbiose mit Blaualgen (*Nostoc*), die Luftstickstoff binden.

Marchantia polymorpha L.

Echtes Brunnenlebermoos (1,7 ×)

Merkmale: Die etwa 1 cm breiten, bis über 10 cm langen, bandförmigen Lager sind durch Luftkammern zellenartig klein-gefeldert. In der Mitte jeder Kammer ein winziges Loch, die kaminartige Atemöffnung. Charakteristisch die tassenförmigen, etwa 3 mm breiten Brutbecher mit unter 1 mm großen, linsenförmigen Brutkörpern. Reichliche Sporenvermehrung. Teile des Lagers entwickeln sich zu stielförmigen „Trägern", deren vergrößerter Gipfelbereich entweder scheibenförmig ist und männliche oder, sternförmig ausgebildet, weibliche Geschlechtsorgane umschließt.

Verwechslung: Die Art unterscheidet sich von allen ähnlichen durch die Brutbecher.

Ökologie und Verbreitung: Die Unterart *ruderalis* auf feuchter, oft schattiger, sehr nährstoffreicher Erde im Siedlungsbereich, auf Äckern, Waldwegen, an Brandstellen oder Ufern belasteter Bäche. Häufig, überall verbreitet und ungefährdet, in kaum einer Siedlung fehlend, aber nur ausnahmsweise Massenvegetation bildend. Kann sich in unserer intensiv genutzten Kulturlandschaft behaupten und nimmt im Bestand zu. Die Unterart *polymorpha* mit wenigen Brutbechern und anders geformten Bauchschuppen wächst nährstoffärmer z. B. in Mooren, Sümpfen, Röhrichten, an Grabenrändern, Nasswiesen und Bachufern. Zurückgehend, mäßig häufig, Verbreitung noch zu wenig bekannt.

Fortpflanzung: Wenn Regentropfen auf männliche Geschlechtsorgane auftreffen, können die schwimmenden Schwärmer auf benachbarte weibliche Geschlechtsstände geschleudert werden. Angelockt von Sexualstoffen, wandern sie zu den Eizellen.

Conocephalum conicum (L.) Lindb.

Echtes Kegelkopfmoos (2 ×)

Merkmale: Thallus meist saftig grün, glänzend, glatt, bandförmig, 1–1,5 cm breit und 5 cm bis über 10 cm lang, mit linsenförmigen Atemöffnungen, oft in dichten Decken. Mit Rhizoidenfilz und Zäpfchenrhizoiden fest haftend. Ohne Brutbecher. Riecht terpentinartig aromatisch. Männliche Geschlechtsstände sitzend, diskusförmig, weibliche lang gestielt, kegelförmig.

Verwechslung: Neuerdings eine zweite Art beschrieben: *C. salebrosum*. Dort Felderung des matten, unebenen Thallus wesentlich deutlicher, weitere Merkmale im Thallusquerschnitt. Sammelart von *Marchantia* durch den Duft, Atemöffnungen, die fehlenden Brutbecher und die typischen Geschlechtsstände unterschieden.

Ökologie und Verbreitung: *C. conicum* auf Fels und Erde an dauernassen bis -feuchten, beschatteten, neutralen bis mäßig basischen und mäßig nährstoffreichen Standorten, besonders an Sandsteinfelsen und Ufern von Bächen, mäßig häufig und ungefährdet. *C. salebrosum* an trockeneren und kalkreicheren Standorten, anscheinend seltener, ebenfalls ungefährdet. Die Sammelart ist in ganz Mitteleuropa verbreitet, nur in den Trockengebieten seltener; die Verbreitung der Kleinarten ist erst in den Grundzügen bekannt.

Sonstiges: Das „Lebermoos" der alten Kräuterbücher wurde nach der mittelalterlichen Signaturenlehre zur Heilung von Lebererkrankungen angewendet. Als *Conocephalum* von Necker erstmals 1791 wissenschaftlich benannt. Der jetzige Name leitet sich ab von gr. konos = Kegel und kephale = Kopf.

Lunularia cruciata (L.) Dumort.

Mondbechermoos (1,7 ×)

Merkmale: Thallus hellgrün, speckig glänzend, etwa 1 cm breit und bis 5 cm lang, kleinzellig gefeldert, am Substrat haftend, nicht selten in ausgedehnten Decken. Brutkörper in halbmondförmigen Gebilden auf der Thallusmitte.

Verwechslung: Durch die meist vorhandenen Brutbecher einzigartig.

Ökologie und Verbreitung: An ausreichend feuchten, nährstoffreichen, schwach sauren bis mäßig basischen Sekundärstandorten, insbesondere im Siedlungsbereich (Parkwege, Friedhöfe, Gärtnereien), an Ufern belasteter Bäche und Flüsse = bevorzugter Standort in winterkalten Gebieten. Empfindlich gegen Dauerfröste. Als Neophyt keine Rote-Liste-Bewertung. Mäßig häufig und zunehmend, von der Ebene bis zu den unteren Berglagen.

Fortpflanzung: In Deutschland wurden erstmals 2010 im Botanischen Garten Frankfurt/Main Pflanzen mit reifen Sporophyten gefunden, ansonsten gibt es nur weibliche Pflanzen und entsprechend erhält sich die Art hier allein durch Brutkörpervermehrung. Geschlechtliche Vermehrung kommt häufiger z. B. in England und im Mittelmeergebiet vor.

Sonstiges: Die Art wurde zu Anfang des vorigen Jahrhunderts aus England mit Topfpflanzen über Gewächshäuser bei uns eingeschleppt und erstmals 1828 von Alexander Braun im Botanischen Garten Karlsruhe beobachtet. Um Düsseldorf schon 1897 ein häufiges Freilandmoos. Inzwischen haben sich auch frostresistentere Typen entwickelt. Wie ↑*Marchantia polymorpha* öfter auch in Blumentöpfen. Zuerst von Micheli 1729 benannt. Der Name kommt von lat. lunula = Möndchen (Brutbecher!).

Riccia fluitans L. em. Lorbeer

Untergetauchtes Sternlebermoos (3 ×)

Merkmale: Wasserform untergetaucht schwebend, mit gabelig geteiltem, schmal bandförmigem, gekammertem Lager. Sprosse bis 1 mm breit und 1–3 cm lang. Auf Schlamm wenig gegabelte, breitere und kürzere Landform.

Verwechslung: Verwandte Arten sind schwer zu unterscheiden. Jedoch bildet nur die in der Landform und im Chromosomensatz verschiedene *R. rhenana* ähnliche Schwebedecken.

Ökologie und Verbreitung: In nährstoffreichen Altarmen, Seen und Tümpeln tieferer Lagen und dort vor allem im Röhrichtgürtel dichte, unter der Wasseroberfläche schwebende Decken bildend. Verbreitet besonders in der Tiefebene, in höheren Berglagen seltener. Mäßig häufig, aber rückläufig. Ausbreitung über Sprossung und verdriftete Thallusstücke. Sporenbildung ist sehr selten.

Ricciocarpos natans (L.) Corda

Schwimmendes Sternlebermoos (1 ×)

Merkmale: In Mitteleuropa das einzige auf dem Wasser schwimmende Moos. Die etwa 1 cm großen, keilförmigen, schwach gegabelten, oberseits unbenetzbaren, fleischigen Lager scheinen unterseits durch zahlreiche linealische Bauchschuppen reich bewurzelt. Oberseits wegen der Luftkammern gefeldert. Sporenbehälter eingesenkt, sehr selten.

Ökologie und Verbreitung: In nährstoffreicheren, kaum verschmutzten Gewässern; bei deren Trockenfallen amphibisch auf Schlamm. In Seen, Teichen und Tümpeln der Ebene und der wärmeren Beckenlandschaften, selten und stark rückläufig. Ausbreitung durch Wasservögel.

Riccia sorocarpa Bisch.

Staubfrüchtiges Sternlebermoos
(5 ×, oben links im Bild),
mit R. glauca (Mitte rechts im Bild)

Merkmale: Fleischiges Lager und in diesem verborgen Sporenbehälter mit reservestoffreichen, bis 0,1 mm langen, schwärzlichen Sporen. Thalli ohne Luftkammern, blaugrün, oft sternförmig verzweigt, mit gabelig geteilten, bis zu 10 mm langen Ästen mit scharfen Kanten und deutlicher, scharfer Rinne. Meist kurzlebig und dann erst im Laufe des Sommers erscheinend. Ausgetrocknet ist die Art kaum auffindbar. Herbarbelege weichen schneller auf, wenn man dem Weichwasser einen kleinen Tropfen Spülmittel zufügt.

Verwechslung: Andere häufigere *Riccia*-Arten mit flacher oder undeutlicher Thallusrinne und/oder stumpfen, wulstigen Thallusrändern. Weitere Arten sonnig (-trockener) Standorte sind sehr selten und nur mikroskopisch zu unterscheiden.

Ökologie und Verbreitung: Auf Erde in Äckern, Trockenrasen, an Graben- und Wegrändern, auf Uferböschungen, Gesteinszersatz und dünner Erdauflage auf Felsabsätzen an mäßig sauren bis schwach basischen Standorten unterschiedlicher Trophie. Häufigste *Riccia,* von der Ebene bis ins die Berglagen verbreitet, in den Alpen sehr selten. Mäßig häufig und ungefährdet. Alle Arten des Subgenus *Riccia* sind an Trocken- und Pionierstandorte angepasst. Die Thalli sind kurz-, die großen Sporen sehr langlebig. Deshalb typische „Deponisten“: können einen erneuten Erdaufriss „abwarten“. Verschleppt werden die Sporen durch Mensch und Tier, vorwiegend mit Erde, sie werden aber auch mit dem Staub vom Winde verweht.

Metzgeria furcata (L.) Dumort.

Gabeliges Igelhaubenmoos (3,8 ×)

Merkmale: Hell- bis gelbgrüne, der Unterlage anliegende Decken, die aus 0,3–1 mm breiten, sich an der Spitze gabelig teilenden Lagern bestehen. Die flachen, meist kahlen Thallusränder produzieren oft zahlreiche, länglich-elliptische bis linealische Brutäste (var. *ulvula*). Auf der Unterseite der Mittelrippe der zweihäusigen Art entwickeln sich selten die kugeligen Sporenkapseln, eingehüllt von einer igelartigen Hülle.

Verwechslung: Alle anderen einheimischen *Metzgeria*-Arten haben zurückgebogene Thallusränder. An feuchten Felsen ziemlich verbreitet ist *M. conjugata*, kräftiger als obige, mit umgebogenen, kurz bewimperten Rändern, meist ohne Brutthalli, einhäusig. Brutspross-bildende Arten: *M. violacea* (syn. *M. fruticulosa*) hat rand- und rippenbürtige Brutsprosse an aufsteigenden, verschmälerten Thallusästen; bei *M. consanguinea* (syn. *M. temperata*) sitzen sie nur am Rand. Die beiden epiphytisch wachsenden Arten kommen hauptsächlich in Süddeutschland vor und breiten sich derzeit stark aus.

Ökologie und Verbreitung: An beschattetem, basen- bis kalkreichem Gestein und an Rinde von laub-, seltener Nadelbäumen; öfter auch andere Moose überziehend. Nach gebietsweise starkem Rückgang infolge von Luftverschmutzung sich jetzt wieder deutlich ausbreitend. In der Geest und im mitteldeutschen Trockengebiet immer noch selten, sonst häufig, in Süddeutschland und im Alpenraum sehr häufig, bis in die Bergwaldstufe aufsteigend, (inzwischen wieder) ungefährdet.

Metzgeria pubescens
(Schrank) Raddi

Behaartes Igelhaubenmoos (3,8 ×)

Merkmale: Ähnlich ↑*M. furcata,* aber von dieser u. a. durch die oberseits dicht kurzhaarigen und deshalb trocken grau erscheinenden Thalli unterschieden. Feucht attraktive gelb- bis blaugrüne, schwammige Rasen bildend. Besondere Brutsprosse und Sporenkapseln sind nicht bekannt.

Verwechslung: Ein in Europa einmaliger Typ.

Ökologie und Verbreitung: In luftfeuchter Lage an Kalkfelsen und basischen Silikatfelsen, gelegentlich in reichen Laubwäldern auch epiphytisch, z. B. an Ahorn. Meist über anderen Moosen wachsend. Verbreitet in Mittelgebirgen und Alpen in Gebieten mit basenreichen Gesteinen, insgesamt in Deutschland selten und gefährdet. In der Norddeutschen Tiefebene fehlend. Wegen der sehr beschränkten Ausbreitungsfähigkeit ein schutzbedürftiges Reliktmoos. Obwohl durch das verdunstungsfördernde Haarkleid aus Safthaaren an feuchtere Standorte angepasst, vermag die Art auch kürzere Trockenperioden zu überstehen. Hierbei dürfte das Haarkleid eventuell auch als Lichtschutz wirken.

Sonstiges: Die Art wurde erst durch den bayerischen Botaniker und Alpenforscher Franz Paula von Schrank Ende des vorigen Jahrhunderts bekannt.

Pellia epiphylla (L.) Corda

Gewöhnliches Beckenmoos (1,5 ×)

Merkmale: Die Gattung *Pellia* ist durch mehrschichtige Thalli mit einer nur angedeuteten Mittelrippe und rückenständigen Geschlechtsorgane gekennzeichnet. Die bandförmigen Lager sind bis 1 cm breit und bis über 5 cm lang. Sie sind dunkel-, seltener hellgrün, im Licht oft braunrot überlaufen, am Rande dünn und durchscheinend, im Querschnitt undifferenziert. Bei der monözischen *P. epiphylla* werden die Sporogone mit den etwa stecknadelkopfgroßen Sporenkapseln in einem Kelch aus der Achsel einer zum Apex in offenen Thallusschuppe (Pseudoperianthh) entwickelt. Sie werden im Herbst angelegt; im Frühjahr wächst die glasklare, hinfällige, bis über 5 cm lange Seta aus und die sich mit vier Klappen öffnende Kapsel hebt sich empor.

Verwechslung: *P. neesiana* und die basiphytische ↑*P. endiviifolia* sind diözisch; bei ihnen ist das Pseudoperianth umlaufend, d. h. zum Apex hin befindet sich noch ein niedriger (*P. neesiana*) bzw. höherer und gefranster (*P. endiviifolia*) Hautkranz. Bei letzterer bilden sich im Herbst häufig geweihartige Brutsprosse, die den anderen Arten fehlen. *Aneura pinguis* hat randständige Geschlechtsorgane sowie einzellige, ungestielte Schleimpapillen an der Thallusspitze, die nur bei Frischmaterial zu sehen sind; bei *Pellia* sind die Schleimpapillen gestielt und mindestens zweizellig.

Ökologie und Verbreitung: Auf lehmiger oder humoser, kalkfreier Erde, gelegentlich auch Gestein auf dauerfeuchten bis -nassen, quelligen Standorten, zuweilen submers wachsend. Häufig und mit stabilen Beständen von der Ebene bis in mittlere Lagen der Alpen, nur in den Trocken- und Kalkgebieten seltener; ungefährdet.

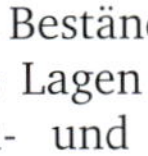

Pellia endiviifolia
(Dicks.) Dumort.
Apopellia endiviifolia (Dicks.)
Nebel & D. Quandt
Endivienblättriges Beckenmoos (1,8 ×)

Merkmale: Thallus ähnlich dem der vorigen Art, aber frischgrün (nie bräunlich) und diözisch; auf basische Standorte beschränkt. An der Thallusspitze mehrzellige gestielte Schleimpapillen (die bei Herbarmaterial verloren gehen). Das Perianth ist von einem röhrenförmigen (umlaufenden), nach oben gerichteten Pseudoperianth umgeben. Sehr charakteristisch sind die Brutäste mit gabeligen, unter 1 mm breiten Thalli, die sich im Herbst aus dem Rand normaler Thalli entwickeln, wobei zuletzt oft nur noch Brutäste übrig bleiben.

Verwechslung: Die ebenfalls diözische *P. neesiana* bildet niemals Brutthalli. Das Pseudoperianth ist nach vorne gerichtet und bildet auf der dem Apex zugewandten Seite nur einen niedrigen Hautkranz. Die steril ähnliche *Aneura pinguis* unterscheidet sich durch dickfleischige Thalli, randständige Gametangien und einzellige Schleimpapillen am Thallus-Apex. Zur Unterscheidung von ↑*Pellia epiphylla* siehe dort.

Ökologie und Verbreitung: Auf lehmiger oder humoser Erde, Kalktuff und Kalkgestein oder von basischem Wasser überrieselten Steinen und Ufern; auf vernässten, kalkgeschotterten Waldwegen. In Quellfluren und quelligen Erlenwäldern. Auch innerorts an feuchten Mauern oder auf beschatteten Lagerplätzen sowie auf Industriebrachen und in den Drainagegräben entlang von Bahnanlagen. Mäßig häufig, durch den Forstwegebau in Zunahme begriffen und ungefährdet. Von der Ebene bis in die subalpine Stufe verbreitet, in den Ackerbauregionen seltener.

Blasia pusilla L.
Kleines Flaschenmoos (3 ×)

Merkmale Einmaliger Typ unter unseren Lebermoosen. Der kurzlebige, 1–2 cm große, zarte und deshalb durchscheinende, einem winzigen Endiviensalat ähnelnde Thallus ist meist von gelbgrüner Färbung. Er ist meist rund, etwas wellig und durch winzige Blaualgenkolonien (*Nostoc*) charakteristisch dunkel punktiert. Auf dem Thallus entwickeln sich häufig millimeterhohe, flaschenartige Brutkörperbehälter. Sporogone werden bei dieser getrenntgeschlechtigen Art nur sehr selten beobachtet.

Verwechslung: ohne Brutkörper eventuell mit sterilem (immer dunkelgrünem) ↑*Anthoceros agrestis* zu verwechseln. Mikroskopisch jedoch durch die oft vorhandenen Brutkörperbehälter sowie die *Nostoc*-Kolonien unterschieden.

Ökologie und Verbreitung: Feuchte- und Nässezeiger, kalkmeidend, mäßig nährstoffbedürftig. An lichten bis hellen Pionierstandorten, z. B. offenen Wegböschungen, auf herbstlichen Stoppeläckern und Sandwegen. Mäßig häufig, mit deutlichem Rückgang, der sich in neuerer Zeit beschleunigt hat. Wichtigste Ursachen sind die Überdüngung der Landschaft und das frühe Umbrechen von Stoppeläckern. In allen Landschaften mit einer Häufung in den Sandstein-Mittelgebirgen. Die Symbiose mit der Luftstickstoff bindenden Cyanobakterien-Gattung *Nostoc* befähigt besonders zur Besiedlung rein mineralischer Standorte.

Sonstiges: Schon 1729 benannt nach dem italienischen Pater Blasius Biagi. Ausnahmsweise wurde hier der Vorname als Vorlage für den wissenschaftlichen Namen verwendet. Die Gattung ist nur mit dieser einzigen Art vertreten (monotypisch).

Lophozia silvicola H. Buch
Wald-Spitzmoos (6 ×)

Merkmale: Die etwa 1 cm langen und 1–2 mm breiten Pflänzchen wachsen niederliegend oder aufrecht in größeren Rasen oder einzeln zwischen anderen Moosen. Blätter unterschlächtig, flach bis kahnförmig, schräg inseriert und frischgrün, seltener rötlich. Die oft rechteckigen Blättchen sind $\frac{1}{3}$ bis zur Hälfte in 2 spitze Lappen geteilt, deren Spitzen meist Häufchen gelber, 2-zelliger Brutkörper tragen. Unterblätter fehlen. Ölkörper mit zentraler Ölkugel, Stängelquerschnitt inhomogen mit mehreren Reihen kleiner, verpilzter Zellen auf der Ventralseite. Zweihäusig, daher selten mit den walzlichen, an der Spitze faltigen Kelchen.

Verwechslung: *L. ascendens, L. guttulata* und *L. wenzelii* besitzen einen homogenen Stängelquerschnitt mit großzelligen hyalinen Innenzellen, letztere hat zudem weniger stark eingeschnittene Blätter. *Lophoziopsis excisa*, *L. longidens* und *Isopaches bicrenatus* haben rote Brutkörper. *L. excisa* ist parözisch und hat daher fast immer Perianthien. *I. bicrenatus* riecht beim Zerreiben nach Zedernholz. Ähnliche Arten anderer Gattungen, z. B. die *Lophocolea*-Arten, haben Unterblätter oder sind bedeutend kleiner, wie z. B. *Cephalozia* und *Cephaloziella*.

Ökologie und Verbreitung: Kalkmeidend. Auf frischem, schattigem Silikatgestein und feuchtem Rohhumus, zumindest im Silikatgebirge ziemlich verbreitet. Öfter auch auf morschem Holz; so auch in den Kalkalpen. In kühleren Lagen in Europa, Vorderasien und Nordamerika verbreitet.

Lophozia collaris
(Nees) Dumort.
Mesoptychia collaris
(Nees) L. Söderstr. & Váňa
Kalk-Spitzmoos (10 ×)

Merkmale: Hellgrüne, flache Rasen (oder zwischen anderen Moosen) aus 2–10 mm langen, frisch angenehm duftenden Pflanzen. Blättchen mit 2 breit dreieckigen, brutkörperlosen Lappen. Kleine, kaum auffallende Unterblätter. Ziemlich selten mit walzen- bis birnförmigen Perianthien, die an der Spitze gewimpert sind.

Verwechslung: *L. (M.) badensis* ist kleiner und hat gar keine Unterblätter, weitere Arten der Gattung sind sehr selten. Vertreter von *Lophozia* i. w. S. wachsen nicht direkt auf Kalk und haben häufig blattzipfelständige Brutkörper. *Lophocolea*-Arten haben deutliche Unterblätter und duften aufdringlich. Die kalkholde, ähnliche *Lophocolea minor* produziert fast immer an den Blatträndern Brutkörper.

Ökologie und Verbreitung: Wächst an Kalkgestein und auf Kalkerde an feuchten, oft schattigen Plätzen, besonders an Böschungen und in Felsnischen. In den Kalkgebieten weit verbreitet vom kühlgemäßigten Europa bis Nordamerika. Eine üppige, basiphytische Form nasser Standorte (auch in Quellfluren), insbesondere der höheren Gebirge, wird als *L. (M.) bantriensis* unterschieden.

Nardia scalaris Gray

Treppenförmiges Flügelmoos (linkes Bild 4 ×, rechtes Bild 13 ×)

Merkmale: Blätter quer, meist dicht treppenförmig inseriert, kreisförmig. Niederliegende oder aufrechte, hellgrüne bis weinrote, um 1 mm breite und etwa 1 cm lange Sprosse in dichten Rasen. Die lanzettlichen Unterblätter stehen ab und sind mit der Lupe deutlich sichtbar. Perianthien sind selten und in ein deutliches Marsupium (Beutel) versenkt. Unter dem Mikroskop mit großen, glänzenden Ölkörpern und dreieckigen Zelleckverdickungen.

Verwechslung: Ähnlich, aber meist durch ausgerandeten bis fast 2-lappigen Blattoberrand und weniger auffällige Unterblätter unterschieden ist *N. geoscyphus,* die sich mikroskopisch auch durch warzige Ölkörper von *N. scalaris* absetzt. Am typischen Standort auch mit kräftigen Formen von *Solenostoma gracillimum* (ohne Unterblättchen, aber öfter mit Perianthien; oft mit charakteristischem Blattsaum) zu verwechseln.

Ökologie und Verbreitung: Pioniermoos kalkfreier, grundfeuchter, sandiger bis toniger Standorte, besonders in Abgrabungen, an Wegböschungen und auf Waldwegen. Im Mittelgebirge verbreitet, sonst meist selten. *N. geoscyphus* ist charakteristisch für Feuchtheiden des Flachlandes und kommt zerstreut auch im Gebirge vor. Von der Ebene bis ins Hochgebirge über die ganze kühlere Nordhemisphäre verbreitet. Beide Arten infolge rückläufiger Versauerung und Zunahme stickstoffhaltiger Einträge neuerdings stark im Rückgang.

Sonstiges: Die Gattung wurde 1821 nach S. Nardi, Abt im italienischen Vallombrosa, benannt. Im Bild ist jeweils eine männliche Pflanze abgebildet.

Plagiochila asplenioides (L.) Dumort.

Streifenfarn-Schieflippenmoos (2 ×)

Merkmale: Einem kleinen Streifenfarn (*Asplenium*) nicht unähnlich. Zweige oliv-frischgrün, bis 1 cm breit und bis über 5 cm lang. In tiefen, bis quadratmetergroßen Hochrasen. Blätter unterschlächtig, schräg inseriert, etwas herablaufend, asymmetrisch breit, halbkreisförmig und charakteristisch quer gewölbt sowie reich gezähnt. Unterblätter und Brutkörper fehlen, jedoch soll vegetative Vermehrung durch Blattsprossungen vorkommen. Perianthien abgeflacht, schief abgebogen (Name!), bis 1 cm lang, sehr selten.

Verwechslung: *P. porelloides* wächst meist auf Hartsubstraten und ist in allen Teilen deutlich kleiner, sonst allerdings sehr ähnlich. Weitere Arten der Gattung sind ebenfalls klein und sehr selten. *Pedinophyllum interruptum* wächst auf Kalk und kalkhaltigem Sandstein und besitzt dem Substrat angeheftete Sprosse. Ähnlich ist auch die Gattung *Chiloscyphus*, mit deutlichen Unterblättern, die beiden mitteleuropäischen Vertreter auf feuchter Erde oder an Steinen an und in Fließgewässern.

Ökologie und Verbreitung: Schattenliebend. Auf frischen, nährstoffreichen, humosen Waldböden, oft in Nadelwäldern mit ↑*Thuidium tamariscinum* und ↑*Eurhynchium striatum*. Verbreitet über die kühl-gemäßigten Gebiete Eurasiens.

Sonstiges: Mit etwa 1200 Arten die artenreichste Lebermoosgattung (Hauptverbreitung in den Tropen). DUMORTIER gab 1835 den Namen aus gr. plagios = schief und cheilos = Perianth. Die beschriebene Art war schon LINNÉ 1753 bekannt.

Lophocolea bidentata
(L.) Dumort.

Zweizähniges Kammkelchmoos (15,5 ×), inkl. L. coadunata (Sw.) Mont.

Merkmale: Gelb- bis hellgrüne, 3–4 mm breite und 1–2 (–3) cm lange Sprosse zwischen anderen Moosen oder auch in kleineren bis größeren Decken. Blätter unterschlächtig, längs inseriert, 2-lappig, mit fein ausgezogenen Zipfeln. Unterblätter mit 2 größeren Hauptlappen und basal seitlich mit je einem kleineren Zipfel. Die Normalform ist einhäusig und produziert häufig die kantigen, oben gewimperten Perianthien. Die früher als Art abgetrennte, einhäusige *L. coadunata* (syn. *L. cuspidata*) ist getrenntgeschlechtig und deshalb fast immer steril. Brutkörper fehlen.

Verwechslung: Wegen der charakteristischen Unterblätter nur mit Jugendformen von *L. heterophylla* zu verwechseln, die ebenfalls feinspitzige Lappen entwickeln können. Die Art unterscheidet sich vor allem durch abgerundet rechteckige Seitenblätter sowie regelmäßiges Vorkommen von Perianthien und Sporogonen. Die Zweige sind meist dem Substrat angedrückt. Das häufigste Lebermoos auf morschem Holz, seltener auf Borke oder Erde. Die atlantische *L. fragrans* und die aus der Südhemisphäre stammende *L. semiteres* sind extrem selten.

Ökologie und Verbreitung: Außer im Hochgebirge eines der häufigsten Lebermoose. Auf frischen bis feuchten Standorten auf meist nährstoffreichen Böden zwischen Gefäßpflanzen und anderen Moosen in Parkrasen, Wiesen, Brachen, Sümpfen, Röhrichten, an grasigen Böschungen sowie auf feuchtem Rohhumus, so in Nadelforsten.

Sonstiges: Unbeliebt im Zierrasen, aber völlig unschädlich.

Diplophyllum albicans
(L.) Dumort.
Weißliches Doppelblattmoos (7 ×)

Merkmale: Kleinere bis ausgedehnte, hellgrüne bis braune, meist dem Substrat angedrückte Rasen. Sprösschen stark abgeflacht, bis über 1 cm lang und etwa 2 mm breit. Blättchen dicht 2-zeilig, aus dem länglich-elliptischen, über 1 mm langen, gezähnten, durch eine Scheinrippe (aus hellen, länglichen Zellen) auffallenden Unterlappen und einem darübergeklappten, eng anliegenden (feucht auch etwas abstehenden), viel kleineren Oberlappen bestehend. Angetrocknete Pflanzen sind eingekrümmt. Zuweilen mit blattbürtigen Brutkörpern. Die endständigen, walzlichen und faltigen Perianthien sind nicht selten.

Verwechslung: Ähnelt etwas dem analog gebauten *Fissidens,* der sich aber zumindest durch eine derbe, echte Rippe unterscheidet. Nicht selten an hellen, grundfeuchten Böschungen und auf Wurzeltellern ist das kleinere, meist bräunliche *D. obtusifolium,* dem die Scheinrippe fehlt. Meist mit Kelchen (zwittrig). In Silikatblockhalden hochmontaner bis subalpiner Lagen das ebenfalls scheinrippenlose *D. taxifolium* mit dicht gestellten Blättern mit langen und schmalen Unterlappen.

Ökologie und Verbreitung: Das Lebermoos ist an offenen Böschungen und in Felsnischen auf kalkfreier, frischer bis feuchter Erde wie auch auf Silikatgestein der Gebirge eines der häufigeren Lebermoose. Eine Art der kühl-gemäßigten Nordhemisphäre.

Sonstiges: Die Art verträgt zeitweilige Austrocknung. Die aneinanderliegenden Blattlappen wirken wasserhaltend und fördern die kapillare Wasseraufnahme.

Cephalozia bicuspidata
(L.) Dumort.

Zweispitziges Kopfsprossmoos (7,8 ×)

Merkmale: In meist nur 1–2 mm hohen, gewöhnlich hellgrünen, wenige Zentimeter breiten bis ausgedehnten Rasen aus reich verzweigten, meist niederliegenden Stämmchen. Die etwa 3–5 mm langen Ästchen tragen oft zahlreiche der stumpf 3-kantigen, dicken und aufrechten Perianthien. Blättchen sehr klein, spitz 2-lappig mit gespreizten Lappen, unterschlächtig schräg inseriert, relativ großzellig. Unterblätter fehlen. Brutkörper meist nur an Kümmerformen entwickelt.

Verwechslung: Falls vorhanden, sind die Kelche sehr charakteristisch. *Cephaloziella*-Arten sind noch kleiner und haben dünnere Perianthien. Andere *Cephalozia*-Arten sind extrem selten oder verschollen. Auch die Vertreter der neuerdings abgespaltenen Gattung *Fuscocephaloziopsis* sind gewöhnlich viel seltener, bei mehreren Arten weisen die Blattlappenspitzen gegeneinander, z. B. bei *C.* (*F.*) *lunulifolia* auf morschem Holz und Sandstein oder bei der häufig fertilen *C.* (*F.*) *connivens* auf Moorböden.

Ökologie und Verbreitung: Auf feuchter, kalkfreier Erde, auf Sandstein und auf morschem Holz, in Silikatgebieten verbreitet von der Ebene bis ins Hochgebirge.

Name: Der Name leitet sich ab von gr. kephale = Kopf und ozos = Zweig. Er bezieht sich auf die unter den Perianthien durch vergrößerte Blättchen scheinbar angeschwollenen weiblichen Zweige. Erstaunlicherweise war dieses kleine Moos schon LINNÉ 1753 bekannt.

Lepidozia reptans (L.) Dumort.

Kriechendes Schuppenzweig-Lebermoos (7 ×)

Merkmale: In meist hellgrünen, flachen, bis über handgroßen Decken aus normalerweise regelmäßig einfach gefiederten Zweigen von etwa 1–2 cm Länge und etwa 1 mm Breite wachsend. Die oberschlächtigen Blättchen sind an der Spitze oft eingebogen und, wie auch die winzigen Unterblätter, bis zur Hälfte 3- bis 4-lappig. Gemischtgeschlechtig, aber Perianthien sind ziemlich selten und Brutkörper fehlen.

Verwechslung: Nur mit der kräftigeren *L. cupressina*, einer sehr seltenen atlantischen Art (Hunsrück, Nordschwarzwald) zu verwechseln. Kleine *Bazzania*-Arten sind nie fiedrig. *Kurzia* ist viel kleiner und hat tiefer geteilte Blättchen.

Ökologie und Verbreitung: Auf feuchter, kalkfreier Erde, auf Rohhumus, morschem Holz und Silikatgestein, vorwiegend im Waldesschatten. Seltener in Kümmerformen auch an saurer Borke. Häufig und über die ganze kühl-gemäßigte nördliche Halbkugel von der Ebene bis in die Gebirge verbreitet.

Sonstiges: Fiederformen werden bei Moosen als Schattenanpassungen gedeutet, denn im hellen Tageslicht kommen im Gegensatz dazu unregelmäßige Verzweigungen der entsprechenden Arten vor. Die Art wurde erstmals von LINNÉ 1753 beschrieben und 1835 von DUMORTIER als eigene Gattung abgetrennt. Name von gr. lepis = Schuppe, wegen der schuppenartig anliegenden Blättchen, und ozos = Zweig.

Bazzania trilobata (L.) Gray

Dreilappiges Peitschenmoos (1,1 ×)

Merkmale: Dunkel- bis schwarzgrüne, etwas glänzende, gabelig verzweigte, meist kräftige, 3–5 cm lange und bis 0,5 cm breite, dem Substrat anliegende oder auch abstehende Zweige in oft ausgedehnten Decken oder Hochrasen. Zweige im Querschnitt dachrinnenförmig gewölbt. Blättchen oberschlächtig, dicht dachziegelig inseriert, unregelmäßig eiförmig und an der Spitze mit 3 kurzen Zähnen. Die Unterblätter sind relativ groß und 4-zähnig. Charakteristisch sind bis über 5 cm lange, nackte Sprosse (Peitschen), die der Stängelunterseite entspringen.

Verwechslung: Gut entwickelt ein einzigartiger Typ. Nur die um 1 cm langen Kümmerformen ungünstiger Standorte (fo. *depauperata)* können eventuell mit den nur im Bergland vorkommenden, kleineren Arten *B. flaccida* und *B. tricrenata* verwechselt werden.

Ökologie und Verbreitung: In kühleren Lagen, von der Ebene bis unter die Waldgrenze, verbreitet. Auf langfristig feuchtem Rohhumus in Nadelwäldern und -forsten, auf Silikatfelsen und -blöcken sowie an morschem Holz vor allem in niederschlagsreichen Silikatgebirgen. Mancherorts erst mit der Nadelholzaufforstung verschleppt.

Sonstiges: Die hier gut entwickelte Mykorrhiza ist wahrscheinlich die Voraussetzung für den üppigen Wuchs. Die Gattung ist in den Tropen mit über 50 Arten vertreten.

Calypogeia muelleriana
(Schiffn.) Muell. Frib.

Müller-Bartkelchmoos (7,5 ×)

Merkmale: Bis handgroße Decken aus 1–2 cm × 2–3 mm großen, abgeflachten, etwas glänzenden, oft hell- bis weißlichgrünen Sprossen, die sich mit Rhizoiden dem Substrat anheften. Zweigenden öfter aufsteigend, mit hellgrünen, gestielten Brutkörperköpfchen. Seitenblätter oberschlächtig, ganzrandig, eiförmig, mit Wachsüberzug. Zellen mit glashellen Ölkörpern. Die Unterblätter sind bis 3-mal so breit wie der Stängel und kurz 2-lappig. Perianthien in ein Marsupium versenkt. Sporogone öfter vorhanden (autözisch).

Verwechslung: Ähnlich ist die meist seltene, auf feuchtem Rohhumus, morschem Holz und Sandstein wachsende *Odontoschisma denudatum,* mit nur unscheinbaren Unterblättern. Weitere *Calypogeia*-Arten haben tiefer (*C. fissa*, *C. arguta*) oder kaum (*C. integristipula*, *C. neesiana*) gebuchtete Unterblätter. Die meist auf Sandstein der Mittelgebirge wachsende *C. azurea* hat ähnlich gestaltete Unterblätter und besitzt einen blauen Farbstoff in den Ölkörpern, wodurch vor allem die Sprossspitzen frischer Pflanzen bläulich schimmern. *C. suecica* wächst ausschließlich auf morschem Holz und ist deutlich kleiner. Die meist weitständig beblätterte *C. sphagnicola* ist ebenfalls kleiner und kommt in Mooren vor.

Ökologie und Verbreitung: Auf kalkfreiem, feuchtem Mineralboden, Rohhumus, Sandstein und morschem Holz vor allem im Gebirge sehr verbreitet und in vielen Gebieten die häufigste *Calypogeia*. Inzwischen von der ganzen kühleren Nordhemisphäre bekannt.

Name: Der Gattungsname leitet sich ab von gr. calyx = Kelch und hypogaeus = unterirdisch (hier eingesenkt, also ein Marsupium).

Blepharostoma trichophyllum (L.) Dumort.

Haarblatt-Lebermoos (11,3 ×)

Merkmale: Meist nur ein bis wenige Zentimeter breite, hellgrüne Deckchen, die eher einem kleinen Laubmoos ähneln. Öfter zwischen anderen Moosen und dann meist übersehen. Die Zweige sind kaum 1 cm lang und nur etwa 0,5 mm breit. Sie sind dicht mit den etwas abstehenden, in Haare zerteilten Blättchen und Unterblättern besetzt. Die Haare bestehen nur aus einer Zellreihe. Brutkörper sind nicht selten. Dazu häufig zahlreiche schlanke, an der Mündung gewimperte Perianthien und öfter auch Sporogone.

Verwechslung: Unverwechselbar, aber wegen Kleinheit leicht zu übersehen. Ähnelt nur *Kurzia,* die wegen der Blattlappen aus zwei Zellreihen mikroskopisch leicht zu unterscheiden ist. ↑*Ptilidium pulcherrimum* und ↑*Trichocolea tomentella* sind viel größer.

Ökologie und Verbreitung: Auf feuchten, sauren bis neutralen Substraten, insbesondere auf morschem Holz und Silikatgestein der Blockhalden, aber auch an schattigen Wegböschungen. Bei uns in der Ebene und im Hügelland selten. In den Gebirgen der kühleren Nordhemisphäre meist verbreitet, in den Alpen häufig.

Sonstiges: In Europa nur diese Art. Die haarförmig zerteilten Blättchen bieten eine maximale Oberfläche, was eine optimale Wasseraufnahme bewirkt. Trotzdem kann die Art auch kurzfristig austrocknen. 1835 von Dumortier als Gattung abgetrennt. Der Name leitet sich ab von gr. blepharon = Augenwimper und Stoma = Mündung und bezieht sich auf die bewimperte Perianthmündung. Auch dieser Winzling war bereits Linné 1753 bekannt.

Scapania nemorea (L.) Grolle

Hain-Spatenmoos (1,9 ×)

Merkmale: Sprosse dunkelgrün bis braunrot überlaufen, abgeflacht, meist 1–2 cm lang und bis 4 mm breit. In kleinen bis über handtellergroßen Rasen. Blätter 2-zeilig, scharf gezähnt, gefaltet. Ähnlich wie bei *Diplophyllum* bestehen die Blättchen aus einem ovalen unteren und einem (hier nur locker) anliegenden kleineren, rautenförmigen (weit übergreifenden) oberen Lappen. An den Sprossenden bilden sich an den Spitzen der Blattlappen rotbraune, aus 1-zelligen Brutkörpern zusammengesetzte Brutkörperhäufchen. Perianthien selten, wie bei allen Gattungsvertretern, abgeflacht.

Verwechslung: Sehr ähnlich ist die in Kalkgebieten vorkommende, eher oliv gefärbte als rot überlaufene *S. aspera*. Sie hat 2-zellige Brutkörper. Auf Gestein der Bäche in Silikatgebirgen ist die meist ganzrandige *S. undulata* verbreitet, die nur selten und dann grüne Brutkörperhäufchen bildet. Die Unterscheidung der meisten übrigen Arten gelingt oft nur dem Fachmann.

Ökologie und Verbreitung: Auf kalkfreien Böden, an Silikatgestein und auf morschem Holz besonders im Gebirge verbreitet. Wächst an ähnlichen, vielleicht etwas feuchteren und meist auch lichteren Standorten als ↑*Diplophyllum albicans*.

Sonstiges: Wie bei *Diplophyllum* dürften die gefalteten Blätter dem Wasserhaushalt förderlich sein. Der Gattungsname wurde von DUMORTIER geschaffen, abgeleitet von gr. scapanion = Spaten, nach der Gestalt des Perianths. Die Art gehört zu den am längsten bekannten, beblätterten Lebermoosen. Sie wird erstmals von MICHELI 1829 beschrieben.

Trichocolea tomentella (Ehrh.) Dumort.

Filziges Haarkelch-Lebermoos (3,5 ×)

Merkmale: Die hellgrünen, in der Sonne auch gelbgrünen, dicht doppelt fiederig verzweigten, meist 3–5 cm langen und etwa 2 cm breiten Zweige sind meist zu größeren, oft über quadratmetergroßen, verfilzten Decken vereinigt. Die völlig in Haare zerteilten Blätter verleihen der Pflanze ein samtartiges Aussehen (Artname!). Die einem behaarten, eingesenkten Perianth entspringenden Sporogone sind sehr selten. Brutkörper sind unbekannt.

Verwechslung: In Europa wie ↑*Blepharostoma trichophyllum* ein einzigartiger Typ. Das ähnliche *Ptilidium ciliare* unterscheidet sich durch Standort und Blattfransen.

Ökologie und Verbreitung: Nur an dauernassen Plätzen, so in Quellmooren, Erlensümpfen und an Bachufern. Oft in Gesellschaft von *Pellia* und dem oberflächlich ähnlichen ↑*Thuidium tamariscinum*. Auf reicheren Substraten, auch auf Kalk. Im Gebirge noch verbreitet, aber durch Entwässerungen allgemein im Rückgang und auch durch weniger feuchtigkeitsliebende Konkurrenten gefährdet. In der Ebene sehr selten. An kühlen Standorten der Nordhemisphäre vorkommend. Tertiärrelikt einer tropischen Gattung.

Sonstiges: Die maximale Oberfläche erlaubt über reichliche Verdunstung auch relativ hohe Nährstoffaufnahme und damit am optimalen Standort beachtliches Wachstum. Die Verbreitung erfolgt wahrscheinlich vorwiegend durch von größeren Tieren abgerissene und zufällig verschleppte Zweige. Name von gr. thrix = Haar und koleus = Hülle. Die Art wurde erstaunlicherweise erst 1785 von EHRHART entdeckt.

Ptilidium pulcherrimum (Weber) Vain.

Prächtiges Federchen-Lebermoos (5 ×)

Merkmale: Die meist braungrünen, oft kupferfarben überhauchten Zweige fiederig verzweigt, etwa 1–2 × etwa 1 cm groß, können zu bis 10 cm breiten Decken vereint sein. Die weichhaarigen Zweige sind mit 2-lappigen, am Rande lang gefransten Blättchen oberschlächtig besetzt. Die Lappen am Grunde 4–10 Zellen breit. Die schlanken, oben 3-faltigen Kelche an der verengten Mündung kurz gewimpert. Ohne Brutkörper, Sporogone nicht selten.

Verwechslung: Ähnlich, aber meist bis doppelt so groß und durch breitere, 15–20 Zellen breite Blattlappen unterschieden ist *P. ciliare*. Ein charakteristischer Bodendecker in Kiefernwäldern, besonders der Sanddünengebiete, und in *Calluna*-Heiden. Seltener und nur in kleineren Rasen auf Silikatgestein im Gebirge. Früher in den Sandgebieten der Ebene verbreitet. Etwas ähnlich ist ↑*Trichocolea,* kommt aber in Feuchtwäldern und an Bächen vor. Auch einer *Frullania* ähnlich, aber durch die gefransten Blätter leicht zu unterscheiden.

Ökologie und Verbreitung: Beide *Ptilidium*-Arten sind holarktisch verbreitet. *P. pulcherrimum* wächst an saurer Borke nicht zu trockener Waldstandorte und an saurem Silikatgestein. Weit verbreitet von der Ebene bis ins Gebirge, durch den Rückgang der sauren Immissionen vor allem als Epiphyt rückläufig.

Sonstiges: *Ptilidium ciliare* wird vermutlich als Zweig oder Bruchstück in der offenen Landschaft durch den Wind oder auch an Tieren anhaftend verbreitet, *P. pulcherrimum* sicher vorwiegend als Spore.

Radula complanata (L.) Dumort.
Flachblättriges Kratzmoos (5 ×)

Merkmale: Hell- bis gelblichgrüne, etwas glänzende, dem Substrat fest angedrückte, etwa 1 cm lange und 2 mm breite, verzweigte Sprösschen; in kleineren bis handtellergroßen Decken. Blättchen oberschlächtig, bestehend aus breit ovalem Oberlappen und spitz-trapezförmigem, viel kleinerem Unterlappen. Blattrand durch Brutkörperbildung oft scheinbar hell gesäumt und wie angefressen aussehend. Unterblätter fehlen. Die flachen, länglichen, gebogenen Perianthien an den Zweigspitzen; Sporenkapseln sind, da autözisch, häufig. Die darunter sitzenden Antheridien in ausgesackten Tragblättern.

Verwechslung: *Lejeunea* ist wesentlich kleiner. Dunkler grün bis bräunlich sind *Frullania* und *Porella*. Alle haben Unterblätter. Die sehr seltene diözische *R. lindenbergiana* hat schmale, achselständige Antheridiensprosse.

Ökologie und Verbreitung: Nährstoff- und kalkliebend. Meist an Laubholzborke lichter, nicht zu trockener Lagen und auch an frischem bis feuchtem Gestein. Im Gebirge häufig, durch Luftverschmutzung zwischenzeitlich stark rückläufig, sich jetzt wieder überall ausbreitend. In kühleren bis wärmeren Gebieten der ganzen Nordhalbkugel. Hauptverbreitung der Gattung mit etwa 250 Arten in den Tropen.

Sonstiges: Der Name leitet sich ab von lat. radula = Kratzeisen. Er bezieht sich auf die Gestalt der flachen, an der Mündung umgebogenen Perianthien. Die Art war bereits LINNÉ 1753 bekannt.

Porella platyphylla (L.) Pfeiff.

Breitblättriges Kahlfruchtmoos (1,7 ×)

Merkmale: Ein kräftiges Moos mit mehr oder weniger regelmäßig 1–2-fach gefiederten Zweigen. Sie sind matt dunkelgrün, etwa 3–5 × 2–3 cm groß. Die etwa 2 mm breiten Ästchen sind flach oberschlächtig beblättert, trocken wenig, aber unregelmäßig geschrumpft. Die Seitenblätter bestehen aus einem breit ovalen Oberlappen und kleinen, elliptischen, spitzenwärts gerichteten, etwas gewölbten Unterlappen. Die Unterblätter sind zungenförmig und glatt und überdecken sich dachziegelartig. Vermehrung vorwiegend durch Brutblätter und abbrechende Teile. Perianthien sind selten.

Verwechslung: Weitere Arten kommen meist nur im Gebirge vor und sind recht selten. *P. cordaeana* steht an nassem Silikatgestein und hat wellig herablaufende Unterblätter, die sich nicht überdecken. *P. arboris-vitae* von neutralem Silikatgestein hat glänzende Rasen mit eng anliegenden, trocken kaum verbogenen Flankenblättern und einen scharfen Geschmack.

Ökologie und Verbreitung: Auch in ziemlich trockenen, aber schattigeren Lagen an Borke, Gestein und seltener Mauern, insbesondere auf Kalk und basischem Silikatgestein verbreitet. In der Ebene heute selten. In der ganzen gemäßigteren Holarktis.

Sonstiges: Neben *Frullania* wohl unser am stärksten trockenheitresistentes beblättertes Lebermoos. Örtlich durch Luftverschmutzung gefährdet. Ein schon von DILLENIUS 1748 verwendeter Name, der die Pflanze aber zu den Bärlappen stellte. *Porella* ist die Verkleinerungsform von gr. porus = Pore, Loch. Auch die größeren Bärlappe entlassen ihre Sporen aus Poren. Wissenschaftlich gültig wurde die Art erst 1762 von LINNÉ beschrieben.

Frullania dilatata (L.) Dumort.

Breites Wassersackmoos (8,1 ×)

Merkmale: Verzweigte, trocken nicht glänzende, braune, rotbraune, an sonnigen Stellen auch schwarze, im Schatten dunkelgrüne, meist um 1 cm lange und 1 mm breite, Sprösschen, die netzartig oder auch in größeren geschlossenen Decken dem Substrat dicht anliegen. Oberschlächtig. Blattoberlappen abgerundet, etwas gewölbt, breit-elliptisch. Unterlappen zu einem breit helmförmigen, nach unten offenen Wassersack umgeformt. Unterblätter 2-lappig. Zweihäusig. Perianthien häufig, etwas abgeflacht, kantig und reichlich mit Brutwarzen besetzt. Sporogone nicht selten.
Verwechslung: Die Gattung ist durch die Bildung kurzstieliger Wassersäckchen einzigartig. ↑*F. tamarisci* hat längliche Wassersäcke und kräftigere, deutlich glänzende Sprosse, die vom Substrat häufig abstehen und ausgedehnte Decken bilden können. An Vertikalflächen von neutralem Gestein und an Laubholzborke in Reinluftgebieten vom Hügelland bis zu den Alpen die zierliche, beim Zerreiben angenehm duftende *F. fragilifolia* mit Bruchblättern (Name!).
Ökologie und Verbreitung: An Laubholzborke, seltener an Felsen und Mauern lichter bis sonniger Standorte. Basiphytisch, vor allem im Kalkgebirge. Sehr trockenheitsresistent, aber nebelreichere Lagen bevorzugend. Zwischenzeitig stark rückläufig infolge saurer Immissionen, heute wieder in allen Regionen vorkommend und gebietsweise häufig. Auf das gemäßigte bis wärmere Eurasien beschränkt.
Sonstiges: Alle *Frullania*-Arten beherbergen in ihren Wassersäckchen regelmäßig Infusorien. Sie finden Schutz im Säckchen und liefern dafür Dünger – eine sehr nützliche Symbiose.

Frullania tamarisci (L.) Dumort.

Tamariskenartiges Wassersackmoos (3,7 ×)

Merkmale: Im Gegensatz zur vorigen Art meist in viel größeren, optimal bis über 5 cm tiefen, auch trocken glänzenden, meist rotbraunen und nur an beschatteten Stellen dunkelgrünen Decken. Außerdem mit länglichen Wassersäckchen (etwa 1:2) und auch immer mit kurz bespitzten Seitenblättchen, die durch Reihen dunklerer, aber glänzender Zellen (Ocellen) charakterisiert sind.

Verwechslung: Mit ↑*F. dilatata* und *F. fragilifolia*.

Ökologie und Verbreitung: *F. tamarisci* bevorzugt luftfeuchtere und meist auch schattigere Lagen. Sie wächst an Borke wie auch an Silikatgestein und über Moosen oder Humus auch auf Kalkblöcken. Die Art ist in Europa, Kleinasien und Nordafrika weit verbreitet. In Ostasien und Nordamerika wird sie durch nahe verwandte Unterarten vertreten.

Sonstiges: Alle *Frullania*-Arten verfügen in den Sporenkapseln über einen besonderen Schleudermechanismus. Bei Austrocknung der reifen Kapsel werden die oben und unten anhaftenden Elateren schließlich mit einem Ruck abgerissen und dabei die Sporen weit in den Luftraum katapultiert. Bei Waldarbeitern in Reinluftgebieten treten öfter Kontaktallergien gegen *Frullania*-Arten auf, darunter auch gegen *F. tamarisci*. Andererseits haben japanische Forscher Antikrebsstoffe bei der Art festgestellt. Der bekannte italienische Lebermoosforscher Raddi hat die Gattung 1820 zu Ehren des Florentiners L. Frullani, seinerzeit Schatzmeister der Toskana, benannt. Die Art wird schon bei Linné 1753 beschrieben.

Lejeunea cavifolia (Ehrh.) Lindb.

Hohlblättriges Lappenmoos (2,5 ×)

Merkmale: Matt hellgrüne, flache, nur etwa 0,5 mm breite und 3–5 mm lange Pflänzchen, in 1 bis viele Zentimeter breiten Decken wachsend. Seitenblätter oberschlächtig, aus breit-elliptischem, abgerundetem, flachem bis wenig konvexem Oberblatt und taschenförmigem, spitzem, kleinem Unterlappen zusammengesetzt. Unterblätter breiter als der Stängel und kurz 2-lappig. Perianthien eiförmig, durch 5 Flügelfalten gekennzeichnet. Wie die Sporenkapseln häufig. Brutkörper scheibenförmig.

Verwechslung: *L. lamacerina* kommt nur sehr selten im Schwarzwald und im Tessin vor. Die atlantisch verbreitete *Microlejeunea ulicina*, mit Recht das Zwerg-Lappenmoos genannt, ist ein nur etwa 2 mm langer Epiphyt und Bewohner saurer Silikatfelsen, dessen perlschnurartige, über Borke oder andere Moose „verstreute" Pflänzchen nur vom Kenner entdeckt werden. Ebenso winzig ist die mit zwei Arten vertretene Gattung *Cololejeunea*, der wie der größeren *Radula* die Unterblätter fehlen. *C. calcarea* ist die häufigere, sie ist auf luftfeuchtem, regengeschütztem Kalkstein höherer Lagen gebietsweise nicht selten. *Frullania* ist nie hellgrün und hat gestielte Wassersäcke.

Ökologie und Verbreitung: In schattiger, luftfeuchter Lage an Borke und reicherem, auch feuchtem Gestein, vor allem in Gewässernähe in den meisten Gebirgen ziemlich verbreitet, aber selten in der Ebene. In gemäßigten Lagen der Nordhalbkugel zu finden.

Sonstiges: Die Gattung wurde von der Belgierin Libert 1820 nach A. L. S. Lejeune, Arzt in Verviers/Belgien, benannt. Die Art wurde erst relativ spät von Ehrhart 1789 unter der Gattung *Jungermannia* beschrieben.

Sphagnum palustre L.

Sumpf-Torfmoos (1,7 ×)

Merkmale: Pflanzen kräftig, etwas an Edelweiß erinnernd. Feucht hellgrün, gelborange oder bräunlich, trocken matt und insgesamt heller wirkend. Die Sprosse aus einer durchgehenden, bis ca. 15 cm langen Hauptachse und in Faszikeln von 2–4 stehenden, ca. 2 cm langen Seitenästen bestehend. Bei den Seitenästen lassen sich abstehende und hängende Äste mit unterschiedlicher Funktion unterscheiden, erstere verhaken sich mit denen der Nachbarsprosse und bilden den Pflanzenverband, letztere unterstützen die Wasserleitung. Blätter der abstehenden Äste eiförmig, hohl, etwa 1–2 mm breit. Blättchen aus einem Netzwerk von Chlorocyten und Hyalocyten bestehend, letztere durch Poren und Spiralen ausgezeichnet. Stängelzellen mit Spiralfasern. Kapseln selten, fast kugelig, gedeckelt, auf „Scheinfüßchen", die von der haploiden Moospflanze gebildet werden. Ein Vertreter der Sektion *Sphagnum*.

Verwechslung: Andere Arten der Sektion *Sphagnum* sind Moorbewohner. ↑*S. magellanicum* ist typisch für Hochmoore und durch Anthocyane intensiv rot gefärbt; die übrigen Taxa der Sektion lassen sich nur mikroskopisch unterscheiden. *S. squarrosum* hat eine aus dem Köpfchen der Sprossspitze deutlich herausragende zwiebelförmige Sprossendknospe und spitzere Astblätter.

Ökologie und Verbreitung: Auf neutralen bis stark sauren Sumpf- und Moorböden, in offenen Nieder- und Übergangsmooren, in Bruch- und Quellwäldern sowie in vernässten Nadelforsten, entlang von Bächen und in Gräben. Nicht in Hochmooren. In Mitteleuropa häufigste Art der Gattung; fast weltweit verbreitet.

Sphagnum magellanicum Brid.

Magellan-Torfmoos (2,0 ×)

Merkmale: Pflanzen kräftig mit stumpfen, hohlen Blättern, an besonnten Standorten intensiv durch Sphagnorubine rot gefärbt, rotgefärbte Bereiche an den Sprossen auch an beschatteten Standorten selten fehlend, sonst grün, nie aber gelb oder orange. Sprossaufbau und Anatomie wie bei ↑*S. palustre*, aber mit anderem Blattquerschnitt: Chlorocyten im Blattquerschnitt beiderseits von Hyalocyten eingeschlossen. Kapseln sehr selten. Ein Vertreter der Sektion *Sphagnum*.

Verwechslung: Durch die Rotfärbung eindeutig charakterisiert. Andere Arten der Sektion *Sphagnum* können orange, aber niemals rot gefärbt sein. Nicht-rote Torfmoose der Sektion *Sphagnum* müssen stets mikroskopisch bestimmt werden. Ebenfalls in (Hoch-)Mooren wächst *S. papillosum*, während *S. palustre* eher an besser nährstoffversorgten Standorten zu finden ist (s. dort). Durch Sphagnorubine gebildete Rotfärbung ist auch bei der Sektion Acutifolia mit schmäleren und spitzeren Blättern verbreitet, von denen einige (*S. capillifolium*, *S. rubellum*) ebenfalls bestandsbildend in Hochmooren auftreten können und Torfbildner sind. Neuerdings als Artkomplex betrachtet, von dem in Mitteleuropa *S. divinum* und *S. medium* vorkommen.

Ökologie und Verbreitung: In offenen Hochmooren, sauren Übergangsmooren und in Moorwäldern, doch nur in ersteren bestandsbildend. Kennzeichnend für die Hochmoor-Bultgesellschaft. Von der Ebene bis in die subalpine Stufe. In Hochmoorregionen noch häufige Art, insgesamt aber durch die Entwässerung und Abtorfung der Hochmoore deutlich rückläufig. Verbreitung bipolar, in der Holarktis sowie im südlichen Südamerika.

Sphagnum fimbriatum Wilson

Fransen-Torfmoos (1,6 ×)

Merkmale: Sprossaufbau wie bei ↑*S. palustre*, in folgenden Merkmalen abweichend: Sprosse nur bis ca. 10 cm lang, grün, bis gelblichgrün, nie orange, Blätter der abstehenden Äste deutlich kleiner und schmäler, Sprossendknospe sehr deutlich, Stammblätter spatelförmig und deutlich gefranst (mit der Lupe gut zu sehen, wenn man von einem Spross das Köpfchen und die oberen Seitenäste entfernt hat). Sprosshyalodermis ohne Spiralfasern. Sporenkapseln häufig. Vertreter der Sektion *Acutifolia*.

Verwechslung: *S. girgensohnii* ist ähnlich gefärbt, etwas kräftiger mit drahtigen, anliegend beblätterten Seitenästen, undeutlicherer Endknospe; die Stammblätter sind nur oben gefranst. Vorwiegend in Moorwäldern der Mittelgebirge, bis in den Krummholzgürtel der Alpen. Weitere Sektionsvertreter mit Anthocyan-rot gefärbten Spross(teil)en, z. B. *S. russowii* und die in Hochmooren häufigen *S. rubellum* und *S. capillifolium*.

Ökologie und Verbreitung: Charakterart von Bruch-, Quell- und Sumpfwäldern, selten im Offenland, vorwiegend in der Ebene bis zu den unteren Gebirgslagen, nur ausnahmsweise höher aufsteigend. Vor allem in Nord- und Westdeutschland häufig, sonst seltener. In den kühlen Regionen der Nord- und Südhalbkugel.

Sonstiges: Torfmoose speichern Wasser bis zum über 30-Fachen ihres Trockengewichtes. Beim Anfeuchten der Sprosse treten die nach außen drückenden Spiralfasern in Aktion. Mit ihrer Hilfe wird durch die Poren Wasser angesaugt. Über Wasserstoffionenaustausch werden auch geringste Mineralionenkonzentrationen von der Pflanze noch genutzt. Der Name Sphagnos, wohl von gr. sphoggos = Schwamm abzuleiten, wird erstmals von Plinius benutzt.

Andreaea rupestris Hedw.

Felsen-Klaffmoos (2,9 ×)

Merkmale: Die im Licht rotbraunen bis schwärzlichen (sonst dunkelgrünen), meist nur um 0,5 cm hohen Pflänzchen zu etwa 1–2 cm breiten Polstern, seltener Polsterrasen vereint. Die meist breitlanzettlichen, hohlen, winzigen Blätter nervenlos und trocken dem Stängel dicht angedrückt. Bei Austrocknung verbreitert sich die längliche Kapsel, wodurch sich 4 Längsspalten zu lanzettlichen Öffnungen erweitern. Die Sporen werden durch Luftbewegung herausgeweht. Bei feuchtem Wetter schließen sich die Spalten wieder. Meist auch mit Sporogonen.

Verwechslung: Die Kapselform der Gattung ist einmalig, trocken unverkennbar. Im Silikatgebirge kommt noch öfter eine zweite Art, *A. rothii,* vor. Sie unterscheidet sich durch gerippte, etwas einseitswendige, oben linealische Blätter. Steril ähnliche, kleine *Grimmia-* und *Schistidium*-Arten sind immer gerippt, haben Deckelkapseln und oft Blattspitzen mit Glashaar.

Ökologie und Verbreitung: Ausschließlich auf kalkfreiem Silikatgestein sonniger bis halbschattiger Plätze. In offenen Blockhalden der Gebirge ziemlich verbreitet, auch auf Findlingen in der Ebene. Oft in Gesellschaft von *Grimmia-, Racomitrium-* oder auch *Marsupella-Arten.* Inzwischen in der norddeutschen Ebene und gefährdet.

Sonstiges: Diese Moose bilden einen eigenen Verwandtschaftskreis (Andreaeopsida). Sie sind fast ganz auf nur eine, weltweit verbreitete Gattung beschränkt. Stammesgeschichtlich bemerkenswert ist der Übergangscharakter der *Andreaea*-Arten. So haben z. B. die Kapseln Ähnlichkeit mit denen der Jungermanniales, wohin sie LINNÉ und noch HÜBENER 1834 gestellt haben. Sehr licht- und hitzeresistent. Kann mehrtägige Austrocknung vertragen, ist jedoch an tau- und nebelfeuchte Standorte angepasst. Die roten und schwarzen Farbstoffe bei Moosen sonniger Standorte können allgemein als Lichtschutz für das empfindliche Chlorophyll gedeutet werden. Von EHRHART 1778 zu Ehren des Apothekers J. G. R. ANDREAE benannt, aber schon Dillenius bekannt und von LINNÉ 1753 zu *Jungermannia* gestellt.

Atrichum undulatum (Hedw.) P. Beauv.

Wellenblättriges Katharinenmoos (1,5 ×)

Merkmale: Oft ausgedehnte, meist hellgrüne, seltener auch im Licht bräunliche, meist 2–3 cm hohe, lockere Rasen. Protonemamoos. Pflänzchen aufrecht, feucht locker-abstehend beblättert, trocken kraus zusammengedreht. Blätter um 1 cm lang, durchscheinend, länglich-lanzettlich, gesäumt, gezähnt und mit – durch die Lamellen – unterseits fein gestreifter Rippe sowie deutlich gewellt (außer bei Kümmerformen). Einhäusig. Die bis 1 cm langen, länglich-zylindrischen Kapseln auf meist etwa 3 cm langer, reif rotbrauner Seta. Der Deckel ist lang geschnäbelt, die einseitig kappenförmige Haube kahl. Das Peristom besteht aus 32 Zähnen.

Verwechslung: Verwandte Arten sind selten, haben meist glatte Blättchen oder mehrere Kapseln je Pflanze. Das montan verbreitete, in Norddeutschland seltene *Oligotrichum hercynicum* wächst auf feuchten Erdblößen und hat geschlängelte oberseitige Lamellen. Die übrigen Polytrichaceae unterscheiden sich durch dicke, undurchsichtige Blätter und dicht behaarte Hauben. In trockenem Zustand besteht eine gewisse Ähnlichkeit mit ↑*Mnium hornum* (ohne Rippenlamellen, mit Blattsaum).

Ökologie und Verbreitung: Allgemein verbreitetes und sehr häufiges Pioniermoos offener, meist dauerfeuchter, kalkarmer, basenreicherer, oft anlehmiger Böden an halbschattigen und schattigen Stellen. Holarktisch verbreitet.

Sonstiges: Ehrhart benannte die Gattung 1780 nach Katharina der Großen, gültig ist jedoch P. Beauverds Name *Atrichum*. A- bedeutet so viel wie „ohne" und trichum leitet sich von gr. thrix = Haar ab. Dillenius beschrieb die Art schon 1718.

Pogonatum aloides
(Hedw.) P. Beauv.

Aloeähnliches Filzmützenmoos (1,9 ×)

Merkmale: Auf dem dunkelgrünen Filz des Dauerprotonemas wachsen in mehr oder weniger dichten Herden die 0,5 bis fast 1 cm breiten und ähnlich hohen, matt dunkelgrünen Rosetten der Gametophyten. Diese bestehen aus derben, schmal-lanzettlichen, bis um 5 mm langen Blättchen, die bis zum unteren Drittel gezähnt, unten durchscheinend und scheidig verbreitert und trocken knospig eingekrümmt sind. Die schlanken, um 3 mm langen, zur Reife hellbraunen, eiförmigen Kapseln werden von 1–2 cm langen Seten emporgehoben und von weißfilzigen Hauben ganz bedeckt. Sie besitzen 32 Peristomzähne.

Verwechslung: Bei *P. nanum* sind die Blättchen nur an der Spitze gezähnt und die Kapseln fast kugelig. Es ist seltener und stärker wärmeliebend. *Polytrichum* hat meist gelblich-filzige Hauben und fast immer kantige Kapseln.

Ökologie und Verbreitung: Pioniermoos an offenerdigen Waldwegböschungen, auf Wurzeltellern und in Heiden. Kalkmeidend und ziemlich trockenresistent. Allgemein verbreitet, so auch in ganz Eurasien und Nordafrika.

Sonstiges: Die dunkelgrünen Protonemafilze wirken erosionshemmend. Die Art bietet das beste Beispiel, um Laubmoosvorkeime kennenzulernen. Der Name wurde aus lat. pogon = Bart gebildet. DILLENIUS veröffentlichte die Art bereits 1741 aus dem Raum Gießen.

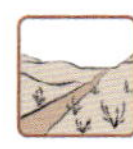

Pogonatum urnigerum
(Hedw.) P. Beauv.
Urnentragendes Filzmützenmoos (3,4 ×)

Merkmale: Einzelsprosse oder bis quadratmetergroße, niedrige, aber auch bis über 5 cm hohe, hell-bläulichgrüne Herden. Blättchen wie bei ↑*Polytrichum formosum*, aber breiter und nie dunkelgrün. Seta etwa 3–4 cm lang. Kapseln seltener als bei voriger Art, stielrund, gestreckt eiförmig.

Verwechslung: In den höheren Silikatgebirgen kommt an lichten, frisch-feuchten Standorten *Polytrichastrum alpinum* vor, das ebenfalls stielrunde Kapseln ausbildet. Seine grün bis bläulichgrünen Rasen sehen eher noch einem ↑*Polytrichum commune* ähnlich. Von diesem lässt sich *P. alpinum* an den abgerundeten Lamellenendzellen mikroskopisch im Blattquerschnitt unterscheiden.

Ökologie und Verbreitung: An kalkfreien, frischen, lichten bis sonnigen Pionierstandorten, auf lehmigem bis steinigem Untergrund. So besonders auf und an Wald- und Heidewegen und in aufgelassenen Steinbrüchen oder in Steinschutthalden. In der Ebene meist selten, dagegen im Silikatgebirge gewöhnlich verbreitet. So auch über die ganze kühlere Nordhemisphäre.

Polytrichum formosum Hedw.

Wald-Frauenhaarmoos (0,5 ×)

Merkmale: In dichten, matt dunkelgrünen, meist um 5 (–15) cm tiefen Hochrasen von bis zu vielen Quadratmetern Ausdehnung. Blätter ca. 1 cm lang, linealisch-lanzettlich, allmählich zugespitzt, weit herab gezähnt, flach, mit kurz austretender Rippe. Lamina als schmaler Saum entwickelt, bei Trockenheit eingebogen. Die abgeflachte Rippe nimmt fast die ganze Breite des Blattes ein, ist durch die dicht stehenden Lamellen fein längs gestreift. Blätter feucht fast waagerecht abstehend, bei Trockenheit eingekrümmt, schließlich dicht anliegend. Endzellen der Lamellen im Blattquerschnitt eiförmig. Im untersten Blattteil eine wenig breitere, plötzlich abgesetzte, durchscheinende Scheide. Zweihäusig. Männliche Pflanzen am Gipfel mit vielen winzigen Antheridien, schüsselförmig von dicht stehenden, meist gelbgrünen Hüllblättern umgeben. Reife Kapseln im Umriss länglich-rechteckig, abgerundet 4-kantig, basal mit kurzem Hals, von einer goldgelben Haube völlig umhüllt. Deckel flach und kurz gespitzt. Seta rötlich, ca. 5 cm lang.

Verwechslung: Von ähnlichen Arten mit gezähnten Blättern sind nur das meist größere, mit Kapseln unverwechselbare Sumpfmoos ↑*P. commune* und das blaugrüne, meist kleinere ↑*Pogonatum urnigerum* häufiger.

Ökologie und Verbreitung: Anspruchslos. Häufig von der Ebene bis in die Bergwälder. Auf kalkfreien Substraten an schattigen bis halboffenen, humosen, nährstoffarmen, trockenen bis frischen Standorten. Den Boden von Nadelwäldern oft viele Quadratmeter überziehend. Fast weltweit verbreitet.

Polytrichum commune Hedw.

Goldenes Frauenhaarmoos (0,5 ×)

Merkmale: Meist in allen Teilen größer als die vorige Art. Bei uns mit bis zu 70 cm Länge die größte Landmoosart. Im Erscheinungsbild graziler beblättert als ↑*P. formosum*. Mikroskopisch durch die im Querschnitt eingedellten Lamellenendzellen sicher unterschieden.

Verwechslung: Nächste Verwandte sind nur über Blattquerschnitte mikroskopisch sicher zu unterscheiden. Bei *P. longisetum* ist die Haube kürzer als die Kapsel.

Ökologie und Verbreitung: An feuchten bis nassen, mäßig nährstoffarmen, kalkfreien Standorten, so in Feuchtwäldern, Sumpfwiesen, Nieder- und Übergangsmooren und an quelligen Plätzen. Von der Ebene bis in die Bergwaldstufe verbreitet. Angeblich in allen gemäßigten Zonen weltweit wachsend.

Polytrichum strictum Menzies ex Brid.

Moor-Frauenhaarmoos (1,4 ×)

Sonstiges: In den flach schüsselförmigen Antheridienständen sammelt sich bei Regen und Tau Wasser. Die reifen Antheridien platzen auf, die Samenzellen schwärmen in diesem Miniaquarium. Fallen Wassertropfen in die „Schüsseln“, werden Tropfen mit Schwärmerzellen bis über 10 cm weit verspritzt. Die Schwärmer schwimmen, wenn sie weibliche Pflanzen erreichen, chemotaktisch angelockt zu den Eizellen in den Archegonien. Früher verwendete man vom Waldboden abgeschälte *Polytrichum*-Matten als Schlafdecken und stopfte damit die Ritzen von Holzhäusern zu. Große Polytrichen sollten vor Zauber schützen.

Polytrichum piliferum Hedw.

Glashaar-Frauenhaarmoos (1,7 ×)

Merkmale: Meist kaum über 1 cm, im Schatten auch höhere Pflanzen in lockeren Herden oder Kurzrasen. Die dunkel- bis blaugrünen, glänzenden Blätter ca. 5 mm lang, in ein weißes Haar plötzlich verjüngt. Feucht aufwärts gekrümmt, trocken knospenförmig zusammengedrückt mit pinselförmigem Haarbüschel. Kapseln kleiner als bei ↑*P. formosum,* mit weißlicher Haube. Auffallend die roten Hüllblätter der Antheridienstände.

Verwechslung: *P. juniperinum* ist meist größer und hat längere, allmählich verjüngte, in ein kurzes rostrotes Haar auslaufende, feucht waagrecht abstehende Blättchen. An kalkfreien Magerstandorten nicht zu warmer Lagen fast weltweit verbreitet. Fast genauso ↑*P. strictum,* mit weißem Stängelfilz und kleineren, feucht aufrecht abstehenden Blättchen.

Ökologie und Verbreitung: An kalkfreien, offenerdigen, sonnig-trockenen Plätzen. Besonders auf Sanddünen, steinigen Silikatböden, an Wegsäumen. Weltweit verbreitet, von der Ebene bis in die alpine Stufe.

Sonstiges: Durch das durchscheinende „Dach" des Blättchens wird die Verdunstung verringert und die Photosynthese verlängert. Die Haarpinsel wirken als Total-Lichtreflektoren. Die derbwandigen, glänzenden Unterseiten reflektieren Wärmestrahlen. Die nach oben gerichteten Blätter vermindern die Einstrahlung. Trockene Pflanzen überstehen noch eine Erwärmung von über 70 °C. Die Haare sind auch Kondensationspunkte für eine zusätzliche Wasseraufnahme, denn Taubildung ist an den offenen, besiedelten Standorten ein wichtiger Faktor. Hemmt Bodenerosion.

Tetraphis pellucida Hedw.

Durchscheinendes Georgsmoos (3 ×)

Merkmale: Kapseln mit nur 4 Peristomzähnen Pflanzen in grünen, lockeren bis dichten, nur etwa 1 cm hohen, oft mehr als handgroßen Herden. Die Blätter glänzen etwas, sind (unter dem Mikroskop) durchscheinend, breitgespitzt-eiförmig, ganzrandig und gerippt, trocken nur verbogen. Charakteristisch sind schüsselförmige Gebilde an der Spitze der Sprösschen, die kleine scheibenförmige Brutkörper produzieren. Kümmerformen entwickeln nur nackte, kugelige Brutköpfchen. Sporenkapseln sind im Gebirge häufig, schlank-zylindrisch, auf einer etwa 1 cm langen Seta, mit aufrecht stehenden Peristomzähnen.

Verwechslung: Kümmerformen werden öfter mit *Aulacomnium androgynum* verwechselt. Dieses hat aber matt hell- bis gelbgrüne, lanzettliche und trocken dem Stängel anliegende Blättchen. 4 Peristomzähne hat sonst nur noch die Gattung *Tetrodontium*, winzige Gebirgsarten, die an feuchtschattigem Silikatgestein wachsen.

Ökologie und Verbreitung: Meist auf nicht zu trockenem morschem Holz, seltener an Baumbasen, an frischem Silikatgestein, selten auf kalkfreier Erde. Verbreitet über die ganze kühlere Nordhemisphäre, von der Ebene bis zur oberen Bergstufe.

Sonstiges: Von EHRHART zu Ehren Georg III., König von England, „aus Gründen botanischer Dankbarkeit" *Georgia* benannt. Nach den Nomenklaturregeln gilt aber der HEDWIG'sche Name *Tetraphis*, der sich auf die Vierzähnigkeit bezieht.

Diphyscium foliosum
(Hedw.) D. Mohr

Beblättertes Blasenmoos (5,4 ×)

Merkmale: Charakteristische Herden aus dunkel- bis braungrünen, 3–4 mm breiten Rosetten mit zungenförmigen Blättchen. Zweihäusig. Deshalb öfter ohne die typischen hellbraunen, etwa 3 mm langen, bauchigen, oben durch ein spitzkegeliges Peristom gekrönten Kapseln, deren Hüllblätter sich durch lange Haarspitzen von den sterilen Blättern unterscheiden.

Verwechslung: Bei uns mit Sporogonen unverwechselbar. Ohne diese am ehesten ↑*Pogonatum aloides* oder Arten der Pottiaceae ähnlich, aber durch die zungenförmigen Blätter von fast allen anderen einheimischen Moosen unterschieden.

Ökologie und Verbreitung: Pioniermoos kalkfreier, offenerdiger, lichter, meist südexponierter Waldwegböschungen, Wurzelteller und erdbedeckter Felsen. Im Silikatgebirge ziemlich verbreitet bis über die Waldgrenze. In Industrienähe offensichtlich im Rückgang und meist nur steril. Über die temperate Nordhalbkugel verbreitet.

Sonstiges: Der Mechanismus der Sporenausstreuung ist bemerkenswert. Auf die zartwandige, reife Kapsel auftreffende Regentropfen, wie auch der Tritt genügend großer Insekten, komprimieren die Kapsel. Nach dem Blasebalgprinzip entweicht aus der haarfeinen Kapselmündung ein bis 5 cm langer Sporenstrahl. Mykotroph, d. h. wie auch *Buxbaumia,* mit Pilzen in Symbiose lebend. Der Name leitet sich ab von lat. di und gr. physcion, Diminutiv von physcon = Bauch. Erstmals beschrieben 1739 von Haller aus der Schweiz.

Buxbaumia aphylla Hedw.

Blattloses Koboldmoos (5,4 ×)

Buxbaumia viridis (Moug.) Brid.

Grünes Koboldmoos (5 ×)

Merkmale: Die Pflanze (Bild links) scheint allein aus den 1–1,5 cm hohen, eher einem Pilz als einem Moos ähnelnden Sporophyten zu bestehen, die einzeln oder auch in Herden auftreten. Die grüne, 3–4 mm lange und etwa 3 mm breite, unterseits bauchige und oberseits schräg abgeplattete (hier dünnwandigere), eiförmige, oben gespitzte Kapsel besitzt ein reich entwickeltes Photosynthesegewebe und färbt sich erst reif rotbraun. Die 1 cm lange, kräftige und raue Seta übernimmt die Versorgung, sie ist mit dem von winzigen Hüllblattresten umhüllten Fuß im Substrat verankert. Die Wasser- und Nährsalzaufnahme wird durch Mykorrhiza-Pilze gewährleistet. Die diözischen Gametophyten sind auf nur kümmerliche Blattreste reduziert.

Verwechslung: Ein einzigartiger Typ. Stielrunde Kapseln hat *B. viridis* (Bild rechts), ein seltener Gebirgsbewohner fast nur des morschen Holzes. Art des Anhangs II der FFH-Richtlinie, für die in allen EU-Mitgliedsstaaten Schutzgebiete auszuweisen sind.

Ökologie und Verbreitung: Lichte bis halbschattige, offenerdige Böschungen, erdbedeckte Felsen oder Wurzelteller auf kalkfreien, frischen, humosen Böden. Über die ganze kühlere Nordhemisphäre vorkommend und auch im australischen Florenreich.

Sonstiges: Sporenausstreumechanismus wie bei ↑*Diphyscium*. Holoparasit. Der lebensnotwendige Pilzpartner wird durch Luftverschmutzung geschädigt. *B. aphylla* ist rückläufig, *B. viridis* findet sich neuerdings öfter.

Fissidens taxifolius Hedw.

Eibenblättriges Spaltzahnmoos (2,1 ×)

Merkmale: Die grüne Pflanze ähnelt kleinen Federchen. Blätter gekielt, mit eiförmig-lanzettlichen Blattflügeln, auf dem Stängel reitend, 2-zeilig angeordnet. Die Sporenpflanzen gleichen denen der Dicranaceae. Die beschriebene Art hat ungesäumte, am Rande durch regelmäßige Zellvorsprünge gekerbte Blättchen mit kurz austretender Rippe. Die um 1 cm langen, hell- bis dunkelgrünen Pflänzchen stehen in meist kleineren, 3–5 cm breiten Herden dicht beisammen. Die hier scheinbar seitenständigen Sporogone sind nicht selten, ihre Kapseln geneigt.

Verwechslung: Ähnlich ist *F. dubius,* eine basiphytische Art an Felsen und in Trockenrasen, mit meist nicht austretender Rippe und unregelmäßiger Zähnung. Letztere hat auch *F. adianthoides,* mit größeren Zellen und bis 5 cm langen Zweigen, eine Kalkpflanze nasser Felsen, von Quellfluren und Niedermooren. *F. bryoides* ist kleiner, hat gesäumte Blättchen, trägt meist die aufrechten, zylindrischen Kapseln auf nur ca. 3 mm langer terminaler Seta. Auf kalkfreier Erde z. B. an Böschungen, Maulwurfhügeln, Wurzeltellern.

Ökologie und Verbreitung: Häufiges Pioniermoos offenerdiger, lehmiger, frischer bis feuchter, basenreicher Standorte, so an Wegböschungen, auf Mullböden in Wäldern und in Fluss- und Bachauen. In der temperaten Nordhemisphäre und in Südamerika vorkommend.

Sonstiges: Außerordentlich artenreiche Moosgattung mit Verbreitungsschwerpunkt in den Tropen. Gattungsname nach Hedwig, von lat. fissus = gespalten und dens = Zahn.

Dicranum scoparium Hedw.

Besen-Gabelzahnmoos (1,4 ×)

Merkmale: Diese Art bildet dichte, zwischen 1 bis über 5 cm hohe, grüne bis hellgrüne, glänzende, trocken kaum geschrumpfte Hochrasen. Stängel oft von weißlichem Rhizoidenfilz überzogen. Blätter deutlich einseitswendig, aus schmal lanzettlichem Grund allmählich in eine linealisch-lanzettliche Spitze verlängert, mit in der Spitze endender Rippe, meist glatt, oben gezähnt, mit etwas eingebogenen Rändern. Blattflügelzellen gebräunt. Sporenkapseln nicht selten, schlank, glatt, etwas gekrümmt, bis 1 cm lang, mit geschnäbeltem Deckel. Peristomzähne aus 16 Paaren, glatt, lanzettlich. Seten 3–5 cm lang, einzeln aus den Gipfeln der beblätterten Stängel herauswachsend.

Verwechslung: Sehr ähnlich, aber kräftiger und feinblättriger – die Blättchen in eine kurze Borste ausgezogen – ist das viel seltenere, meist sterile *D. majus*. Wie bei *D. polysetum* mit mehreren Sporogonen je Pflanze. Letztere hat stark gezähnte, querwellige, kaum einseitswendige Blätter, ein Charaktermoos der Kiefernwälder. Querwellige Blätter mit schwacher Zähnung besitzt auch das in Sümpfen wachsende *D. bonjeanii*. Weitere Arten haben trocken verbogene bis krause Blätter, sind oft selten oder haben wie ↑*Paraleucobryum* eine dicke Rippe. Das gelbgrüne *D. montanum* ist viel kleiner, hat raue, trocken krause Blättchen, häufig an Borke oder morschem Holz.

Ökologie und Verbreitung: Vorwiegend in nicht zu trockener Lage auf Totholz, Rohhumus und Streu, an Silikatgestein und Borke, besonders in Nadelforsten. Gemein von der Ebene bis ins Hochgebirge. In kühl-temperaten Lagen fast weltweit verbreitet.

Paraleucobryum longifolium (Hedw.) Loeske

Langblättriges Weißgabelzahnmoos
(2,1 ×)

Merkmale: In bis handtellerbreiten Polsterrasen, feucht ↑*Dicranum scoparium* ähnlich. Blätter sichelig gekrümmt, trocken graugrün und drahtig erscheinend. Durch die dicke, über die Hälfte der Blattbreite einnehmende gefurchte Rippe (mit der Lupe als streifenartige Struktur erkennbar) undurchsichtig. Sporogone sehr selten, kleiner als bei *D. scoparium.*

Verwechslung: Verwandte Arten sind auf die Hochgebirge beschränkt. Von *Campylopus* und *Dicranodontium denudatum* sowohl durch hellere Färbung und Fehlen von Bruch- oder Brutblättern bzw. -sprösschen unterschieden. Fast alle *Dicranum-Arten* haben eine dünnere Rippe.

Ökologie und Verbreitung: An trockenschattigen Silikatfelsen und -blöcken sowie an Laubholzborke. In den Silikatgebirgen ziemlich verbreitet, besonders auch auf vulkanischem Gestein. Im Flachland selten an erratischen Blöcken. In kühlen bis temperaten Bereichen der Nordhemisphäre vorkommend.

Sonstiges: Die wie beim verwandten *Campylopus* im Wesentlichen aus der dicken Rippe bestehenden Blättchen zeigen im Bau Analogien zu *Leucobryum.* Dies ist auch hier als Trockenanpassung – mit Wasserspeicherfunktion – zu deuten. Der Name bezieht sich auf die einem *Leucobryum* ähnlichen Blätter. Die Art wurde von F. Ehrhart 1772 bei Uppsala entdeckt, war aber von Haller schon früher in der Schweiz gesammelt worden.

Campylopus introflexus
(Hedw.) Brid.
Kaktusmoos (1,5 ×)

Merkmale: Einzelpflanzen bis quadratmetergroße Decken. Durch meist gut entwickelte, trocken abgebogene Glashaare an den Blattspitzen gekennzeichnet, die aber in Feuchtperioden nur an unteren, älteren Blättern zu finden sind. Die Glashaare scheinen, von oben gesehen, Sternchen zu bilden. Nicht selten mit Sporogonen und fast immer mit Brutsprossen.

Verwechslung: In Mitteleuropa haben sonst nur das seltene atlantische Moormoos *C. brevipilus* und der mediterran verbreitete, die Südschweiz und Österreich erreichende *C. pilifer* kurze Glashaare. ↑*Polytrichum piliferum* hat derbere Blättchen und *Grimmia*-Arten sind dünnrippiger und meist kleiner. Von den haarlosen Arten sei hier nur *C. flexuosus* genannt, eine häufige Art auf Rohhumus, besonders in Nadelwäldern. Die dunkelgrünen Polsterrasen zeichnen sich durch einen braunen Stängelfilz aus, die Brutsprösschen durch anliegende Blätter.

Ökologie und Verbreitung: Auf kalkfreien, trockenen, armen Sand-, Grus- und Rohhumusböden in meist sonniger Lage. Oft auch in Felsfluren, aber kein Felshafter, dem Gestein dann locker aufliegend. Selten auch auf morschem Holz. Ursprünglich in der Südhemisphäre beheimatet, inzwischen weltweit verschleppt, in Mitteleuropa etablierter Neophyt. 1967 erstmals in Deutschland gefunden. In rapider Ausbreitung und inzwischen allgemein verbreitet, in den Alpen noch selten.

Sonstiges: Verdrängt insbesondere an Extremstandorten (Felsgrusfluren, Dünen) oft die heimische Vegetation.

Dicranoweisia cirrata
(Hedw.) Lindb.
Lockiges Gabelzahnperlmoos (4 ×)

Merkmale: In dunkelgrünen, trocken krausblättrigen und schwach glänzenden, etwa 1 cm hohen und bis mehrere Dezimeter breiten Polsterrasen. Blättchen 2–3 mm lang, glatt, feucht etwas verbogen, linealisch-lanzettlich. Unter dem Mikroskop beobachtet man regelmäßig längliche Brutkörper. Sporenkapseln häufig, aufrecht, glatt, hellbraun, auf gelber, ca. 0,5 cm langer Seta.
Verwechslung: Die neuerdings zur Gattung *Hymenoloma* gestellte *D. crispula* wächst an Silikatgestein im höheren Gebirge. *Dicranum montanum* hat raspelartig raue Blätter und fruchtet sehr selten. Weitere ähnliche Arten sind ohne Brutkörper, meist steril und haben keine glatten Blätter.
Ökologie und Verbreitung: Kalkmeidend. In ozeanisch getönten Lagen an Laubholzborke, auch auf morschem Holz, auf Reetdächern und Silikatgestein. Zwischenzeitlich durch Säureeinträge aus der Luft in deutlicher Ausbreitung, jetzt wieder rückläufig und immer seltener auf Borke. Außerhalb der Alpen und höheren Mittelgebirge meist ziemlich häufig und auch noch auf den Gebirgen des Mittelmeerraumes. Temperate Gebiete der Nordhemisphäre besiedelnd. Sonst möglicherweise nur verschleppt.
Sonstiges: J. P. Frahm berichtet, dass in den 1970er Jahren im Innenhof der Pädagogischen Hochschule Duisburg im stark luftbelasteten Ruhrgebiet gehaltene Polster schon nach vier Wochen abgestorben waren. Zwischenzeitlich war die Luftqualität, u. a. durch Verbesserung der Kraftwerksfilter, so weit fortgeschritten, dass sich die Art im Duisburger Wald wieder angesiedelt hatte.

Dicranella heteromalla Hedw.

Einseitswendiges Kleingabelzahnmoos (2,1 ×)

Merkmale: Gewöhnlich nicht über 1 cm hohe, meist dunkler grüne, trocken glänzende, oft ausgedehnte Herden oder Rasen. Blättchen aus breiterem Grund borstlich, einseitswendig. Sporenkapseln häufig, geneigt und hochrückig, entleert glatt, auf gelber, im Alter auch dunkler, um 1 cm langer Seta. Der Deckel ist rot und lang geschnäbelt.

Verwechslung: Die sehr ähnliche, vorwiegend auf Torf wachsende *D. cerviculata* unterscheidet sich durch kürzere, kropfige Kapseln. *Ditrichum heteromallum* mit ähnlichem Habitus hat kaum einseitswendige Blätter und rote Seten mit einer geraden Kapsel. Weitere Verwandte sind unscheinbar, eher basiphytisch, oft selten und haben scheidige Blättchen sowie meist rote Seten.

Ökologie und Verbreitung: An offenerdigen, kalkfreien, nährstoffarmen Standorten an Waldwegböschungen, auf Wurzeltellern und nacktem Waldboden, aber auch an morschem Holz und Silikatgestein. Außerhalb der Kalkgebiete und Hochgebirge häufig. In temperaten Gebieten der Nordhemisphäre sowie in Südamerika vorkommend.

Sonstiges: Pioniermoos und dadurch insbesondere an Wegeinschnitten und erdigen Steilhängen als ein wichtiger Bodenbefestiger erosionshindernd. Anscheinend auch gegen starke Luftverschmutzung, z. B. im Ruhrgebiet, resistent. Der Name bedeutet „Kleines *Dicranum*“, obwohl es auch ähnlich kleine *Dicranum*-Arten gibt. War schon DILLENIUS 1741 von Gießen bekannt.

Dichodontium palustre (Dicks.) M. Stech

Diobelonella palustris (Dicks.) Ochyra

Sparriges Paarzahnmoos (4 ×)

Merkmale: In hellgrünen, dichten, bis etwa 5 cm tiefen Rasen, durch auffallend regelmäßig angeordnete, stumpfe, feucht breit-lanzettliche, abstehende, nicht scheidige Blätter gekennzeichnet. Sporogone sehr selten.

Verwechslung: Durch Bau und Standort ausgezeichnet charakterisiert. Ähnlich den Kümmerformen dieser Art sind große Formen von *Dichodontium pellucidum* mit nicht scheidigen Blättern, oft auch mit Brutkörpern und Sporogonen, sowie große Sumpfformen der nitrophytischen *Dicranella schreberiana*, deren Blätter aber linealisch-lanzettlich sind. Sie ist an feuchteren, offenerdigen Standorten ziemlich verbreitet.

Ökologie und Verbreitung: In Quellfluren und quelligen Niedermooren, entlang von Quellbächen und quellwasserbeeinflussten Gräben, auch in nicht zu schattigen Quellwäldern. In den Silikatgebirgen früher verbreitet, jetzt durch Entwässerungs- und Düngungsmaßnahmen in starkem Rückgang. Sehr selten in der Ebene. In kälteren Bereichen der ganzen Nordhemisphäre zu finden.

Sonstiges: Kalk- und nährstoffmeidend. Kaltstenotherm, d. h. Hauptproduktion bei niederen Temperaturen. Zeiger unverschmutzter, nicht eutrophierter Standorte. Erstmals von Dillenius 1724 als *Bryum* beschrieben. Erste gültige Publikation durch Dickson 1801 als *Bryum palustre.*

Ceratodon purpureus (Hedw.) Brid.

Purpurstieliges Hornzahnmoos (1,7 ×)

Merkmale: Grüne, dichte, um 1 cm hohe Polster und zuweilen auch ausgedehnte Polster- oder Kurzrasen bildend. Blättchen trocken verbogen bis schwach kraus, feucht fast abstehend, glänzend, lanzettlich, mit umgebogenem Rand und oft mit kurz austretender Rippe. Zweihäusig. Männliche und weibliche Pflanzen in verschiedenen Rasen, aber Sporogone trotzdem häufig. Seta rot, Kapsel länglich-elliptisch, kropfig, etwas geneigt, trocken längsfaltig, mit kegeligem Deckel.

Verwechslung: Steril nicht leicht zu erkennen. Unsere zweite Art, *C. conicus,* ist basiphytisch und sehr selten. Sie unterscheidet sich durch die länger austretende Rippe. Auch ↑*Dicranoweisia cirrata* (mit Brutkörpern!) und *Didymodon*-Arten (mit meist papillösen, gewöhnlich dickwandigen Zellen) können sehr ähnlich sein. *Pseudocrossidium hornschuchianum* hat eine ähnliche Blattform, aber eine gelblichgrüne Farbe und dicht mit Papillen besetzte Blätter.

Ökologie und Verbreitung: Ein Kosmopolit und wohl unser häufigstes akrokarpes Laubmoos. Ubiquist auf den verschiedensten Substraten, meist aber auf Erde und kalkarme, sonnige Standorte bevorzugend. Auf jungen Straßenböschungen in Sandgebieten oft in Massenwuchs und die Landschaft mit dem rötlichen Schimmer ihrer zahlreichen Sporogone überziehend.

Sonstiges: Anscheinend selbst gegen stärkste Umweltverschmutzung unempfindlich. An offenerdigen Standorten, z. B. auf Sanddünen und Erzabbauhalden, Substratbildner und dadurch erosionsvermindernd.

Ditrichum flexicaule
(Schwägr.) Hampe
Flexitrichum flexicaule
(Schwägr.) Ignatov & Fedosov
Verbogenstängliges Doppelhaarzahnmoos (2,5 ×)

Merkmale: *D.* (*F.*) *flexicaule* (Bild links) wächst in dichten, meist 1–2 cm hohen, dunkelgrünen Rasen, *D.* (*F.*) *gracile* (Bild rechts) in bis 5 cm hohen. Die zarten Stängel von *D. flexicaule* geschlängelt, die Blättchen trocken haarförmig, spiralig angeordnet, etwas verbogen. Die Blätter von *D. gracile* etwas einseitswendig, männliche Pflanzen den weiblichen Rasen beigemischt. Sporogone selten, mit schlanken, aufrechten Kapseln. Die fädlichen Peristomzähne in Paaren. *D. flexicaule* mit Brutsprossen, bei *D. gracile* fehlen sie.
Verwechslung: Ähnliche Arten wachsen nicht in Trockenrasen und Felsfluren und haben stärker einseitswendige Blätter. Alle anderen *Ditrichum*-Arten sind kalkmeidend.

Ditrichum gracile
(Mitt.) Kuntze
Flexitrichum gracile
(Mitt.) Ignatov & Fedosov
Zierliches Doppelhaarzahnmoos (3 ×)

Ökologie und Verbreitung: Charakterarten offener, steiniger Trockenrasen und Felsfluren auf Kalk und Vulkanit (hier meist *D. flexicaule*) sowie auch z. B. in Kalkfelsspalten in Nordexposition (dort vorwiegend *D. gracile*). Auf der kühleren Nordhemisphäre verbreitet.
Sonstiges: Durch Luftverschmutzung, Düngeranflug und dadurch bewirkte Vergrasung stellenweise im Rückgang. Gattungsname nach R. Timm 1788. Er bezieht sich auf die fädig auslaufenden Doppelzähne, von gr. di = zwei und thrix = Haar.

Pleuridium acuminatum Lindb.

Pfriemenblättriges Seitenköpfchenmoos (5 ×)

Merkmale: In Herden oder lockeren, steriler ↑*Dicranella heteromalla* ähnlichen, wenige Millimeter hohen, grünen Räschen. Blättchen aus eiförmigem Grund kurz und allmählich borstlich zugespitzt, fast gerade. Am oberen Ende der Stängel ein Blattschopf, in dem sich bis zum Frühjahr die bauchige, zuerst hellgrüne (später hellbraune), gut 1 mm große glänzende Kapsel entwickelt. Diese platzt ohne Öffnungsmechanismus, ist also „geschlossenfrüchtig“ (= kleistokarp). Haube kappenförmig. Antheridien nackt in Blattachseln unterhalb des weiblichen Blütenstandes.

Verwechslung: Beim nahe verwandten *P. subulatum* stehen die Antheridien in blattachselständigen Kurztrieben, die mit der Lupe leicht zu erkennen sind. *P. subulatum* wächst an nährstoffreicheren Standorten, so deutlich öfter auf Äckern, beide Arten können aber auch zusammen auftreten. *Cleistocarpidium palustre* ist selten an offenerdigen Stellen in nährstoffarmen Feuchtgebieten und hat eine glockige Haube und matte Kapseln. Das viel zierlichere, in lockeren Herden an offenen feuchten Erdstellen wachsende *Pseudephemerum nitidum* hat schmal-lanzettliche, relativ kurze Blättchen und kleinere Kapseln, die das ganze Jahr über reif werden. Andere kleistokarpe Moose besitzen keine borstlichen und trocken starren Blätter.

Ökologie und Verbreitung: Offenerdige, kalkarme, meist sonnige, aber wenigstens im Frühjahr grundfeuchte Standorte wie Böschungen, Wurzelteller, Magerwiesen und Stoppeläcker. In unteren Lagen nicht selten. Unter gemäßigtem bis wärmerem Klima über die ganze Nordhemisphäre verbreitet.

Leucobryum glaucum
(Hedw.) Ångstr.
Gewöhnliches Weißmoos (0,4 ×)

Merkmale: Meist fast halbkugelige, um 10–20 cm breite, nass hellgrüne, trocken weißliche Polster aus wurmförmigen Sprossen. Blätter bis 10 mm lang, aus breit-scheidigem Grund nach oben plötzlich linealisch verjüngt. Hauptteil fast nur aus der mehrschichtigen, dicken Rippe bestehend, welche ähnlich wie bei den Torfmoosen neben Chlorocyten auch tote, farblose, wasserspeichernde Zellen aufweist. Sporogone ähnlich denen von *Dicranella;* inzwischen sehr selten geworden. Neben „Zwergmännchen“ gibt es auch normalgroße männliche Pflanzen. Vermehrung fast nur vegetativ als „Springteile“ durch Brutblätter und -sprösschen.

Verwechslung: Im Silikatgebirge mit *L. juniperoideum* zu verwechseln, das überwiegend an Gestein und nicht auf Waldboden wächst, einen gegenüber der Blattscheide längeren schmalen Spreitenteil besitzt und sich mikroskopisch durch kleinere Poren in den Hyalozyten auszeichnet.

Ökologie und Verbreitung: Auf trockenen bis frischen, kalkfreien Standorten in luftfeuchter Lage, insbesondere auf Rohhumus, Laub- und Nadelstreu in Wäldern, auch auf morschem Holz. Häufig in Wegführlagen, wo das herbstliche Falllaub weggeblasen wird. Dort mitunter große Bestände und fußballgroße Einzelpolster bildend. Meist verbreitet, über die ganze kühlere Nordhemisphäre.

Sonstiges: Kann analog zu *Sphagnum* bis über das 15-Fache des Trockengewichtes an Wasser speichern. Gesucht als Weihnachts- und Grabschmuck. Wirtschaftliche Nutzung genehmigungspflichtig; Art des Anhangs V der Flora-Fauna-Habitat (FFH-) Richtlinie. Empfindlich gegenüber Waldkalkung.

Encalypta streptocarpa Hedw.
Gedrehtfrüchtiges Glockenhutmoos
(2,8 ×)

Merkmale: Der Gametophyt gleicht einer glashaarlosen *Syntrichia*. Bei der abgebildeten Art stehen die spatelförmigen, stumpflichen, um 5 mm langen, angetrocknet auffallend matt-hellgrünen Blätter oben rosettig an 0,5 bis ca. 5 cm langen, dicht braunfilzigen Trieben, die zu dichten Rasen oder Polsterrasen vereinigt sind. Im Wurzelfilz befinden sich reichlich fädige, 1-zellreihige Brutkörper. Sporogone sind sehr selten und mehrere Zentimeter hoch. Die merkwürdig gedrehten, schlanken Kapseln werden jung von einer charakteristischen, bis 1 cm langen, glatten, oben verjüngten Haube umhüllt.

Verwechslung: Unsere übrigen Arten sind kleiner, spitzblättriger und meist mit Sporenkapseln anzutreffen. Am relativ häufigsten ist *E. vulgaris*, ein Moos warmer Kalk- und Vulkanitfelsfluren. Kapseln peristomlos, glatt, ohne Brutkörper. Außerhalb der Gebiete mit basenreichen Gesteinen meist fehlend, besonders in der Ebene. Sehr ähnlich ist *Tortula subulata* mit meist reichlich glatten Kapseln und kappenförmigen Hauben sowie mit kurz austretenden Blattrippen.

Ökologie und Verbreitung: An meist feuchtschattigem, kalkhaltigem Gestein und an Mauern im Bergland ziemlich verbreitet. In kühleren Lagen, insbesondere der Gebirge, über die ganze Nordhemisphäre beobachtet.

Sonstiges: Die Brutkörper sorgen für eine sehr erfolgreiche ungeschlechtliche Vermehrung, der Stängelfilz für kapillare Wasserleitung. Der Name leitet sich ab von gr. enkalyptos = bedeckt (die Haube verbirgt die Kapsel).

Barbula unguiculata Hedw.

Gekrümmtblättriges Bärtchenmoos (2,5 ×)

Merkmale: Sprosse 0,25–1,5 cm lang, hell- bis gelbgrün, einzeln oder in Herden, seltener in dichteren Polstern. Blätter zungenförmig bis breit lanzettlich, trocken anliegend, verbogen und unregelmäßig um die Sprossachse gedreht, feucht aufrecht abstehend, 0,75–1,5 mm lang. Lamina parallelrandig mit zurückgebogenen Rändern, plötzlich in eine stumpfliche Spitze zusammengezogen, Rippe als kräftiger Stachel kurz austretend. Oft mit Kapseln, diese auf 2–3 cm langer rötlicher Seta, Urne schmal zylindrisch, Peristom mit langen gedrehten Zähnen.

Verwechslung: In Kombination mit der austretenden Rippe und den zungenförmigen Blättern mit zurückgeschlagenen Rändern kaum verwechselbar. Die gelbgrüne, zierlichere *B. convoluta* hat meist gewellte Blätter, die Rippe endet in der Spitze. Das ebenfalls gelbgrüne *Pseudocrossidium hornschuchianum* hat scharf zugespitzte Blätter mit noch stärker zurückgeschlagenen Rändern. *Didymodon luridus* ist meist olivgrün gefärbt und hat dreieckige Blätter mit ebenfalls in der Spitze endender Rippe.

Ökologie und Verbreitung: Pioniermoos auf Erde, so auf Maulwurfshaufen und ähnlichen lückigen Stellen im Grünland, auf Äckern, Böschungen und frischem Erdaushub aller Art, nährstoff- und basenbedürftig, auch auf Gesteinszersatz in Abgrabungen sowie in Trittrasen. Kommt mit recht lockeren Substraten zurecht, während die meisten anderen Erdmoose etwas kompaktere Substrate benötigen. Im Tiefland sehr häufig, erreicht die subalpine Stufe. In der gesamten Holarktis verbreitet, mehrfach auch südlich des Äquators.

Didymodon rigidulus Hedw.

Steifes Doppelzahnmoos (3,5 ×)

Merkmale: Pflanzen dunkel- bis schwärzlichgrün, in Polstern oder dichten, 0,25–1,5 cm hohen Rasen. Blätter schmal lanzettlich bis linealisch, trocken verbogen bis kraus, feucht gerade und aufrecht abstehend, Ränder etwas zurückgebogen, Rippe in der Blattspitze endend. In den Achseln älterer Blätter häufig mit schwärzlichgrünen Brutkörperhäufchen. Fruchtet mäßig häufig, Kapsel auf ca. 1 cm langer Seta, Urne schmal zylindrisch, Peristom mit geraden Zähnen.

Verwechslung: *D. insulanus* und *D. vinealis* sind gelblichgrün, die älteren Sprossteile zuweilen orange. Erstere hat eine schopfartige Beblätterung mit auch feucht etwas verbogenen Blättern. Beide bilden keine blattachselständigen Brutkörper und fruchten fast nie. *D. acutus* ist ein Erdmoos mit olivgrüner Farbe, die Rippe tritt meist aus, Brutkörper fehlen. *Grimmia dissimulata* und *G. trichophylla* haben fast immer Glashaare an den Blattspitzen, letztere steht an saureren Standorten. *Schistidium* hat fast immer (eingesenkte) Kapseln und zumindest kurze Glashaare.

Ökologie und Verbreitung: Gesteinsmoos basischer Standorte, an natürlichem Kalk- oder Vulkanitfels, deutlich häufiger an Beton, gelegentlich auch auf Asphalt. Meist im Halbschatten oder Schatten, volle Sonne und Südexposition meidend. Auf beregneten Schrägflächen oder Vertikalflächen mit ausreichender Substratfeuchte, z. B. Mauerflanken, die von herablaufendem Wasser benetzt werden. Von der Ebene bis zur alpinen Stufe verbreitet und häufig, vor allem in höheren Lagen sehr vielgestaltig, holarktisch verbreitet.

Bryoerythrophyllum recurvirostrum
(Hedw.) P. C. Chen
Gewöhnliches Rotblattmoos (3,9 ×)

Merkmale: In dichten, etwa 1 cm hohen grünen Polsterrasen. Blätter parallelrandig mit stumpflicher Spitze, oben oft gezähnelt. In älteren Beständen sind die unteren Blätter abgestorben und rostbraun. Mikroskopisch u. a. durch die weiten, meist bräunlich bis rötlich gefärbten Blattgrundzellen und die durchscheinenden Blattspitzenzellen zu erkennen. Sporogone sind häufig; die Kapseln kurz zylindrisch und aufrecht, mit geraden, papillösen Peristomzähnen.
Verwechslung: Verwandte Arten sind vorwiegend sehr seltene Gebirgsbewohner und oft nur steril. Durch die rötliche Blattbasis, die toten roten Blätter und die blaugrüne Färbung von allen ähnlichen Gattungen unterschieden, die außerdem meist auch ein gedrehtes Peristom aufweisen. Sterile Jungformen sehen *Didymodon insulanus* und *D. vinealis* ähnlich, ältere Blätter ebenfalls rötlich, Blätter aber gelblichgrün und allmählich zugespitzt, ganzrandig.
Ökologie und Verbreitung: Vorwiegend an schattigerem, feuchterem, kalkhaltigem Gestein, insbesondere an Bachmauern. Bei ausreichender Substratfeuchte auch an trocken-sonnigen Standorten. Auch epiphytisch an Laubgehölzen mit basischer Borke sowie in Auenwäldern. Ziemlich verbreitet über die ganze temperate und kühlere Nordhemisphäre, wie auch auf der Südhemisphäre.
Sonstiges: Der Name *Erythrophyllum* ist abgeleitet von gr. erythros = rot und phyllon = Blatt. Er wurde von HILPERT 1933 durch Zusatz der Silbe „Bryo“ in den jetzt gültigen umgetauft, da ersterer bereits vorrangig an eine Rotalgengattung vergeben worden war.

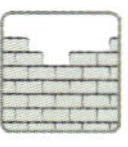

Tortella tortuosa (Hedw.) Limpr.

Gekräuseltes Spiralzahnmoos (3 ×)

Merkmale: Hell- bis gelbgrüne, bis 2 cm hohe und wenige bis 20 cm breite Polsterrasen. Blättchen 0,5–1 cm lang, linealisch-lanzettlich, flachrandig, verbogen und auffallend wellig, trocken kraus und manchmal brüchig. Mikroskopisch sind alle *Tortella*-Arten durch eine V-förmige, wasserhelle Blattscheide gekennzeichnet. Sporogone selten. Die bis 5 mm langen zylindrischen Kapseln mit spiralig gedrehtem Peristom auf langer Seta. Vegetative Vermehrung durch Blattteile.

Verwechslung: Ähnliche Verwandte haben keine gewellten Blättchen und sind meist selten. Noch mäßig häufig ist die basiphytische *T. inclinata* mit kahnförmiger Blattspitze. ↑*Pleurochaete squarrosa* hat gesägte Blattspitzen und wächst nur in Trockenrasen der wärmsten Lagen. *T. fasciculata* (= *T. bambergeri* auct. p. p.), im Hügelland auf basischen Felsen, hat stets brüchige Blätter, die kurzen Laminazellen greifen im Blattspitzenbereich dorsal über die Rippe. Bei *Trichostomum* und *Weissia* fehlen die hyalinen, am Blattrand weiter blattaufwärts reichenden Basiszellen.

Ökologie und Verbreitung: Vorwiegend an feuchteren, schattigen Felsen und Mauern, basiphytisch. Außerdem, meist als Kümmerform, auch in Trockenrasen. Besonders in Kalkgebirgen verbreitet. Wie auch *T. inclinata* in der Ebene selten, aber z. T. verschleppt. In temperaten Lagen der Nordhemisphäre sowie auch in Südamerika beobachtet.

Sonstiges: Die durchsichtigen Blattscheiden bewirken bei Wasserzufuhr das Abspreizen der Blätter. Besonders an ungünstigen Standorten Vermehrung durch Blattbruchstücke, die verweht oder durch Tiere verbreitet werden.

Pleurochaete squarrosa (Brid.) Lindb.

Tortella squarrosa (Brid.) Limpr.
Sparriges Spiralzahnmoos (1,4 ×)

Merkmale: Ähnlich ↑*Tortella tortuosa,* aber trocken in lockeren, meist niedrigeren Rasen (Pflanzen wurstförmig) und feucht durch sternförmig abstehende, nicht wellige Blätter unterschieden. Sporogone sind nur außerhalb Mitteleuropas bekannt und auch dort äußerst selten.
Verwechslung: Mikroskopisch unterschieden durch oben gezähnelte, nie kahnförmige Blattspitzen und die lockeren Bestände.
Ökologie und Verbreitung: In steinigen Trockenrasen über Kalk und Vulkanit, selten auf kalkhaltigem Sand. Eine Mittelmeerart, die nach der Eiszeit entlang der großen Stromtäler bis West- und Mitteldeutschland und bis zur Oder bei Frankfurt vorgedrungen ist. Zerstreut in wärmeren Lagen der ganzen Nordhemisphäre nachgewiesen.

Sonstiges: Gehört wie die meisten Trockenrasenmoose zu den Aperpflanzen, d. h. sie entwickeln ihre Hauptproduktivität beim Abtauen der winterlichen Schneebedeckung. Im Mittelmeergebiet erfolgt das Hauptwachstum alternativ zur Herbst- und Frühjahrsregenzeit bzw. mit der morgendlichen Taufeuchte. Trotz ihres sonnigen Standortes hat *P. squarrosa* also ihre stenotherme, d. h. an niedere Temperaturen angepasste Physiologie beibehalten: Die Photosynthese erfolgt nur während der kühlenden Durchfeuchtungsphase der Pflanze. Die Art wurde von Bridel 1826 entdeckt.

Phascum cuspidatum Hedw.
Tortula acaulon
(With.) R. H. Zander
Stängelloses Drehzahnmoos (6,5 ×)

Merkmale: Einzelpflanzen oder kleine Herden. Pflanzen spitz knospenförmig, hellgrün, meist um 4–5 mm hoch, seltener kleiner. Die aus breit-eiförmiger Basis lanzettlichen Blätter, z. T. unten abstehend, mit kurz austretender, gerader Rippe. Ab dem Spätsommer erscheinen die sitzenden, reif braunen, bis zur Vollreife meist in den Hüllblättern verborgenen und deshalb leicht zu übersehenden Kapseln. Sie haben keine oder nur eine angedeutete Deckelabschnürung. Die Art gehört zu den kleistokarpen Moosen.
Verwechslung: Die var. *piliferum* ist eine kleinere Trockenrasenform mit lang austretender Rippe. Ähnliche Arten sind seltener und kleiner, z. B. das oft rötlich gefärbte *Microbryum floerkeanum* oder die Gattung *Acaulon*. Oberflächlich ähnlich ist *Physcomitrella patens*. Diese hat aber gesägte Blätter und besiedelt nur nasse, vor allem schlammige Böden niederer Lagen.
Ökologie und Verbreitung: Auf schwach sauren bis kalkreichen Standorten. Auf auch länger trockenen, offenerdigen Böschungen, lückigen Wiesen und Äckern. In der temperaten Nordhemisphäre, wie auch bei uns, verbreitet.
Sonstiges: Die großen Sporen verlassen die Kapseln nach Verwitterung der Wand. Die nährstoffreichen Sporen überdauern lange Zeiträume im Boden, bis sie, an die Oberfläche gelangt, keimen können. Die früheren Gattungen *Pottia* und *Phascum* werden heute zu *Tortula* gestellt, weshalb der deutsche Name Drehzahnmoos nicht mehr für alle *Tortula*-Arten passt. Unter *Phascum* fassten Hedwig und Schreiber 1801 kleistokarpe Moose unterschiedlichster Verwandtschaft zusammen.

Pottia intermedia
(Turner) Fürnr.
Tortula caucasica Broth.
Kaukasus-Drehzahnmoos (4 ×)

Merkmale: Kurzlebig und in der Regel mit Kapseln. In Herden oder als Einzelpflanzen. Blättchen länglich-lanzettlich, zugespitzt, mit bis gegen die Mitte umgebogenem Rand in kleiner, 3–4 mm breiter Rosette. Die um 0,5–1 cm hohen, gestielten Sporogone im Winter reif, mit kurz zylindrischen, etwa doppelt so langen wie breiten Sporenkapseln ohne Peristom, mit kurz geschnäbeltem Deckel und kappenförmiger Haube.

Verwechslung: Ähnlich und häufig sind auch die kleinere *P.* (*T.*) *truncata* mit fast kugeligen, weitmündigen Kapseln, die schon im Spätsommer und Herbst erscheinen, an meist etwas feuchteren und nährstoffreicheren Standorten und die basiphytische, größere *P. lanceolata* (= *Tortula lindbergii*) mit bis gegen die Spitze stark umgerollten Blättchen und gut ausgebildetem Peristom; Kapseln im Frühjahr reif. Weitere Arten der ehemaligen Gattung *Pottia* sind selten und kleiner. Verwandte Gattungen sind durch Rippenwucherungen oder -verdickungen bzw. Glashaare unterschieden.

Ökologie und Verbreitung: Durch ganz Mitteleuropa von der Ebene bis in mittlere Gebirgslagen mäßig häufig. An offenerdigen, lichten bis sonnigen, winterfeuchten, mäßig nährstoffreichen Plätzen auf sandigen bis lehmigen Böden schwach saurer bis mäßig basischer Standorte: lückige Stellen in Magerwiesen, Halbtrockenrasen, Böschungen, Wegränder, Dauerkulturen, seltener auch Herbstäcker. Kühlere und temperate Teile der Nordhemisphäre besiedelnd. Nach Australien wahrscheinlich verschleppt.

Tortula muralis Hedw.

Mauer-Drehzahnmoos (ca. 4 ×)

Merkmale: Den zungenförmigen, vorn flachrandigen, hellgrünen, unten durchscheinenden Blättchen ist ein langes, glattes, im Schatten kurzes bis fehlendes Glashaar aufgesetzt. Sie sind trocken blaugrün und gedreht. Die meist nur bis 3 mm hohen Rosetten bilden Kurzrasen oder kleine Pölsterchen. Die zylindrischen Sporenkapseln mit direkt der Mündung aufsitzendem, gedrehtem Peristom. Kapseln meist reichlich vorhanden. Seta etwa 1 cm lang.

Verwechslung: Andere nahe Verwandte sind sehr selten. Die ziemlich häufige, größere *T. subulata* ist kräftiger und hat eine kurz austretende Rippe. *Syntrichia*-Arten sind trocken weniger auffällig gedreht und meist rauhaarig, *S. laevipila* mit glatten Glashaaren hat eine rötliche Rippe. Bei ↑*Bryum capillare* glänzen die Blätter. ↑*Grimmia pulvinata* unterscheidet sich steril durch lanzettliche Blattspitzen.

Ökologie und Verbreitung: Das häufigste Moos auf lichten und sonnigen Mauern, desgleichen an Kalk- und basischen Silikatfelsen, auf Beton oder auf Asphalt, gelegentlich epiphytisch auf eutropher Borke. Basiphytisch, weltweit verbreitet.

Sonstiges: Die Glashaare sind Kondensationspunkte und Sonnenschutz. Die Blättchen können angeblich schon ab 30 % Luftfeuchte Wasserdampf aufnehmen. Extrem anpassungsfähig und außerordentlich Widerstandsfähigkeit gegen Luftverschmutzung. Name von lat. tortus = gedreht, bezieht sich auf das Peristom. Die Art war DILLENIUS bereits 1718 aus Gießen bekannt.

Syntrichia ruralis (Hedw.) Brid.

Erd-Verbundzahnmoos (3,8 ×)

Merkmale: In 1–10 cm hohen Rasen oder Polsterrasen. Blätter grün bis gelblichgrün, nahezu zungenförmig, bis gegen die plötzlich in ein gezähntes Glashaar verjüngte Spitze zurückgerollt und feucht abstehend bis zurückgekrümmt. Trocken unregelmäßig um den Stängel gedreht. Die gestielten Sporenkapseln bis 3 cm lang, nicht häufig, mit gedrehten Peristomzähnen.

Verwechslung: Mikroskopische Untersuchung meist erforderlich. *S. ruraliformis* von Trocken- und Sandrasen sowie Dünen hat allmählich zugespitzte Blätter mit raspelartig gezähnten Spitzen und Glashaaren, die Blätter sind wegen des dichten Papillenbesatzes trüb. *S. calcicola* ist häufig mit *S. ruralis* vergesellschaftet, ist am selben Standort aber stets kleiner und hat schwächere Papillen und dadurch eine durchscheinende Lamina, Färbung fast stets gelblichgrün. *S. laevipila, S. virescens* und *S. montana* haben geigenförmig eingeschnürte, oben breitere Blätter, erstere zudem glatte Glashaare und eine rötliche Rippe, häufig fruchtend. ↑*Tortula muralis* ist niedriger und hat fast immer Sporogone.

Ökologie und Verbreitung: häufiger Nitrophyt, durch menschliche Tätigkeit begünstigt. An sonnigen, trockenen Mauern, Felsen und in Trockenrasen, auf Plätzen, Wegen, Halden, Betonteilen und Dächern, auf eutropher Laubholzborke auch epiphytisch. Im kühlen und temperaten Bereich weltweit verbreitet.

Sonstiges: Die weiten, dünnwandigen Zellen des unteren Blattteiles nehmen, wenn sie befeuchtet werden, blitzschnell Wasser auf: Die Blätter straffen und krümmen sich. Ebenso schnell erfolgt die Austrocknung.

Grimmia pulvinata (Hedw.) Sm.

Polster-Kissenmoos (2 ×)

Merkmale: Meist 1–5 cm breite und 1–2 cm hoch gewölbte, graugrüne, durch den Haarbesatz mausefellartige Polster. Blättchen feucht aufrecht abstehend, trocken anliegend, länglich-eiförmig, zugepitzt, flach und plötzlich in ein langes, glattes Glashaar verlängert. Kapseln häufig, oval, auf kurzer, henkelartig gekrümmter (zur Vollreife trocken aufrechter), kurzer Seta. Deckel geschnäbelt.

Verwechslung: Vom Anfänger steril z. B. mit steriler ↑*Tortula muralis* zu verwechseln, aber durch die kurzen Seten sofort unterschieden. Von den zahlreichen einheimischen, oft schwer bestimmbaren *Grimmia*-Arten durch obige Merkmale und das vorwiegende Vorkommen an Sekundärstandorten gut zu trennen. *G. orbicularis* ist sehr ähnlich, hat dunklere Polster, kürzere, rötlichbraune Kapseln mit einem warzigen, ungeschnäbelten Deckel. Sie ist im warmen Hügelland auf Betonmauern häufiger als bisher angenommen und sehr oft mit *G. pulvinata* vergesellschaftet. Sonst auf Kalk- und Vulkanitfelsen.

Ökologie und Verbreitung: An sonnigen, meist kalkhaltigen Mauern, auf Beton, Asphalt und Kalkgestein häufig, in landwirtschaftlichen Gebieten und im Siedlungsbereich öfter auch an eutropher Laubholz-Borke.

Sonstiges: siehe ↑*Tortula muralis*. Die Polster sind wichtige Staubsammler. Wie alle Mauer- und Felsmoose schafft jedes Polster Lebensraum für zahllose Kleinlebewesen und ist deshalb schützenswert. Die sowohl von privaten Reinheitsfanatikern als auch vom staatlichen Denkmalschutz betriebene Säuberung der Mauern sollte deshalb wenigstens eingeschränkt werden.

Schistidium crassipilum (Hedw.) H. H. Blom

Dickhaariges Spalthütchen (ca. 2 ×), mit ↑Grimmia pulvinata (links)

Merkmale: Oliv-, braun- bis dunkel- oder schwarzgrüne, lockere, bis 2 cm hohe, oft ausgedehnte Rasen. Blättchen lanzettlich, meist in ein, steifes, gezähneltes Glashaar variabler Länge endend, trocken anliegend, feucht aufrecht abstehend. Die von den vergrößerten und länger haarigen Hüllblättern umgebenen länglichen Kapseln ragen aus den Sprossgipfeln nur wenig heraus. Peristomzähne orange, trocken abstehend, feucht aufrecht abstehend. Sporogone sind häufig.

Verwechslung: Gattung und Art sind sehr formenreich, die Unterscheidung gelingt meist nur Experten. Beispiele: *S. apocarpum* ist die zweithäufigste Art. Sie hat längere, eher rote, auch trocken aufrecht abstehende Peristomzähne und ein dünneres, gebogenes, öfter sehr kurzes Glashaar. *S. elegantulum* und *S. robustum* von Kalkfelsen besitzen auffallend lange Glashaare. *S. papillosum* bildet niederliegende Decken aus langen Einzelsprossen auf zeitweise feuchten basischen Silikatfelsen, die Blätter können im Alter rotfleckig werden. An Silikatbächen im Mittelgebirge wächst das kräftige und glashaarlose *S. rivulare* mit fast kugeligen Urnen.

Ökologie und Verbreitung: In der Ebene bis in die mittleren Gebirgslagen sehr häufig auf Beton und anderem basischen Kunststein, auf Kalk- und basischem Silikatgestein, selten epiphytisch. Abseits der Bäche und außerhalb der Alpen sind wohl über 90 % der *Schistidium*-Biomasse diese Art. In wärmeren Gebieten Europas weit verbreitet.

Sonstiges: Die artenreiche Gattung wurde von H. H. Blom 1996 für Europa neu bearbeitet, ältere Angaben sind daher kaum brauchbar.

Racomitrium canescens (Hedw.) Brid.

Graues Zackenmützenmoos (1,7 ×)

Merkmale: Feucht hellgrüne, trocken gelb- bis graugrüne, oft ausgedehnte, dichte, meist 1–2 cm hohe, dezimeter- bis über quadratmetergroße Rasen. Blättchen lanzettlich, etwas hohl, wie das Glashaar dicht papillös, trocken anliegend und feucht abstehend, Rippe über der Blattmitte erlöschend. Zweihäusig. Sporenkapseln selten, aufrecht, länglich zylindrisch, mit fädlichen Peristomzähnen. Seta etwa 2 cm lang. Haube zerschlitzt (Name).

Verwechslung: *R. elongatum* wächst eher auf saurem Substrat, hat stärker verzweigte Sprosse mit zahlreichen kurzen Seitentrieben und eine bis in die Spitze der stärker gekielten, deutlich schmäleren Blätter reichende Rippe. Im neutralen Bereich (Vulkanit) können beide nebeneinander wachsen. *R. ericoides* kommt von der montanen Stufe an aufwärts an meist stärker sauren Standorten vor und hat kurze Glashaare sowie ebenfalls stärker gekielte, schmälere Blätter mit höher reichender Rippe. Weitere *Racomitrium*-Arten haben keine oder andere Glashaare.

Ökologie und Verbreitung: Auf basen- bzw. kalkreichen Trockenstandorten auf sandigem, grusigem oder steinigem Substrat, auf Dünen und in Sandrasen, Trockenrasen und Felsfluren, häufig auch sekundär in Steinbrüchen, auf Bahnanlagen, Dächern, Mauern und Plätzen mit wassergebundenem grusigem Substrat. Mäßig häufig und ungefährdet. Verbreitet in kühleren und gemäßigten Lagen der Nordhemisphäre.

Sonstiges: *Racomitrium*-Arten bedecken öfter ganze Felsblöcke und Schutthalden. Sie sind wichtige Wasserspeicher und Erosionsverminderer.

Racomitrium lanuginosum (Hedw.) Brid.

Wollhaariges Zackenmützenmoos (3,7 ×)

Merkmale: Meist kräftige, bis mehrere Dezimeter breite und bis etwa 5 cm hohe, trocken graugrüne und feucht dunkelgrüne, polsterförmige, bis quadratmetergroße Rasen aus oft fiederig verzweigten, entsprechend langen Stängeln. Blättchen bis 5 mm lang, glatt, oft einseitswendig und länglich-lanzettlich. Die trocken verbogenen Spitzen enden in einem dicht papillösen und gezähnten bis fiederigen Glashaar. Sporogone sind selten.

Verwechslung: Ähnlich, aber in allen Teilen kleiner, mit glatten Glashaaren und trocken straff anliegenden Blättchen sowie als einzige öfter mit Sporogonen und z. T. häufiger ist *R. heterostichum*. Weitere Arten sind haarlos oder außerhalb der Hochgebirge selten.

Ökologie und Verbreitung: Auf lichtem bis sonnigem Silikatgestein ziemlich verbreitet. Massenwuchs auf offenen Blockhalden, auch auf Felsen. Seltener auf Heideboden, auf Humus über Kalk oder sekundär auf Kiesdächern. Trotz historischer Rückgänge ungefährdet. Von der Ebene bis ins höhere Gebirge in kühleren Bereichen fast weltweit vorkommend. In der nordischen Tundra oft auf weiten Strecken dominierend.

Sonstiges: Ein kurzfristig austrocknungsfähiges Moos, das aber regelmäßigen Tau- und Nebelniederschlag benötigt, der an den sehr oberflächenaktiven, papillösen, optimal fiederigen Glashaaren kondensiert. Nachfolgende Verdunstung verbessert das Standortklima. Das Moos bietet außerdem einen wichtigen Lebensraum für Kleintiere. Erstmals von Dillenius 1741 beschrieben.

Funaria hygrometrica Hedw.

Echtes Drehmoos (2,7 ×)

Merkmale: Pflanzen in Herden oder lockeren, z. T. quadratmeterweit ausgedehnten Beständen. Blättchen bis 3 mm lang, ei-spatelförmig, ungesäumt, breit gespitzt. Zellnetz locker, d. h. Zellen weit, parenchymatisch. Einzelpflanzen bilden etwa 3–5 mm breite, niedrige Rosetten, in deren Mitte zuerst ein aus zahlreichen Antheridien bestehendes zentrales Scheibchen heranwächst. Nach Entleerung der Spermazellen schließen sich die Rosetten knospenförmig. Darin wachsen die Archegonien heran. Aus der Spitze der knospenförmigen, jetzt weiblichen Pflanze, wächst nach der Befruchtung eine bis 5 cm lange Seta heraus, an deren Ende sich die erst hellgrüne, birnförmige, etwas geneigte Kapsel entwickelt. Der oft rote Deckel konvex, die Haube kappenförmig. Reife Kapsel hellbraun, entleert sich bei Austrocknung allmählich durch Schrumpfung. Die bei Austrocknung oft ruckartige Drehung der Seta (Name!) soll die sukzessive Ausstreuung der Sporen fördern.

Verwechslung: Die bei uns meist seltenen Verwandten und ähnliche Splachnaceae haben aufrechte Kapseln, sind meist kleiner. Ähnliche *Bryum*-Arten haben ein Blatthaar oder sind gesäumt.

Ökologie und Verbreitung: An offenen, lichten bis sonnigen Pionierstandorten. Typisches Ruderalmoos, deshalb bevorzugt auf nitrat- und mineralreichen Plätzen, besonders Brandstellen, dazu auf Erde, feuchtem Gestein und morschem, durch Vogelkot gedüngtem Holz. Wohl erst durch den Menschen weltweit verschleppter „Kosmopolit“ und besonders im Siedlungsbereich ein häufiges Moos. Auf Äckern ein Nährstoffzeiger.

Sonstiges: Der hochentwickelte Ausstreumechanismus und das doppelte Peristom sind an eine langfristige Ausstreuung der Sporen angepasst. Die Einhäusigkeit und die Kurzlebigkeit machen die Art zu einem erfolgreichen Pioniermoos. Die relativ sehr kleinen, aber reichlich produzierten Sporen sind in Ballonproben regelmäßig in großer Höhe gefunden worden. Entsprechend ihrer geringen Sinkgeschwindigkeit könnten sie sogar noch andere Erdteile erreichen. Weil leicht aus Sporen zu kultivieren, dazu unverwechselbar und leicht zu beschaffen, ist *Funaria* neben *Marchantia* das am gründlichsten untersuchte Moos der Physiologen. U. a. hat man festgestellt, dass sich in konzentrierter Zuckerlösung am Protonema Sporogone direkt – ohne Blättchen – entwickeln können.

Schistostega pennata
(Hedw.) F. Weber & D. Mohr
Feder-Leuchtmoos (ca. 20 ×)

Merkmale: In dichten, unbenetzbaren, durch Wachsüberzug hell blaugrünen, abgestorben hellbraunen, um 3 mm hohen Räschen. Pflanzen 2-zeilig beblättert. Blättchen spitz, rippenlos, ganzrandig, nicht völlig bis zur Sprossachse abgetrennt. Dauerprotonema aus dicht nebeneinander gelagerten Fäden aus kugeligen Zellen, an deren Grund das Chlorophyll lagert. Einfallendes Licht wird von den linsenartigen Protonemazellen gesammelt, sein grüner Anteil reflektiert. Wurde früher für Eigenleuchten gehalten. Die oft vorhandenen, fast kugeligen, peristomlosen Kapseln auf bis 4 mm langen Seten.

Verwechslung: Ähnlich sind kleine *Fissidens*-Arten, diese haben aber gefaltete, gerippte, entweder gesäumte oder gezähnelte Blättchen.

Ökologie und Verbreitung: Absolut kalkmeidend. Immer in luftfeuchter, meist tiefschattiger, vor Niederschlägen geschützter Lage. Vor allem in sandigen Höhlungen, besonders im Buntsandstein, seltener auf anderem Silikatgestein. An Böschungen, in Abgrabungen, in Stollen oder an natürlichen Felsen. Leicht zu übersehen, deshalb nur lückenhafte Vorkommen über die gesamte Holarktis bekannt. In Mitteleuropa mäßig häufig und nicht gefährdet.

Sonstiges: Der Name beruht auf der falschen Beobachtung eines „gespaltenen Deckels“ (von gr. schizein, schistos und Stege = Deckel). Das smaragdgrüne Leuchten in manchen Felsspalten nannte man „Teufelsgold“, weil jeder, der nach dem vermeintlichen Schatze griff, nur Erde in seiner Hand sah.

Bryum alpinum Huds. ex With.
Imbribryum alpinum (Huds. ex With.) N. Pedersen

Alpen-Birnmoos (2,6 ×/feucht 3,2 ×)

Merkmale: 0,5–3 cm hohe, glänzende, in der vollen Sonne prächtig kupferrote Polster und Polsterrasen. Im Schatten dunkelgrün. Blättchen über die gesamte Sprosslänge gleichmäßig entwickelt und ca. 2 mm lang, elliptisch-lanzettlich, spitz, etwas hohl, mit bis in die Spitze reichender Rippe, ungesäumt und auch feucht dicht anliegend. Kapseln selten, gestielt, hängend.

Verwechslung: Ähnliche Arten sind zierlicher oder haben austretende Rippen, auch sind die Blätter nicht gleichzeitig anliegend und kupferrot bzw. entlang der Jahressprosse ungleich groß. *B. (I.) mildeanum* wächst an ähnlichen Standorten und hat den gleichen Sprossaufbau, besitzt aber rein grüne Blätter und ist kleiner; es vermehrt sich durch Sprossbruchstücke.

Ökologie und Verbreitung: In den Mittelgebirgen Süddeutschlands zerstreut in winterlich nassen und im Sommer trockenen, fast stets besonnten Silikatfelsfluren, sonst sehr selten. Nur selten an Sekundärstandorten und im Rückgang begriffen. Häufig im Mittelmeergebiet. Insgesamt über die ganze nördliche Hemisphäre verbreitet und auch von der Südhemisphäre bekannt.

Sonstiges: Die bei Besonnung kupferrote Färbung ist ebenso wie bei Blütenpflanzen als Schutzfilter für das empfindliche Chlorophyll zu deuten. Das äußere Peristom ist hygroskopisch und das innere bildet ein Gitter aus starren fadenförmigen Fortsätzen. Auf dem linken Bild wird das Moos im trockenen Zustand und im rechten Bild im feuchten Zustand gezeigt. Erst neuerdings von der Großgattung *Bryum* abgetrennt.

Bryum argenteum Hedw.

Silber-Birnmoos (ca. 5 ×)

Merkmale: Niedrige, trocken silbrig schimmernde Rasen oder Polster von 1 bis vielen Zentimeter Breite. Sprösschen aufrecht, um 1 mm dick und etwa 0,5–1 cm lang. Durch die dicht anliegenden, fast kreisförmigen und hohlen, im oberen Teil durch glasklare, chlorophylllose Zellen ausgezeichneten, winzigen, schuppenförmigen Blättchen fädlich erscheinend. Die Blatthaare sind kurz oder (modifikativ) an sonnigen Plätzen auch relativ lang (fo. *lanata*). Zuweilen mit winzigen Brutknöspchen. Kapseln elliptisch, reif rotbraun, ca. 2 mm lang, häufig.

Verwechslung: Ähnlich sind nur einige sehr seltene Felsmoose.

Ökologie und Verbreitung: An meist lichten bis sonnigen und nährstoffreichen, oft auch grundfeuchten, offenen Plätzen; Nitratzeiger. Besonders an anthropogen geprägten Standorten häufig bis sehr häufig, im Siedlungsbereich bis in die Innenstädte vordringend, auf Mauern, in Pflasterritzen, Dachrinnen, auch da, wo außer ↑*Ceratodon purpureus* und ↑*Tortula muralis* keine anderen Moose mehr existieren können. In der freien Landschaft oft auf Vogelkotplätze an Felsen und auf Trockenrasen beschränkt. Weltweit verbreitet (verschleppt).

Sonstiges: Die silbergraue Trockenfärbung und der dichte Blattschluss sind xerophytische Anpassungen an Sonnenstandorte. Auch Dillenius kannte die Art schon 1718. Der Name *Bryum* (von gr. bryon = sprossen) wurde erstmals 1718 von Dillenius, allerdings für eine Vielzahl der verschiedensten Moose, verwendet. Dioscorides meinte mit „bryon“ ein Baummoos oder eine Baumflechte.

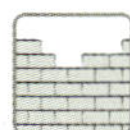

Bryum capillare Hedw.
Ptychostomum capillare
(Hedw.) Holyoak & N. Pedersen
Haarblättriges Birnmoos (2,5 ×)

Merkmale: in 0,5–5 cm hohen Polstern oder Decken, Sprosse mit Rhizoidfilz, Blätter 2–3 mm lang, trocken anliegend und deutlich um die Sprossachse gedreht, matt, feucht aufrecht abstehend und glänzend, eiförmig, etwas hohl, stumpf, deutlich gesäumt. Rippe als langes Glashaar austretend. Diözisch, fruchtet trotzdem häufig, Seta rot, 2–3 cm lang, Kapsel bis 5 mm lang, hängend, reif bräunlichrot, Peristom doppelt, Exostom mit 16 Zähnen. Gelegentlich auch mit roten Rhizoidgemmen.

Verwechslung: *B.* (*P.*) *elegans* hat noch hohlere, trocken verbogene und nicht um die Sprossachse gedrehte Blätter. *B.* (*P.*) *moravicum* hat braungrüne Brutfäden in den Blattachseln, fruchtet dafür fast nie. *B.* (*P.*) *torquescens* ist synözisch und nur durch die Analyse der Geschlechtsverhältnisse anzusprechen. Seine oft intensiv roten Sprosse wachsen in Trockenrasen und Felsfluren über basischen Substraten in den Wärmegebieten. Andere *Bryum*- bzw. *Ptychostomum*-Arten besitzen nicht die Merkmalskombination der trocken um die Sprossachse gedrehten, eiförmigen und hohlen Blätter.

Ökologie und Verbreitung: Sehr häufig und ungefährdet auf fast allen Standortstypen und Substraten. Epilithisch auf Felsen und insbesondere Mauern (behauene Natursteine, Beton und andere Kunststeine), auf Dächern, epiphytisch auf Laubholzborke, gerne z. B. auf Schwarzem Holunder, auch auf Totholz, Humus und Erde. Voraussetzung ist eine günstige Basen- und Nährstoffversorgung. In Gebieten mit gemäßigtem Klima weltweit verbreitet.

Orthodontium lineare Schwaegr.

Linealblättriges Geradzahnmoos (ca. 1 ×)

Merkmale: Habituell einer ↑*Dicranella heteromalla* ähnlich, dunkelgrün. Blättchen linealisch-lanzettlich, glatt, aber trocken weder gekräuselt noch sichelig. Sporogone 2–3 mm lang, fast aufrecht, mit hellbraunen zylindrischen Kapseln.
Verwechslung: Ähnliche Moose mit kürzeren, meist geneigten Kapseln.
Ökologie und Verbreitung: An schattigen sauren Plätzen auf Rohhumus, morschem Holz oder an der Basis von Nadelbäumen. Neophyt aus Südafrika, von dort durch SCHWAEGRICHEN 1827 beschrieben, wahrscheinlich erst zu Anfang des Jahrhunderts mit Zierpflanzen eingeschleppt. In Deutschland erstmals 1939 gefunden.

Pohlia nutans (Hedw.) Lindb.

Nickendes Pohlmoos (2,8 ×)

Merkmale: Dunkel- bis braungrüne, schwach glänzende Rasen von ca. 1–2 cm Höhe. Blätter elliptisch-lanzettlich, flachrandig, aufrecht-abstehend, trocken angedrückt. Kapseln kurz zylindrisch, ohne deutlichen Hals, hängend.
Verwechslung: Verwandte haben u. a. winzige, axilläre Brutkörper, ähnliche *Bryum*-Arten eine austretende Rippe, eiförmige Blätter und oft einen Saum.
Ökologie und Verbreitung: Kalkmeidend. Auf Rohhumus und saurem Silikatgestein, besonders in Nadel- und armen Laubwäldern, in Mooren oder auf Reetdächern. Ebene bis alpine Lagen. Im kühlen gemäßigten Bereich fast weltweit verbreitet. Neuerdings infolge nachlassender Säureeinträge im Rückgang.

Rhodobryum roseum (Hedw.) Limpr.

Echtes Rosenmoos (ca. 1,5 ×)

Merkmale: Einzeln oder in bis über 10 cm breiten, 3–5 cm tiefen, innen wurzelfilzigen, etwas glänzenden, meist dunkelgrünen Herden. Die spatelförmigen, vorn gezähnten, ungesäumten Blättchen am Stängelende vergrößert und zu einer auffallenden Rosette vereint. Trocken locker schopfig, verbogen. Männliche Pflanzen kleiner. Sporogone zu mehreren je Rosette, mit hängender Kapsel, aber selten.

Verwechslung: Nächstverwandt, aber seltener und kalkstet ist *R. ontariense* (rechtes Bild), unterschieden durch trocken schopfige, zahlreichere Blätter und das ausschließliche Vorkommen über Kalk. Ähnliche, männliche Gametangien tragende Rosetten entwickelt z. B. ↑*Plagiomnium affine*, dessen Blätter aber gesäumt sind.

Rhodobryum ontariense (Kindb.) Kindb.

Ontario-Rosenmoos (ca. 0,75 ×)

Ökologie und Verbreitung: An meist halbschattigen, frischen, neutralen Standorten, insbesondere an Waldwegböschungen. Oft mit ↑*Plagiochila asplenioides* und ↑*Thuidium tamariscinum* vergesellschaftet. Im Gebirge ziemlich verbreitet, aber sonst selten, nicht gefährdet. Zerstreut über die ganze kühlere Nordhemisphäre vorkommend.

Sonstiges: In den relativ hochdifferenzierten Stämmchen ermöglichen Leitungszellen eine Weiterleitung gelöster Assimilate. Unter den Moosen weisen nur die Stämmchen der *Polytrichum*-Arten eine noch bessere innere Wasserleitung auf. Der Name wurde gebildet aus gr. rhodon = Rose und *Bryum*.

Mnium hornum Hedw.

Schwanenhals-Sternmoos (5,6 ×/0,9 ×)

Merkmale: Ausgewachsen dunkel- bis schwarzgrüne, bis 3 cm hohe und oft ausgedehnte Rasen aus etwas geneigten und etwas einseitig beblätterten sterilen Sprösschen. Frühjahrstriebe sind hellgrün. Die Blättchen haben ein parenchymatisches, relativ kleines Zellnetz, sind elliptisch-lanzettlich, gesäumt, haben abstehende Doppelzähnchen, eine vor der Spitze endende Rippe und sind trocken verbogen. Männliche Triebe sind durch den namengebenden sternförmigen Gipfel mit zentraler, körniger, brauner Scheibe (dem Antheridienstand) ausgezeichnet. Sporogone sind häufig. Die reif hellbraunen Kapseln hängen an oben abgewinkelter, etwa 3 cm langer Seta.

Verwechslung: Ähnliche Arten sind kleiner, haben in der Spitze endende Rippen oder sind, so *M. stellare,* ungesäumt. Das diözische und meist sterile *M. lycopodioides* steht immer in Gewässernähe, hat in der Spitze endende Rippen und anliegende Doppelzähne. Das einhäusige und öfter fruchtende einhäusige *M. marginatum* ist diesem sehr ähnlich, kommt auch abseits von Gewässern vor. Im höheren Gebirge verbreitet ist *M. thomsonii,* wie ein kleineres *M. hornum* mit kleineren Blattzellen.

Ökologie und Verbreitung: Auf kalkfreiem, ausreichend feuchtem Untergrund in Wäldern die verschiedensten Substrate besiedelnd und bei hoher Luftfeuchtigkeit auch an Borke. Außerhalb der Kalkgebiete sehr häufig, über Kalk nur ausnahmsweise. Mit größeren Lücken über die ganze Holarktis verbreitet.

Sonstiges: Der Gattungsname wurde zuerst 1718 von DILLENIUS, der diese Art schon kannte, in einem viel weiteren Sinne angewendet.

Rhizomnium punctatum
(Hedw.) Kop.
Punktiertes Wurzelsternmoos (ca. 2 ×)

Merkmale: Die völlig ganzrandigen, fast kreisförmigen, braungrünen, bis zu ca. 1 cm breiten Rosetten vereinigten Blättchen, das Fehlen der Kriechsprosse und der braune Stängelfilz charakterisieren alle *Rhizomnium*-Arten. Die Blättchen sind bei dieser Art 3–5 mm lang und die Rippe endet im Spitzensaum. Sporogone kommen mäßig häufig vor. Die Kapsel hängt an einer langen Seta. Bildet braunes Dauerprotonema auf dem Substrat, aus dem Populationen in Pionierphasen und an ungünstigen Standorten zuweilen ausschließlich bestehen können (d. h. grüne Pflänzchen fehlen gänzlich).

Verwechslung: In Quell- und Sumpfwäldern der höheren Mittelgebirge und der Alpen zwei weitere Arten mit vor der Spitze endenden Blattrippen: *R. magnifolium* und *R. pseudopunctatum*.

Ökologie und Verbreitung: Auf morschem Holz in schattig-feuchten Wäldern, an Ufern, in Quellmooren, in Bruch- und Sumpfwäldern, dort auch epiphytisch. Auf feuchtem Silikatgestein (meist Sandstein), selten auf Kalk. Verbreitet vom Tiefland bis in die Krummholzstufe. Vorkommen in der ganzen kühleren und temperaten Nordhemisphäre.

Sonstiges: Der dichte Wurzelfilz dient der kapillaren Wasserleitung und kann die Photosynthesedauer während sommerlicher Trockenperioden verlängern. Der Name bezieht sich auf den starken Rhizoidenfilz (gr. rhiza = Wurzel). Der Finne Koponen hat die alte Gattung *Mnium,* die sehr verschiedene Typen umfasste, in mehrere Gattungen aufgespalten.

Plagiomnium affine
(Blandow) T. J. Kop.

Gewöhnliches Kriechsternmoos (0,8 ×)

Merkmale: Sprosse dunkelgrün, im Neutrieb auch hellgrün, niederliegend, 3–10 cm lang, verflacht beblättert, vor allem an der Basis mäßig rhizoidfilzig, nicht am Substrat festhaftend. Blätter 3–6 mm lang, trocken verbogen, feucht flach und nicht gewellt, rundlich bis eiförmig, gesäumt und gezähnt, Rippe als kurzer Stachel austretend. Blattgrund lang und schmal herablaufend. Zellen groß, bis 0,1 mm, hexagonal, mit einer starken Lupe sichtbar. Diözisch, fertile Sprosse aufrecht, Sporogone selten, einzeln oder zu zweit im Perichätium, Kapsel mit ungeschnäbeltem Deckel, nickend.

Verwechslung: Bei *P. rostratum* ist der gesamte Spross rhizoidfilzig und am Substrat auf der ganzen Länge angeheftet, die Blätter laufen nicht herab, die Zellen sind klein und mit der Lupe kaum sichtbar. Die autözische Art fruchtet öfter, der Kapseldeckel ist geschnäbelt. Die Blattränder von *P. cuspidatum* sind in der oberen Blatthälfte scharf, in der unteren nicht gezähnt. *P. elatum* und *P. ellipticum* haben viel stärker rhizoidfilzige Stämmchen und wachsen in Sümpfen, bei letzterer laufen die Blätter nicht herab. ↑*P. undulatum* besitzt kleinzellige Blätter.

Ökologie und Verbreitung: Bodenmoos frischer Standorte, auch auf morschem Holz, erdüberdeckten Felsen und Blöcken, auf schwach basischen bis stärker sauren, stets nährstoffreichen, eher sandigen als lehmig-tonigen Substraten. Auf Waldboden, insbesondere in Nadelforsten, in Gebüschen und Sukzessionswäldern, in Parkrasen und Wiesen, besonders in Brachen. Profitiert von Waldkalkung und Staubeinträgen, überall häufig bis zur subalpinen Stufe. Europa, Westasien und Makaronesien.

Plagiomnium undulatum
(Hedw.) T. J. Kop.
Wellenblättriges Kriechsternmoos (1,5 ×)

Merkmale: Hellgrüne, bogig-horizontal orientierte, locker beblätterte sterile (maximal 10 cm lange) Stängel, die aus wurzelnden Kriechsprossen entspringen, oft ausgedehnte, bis über 5 cm hohe Hochrasen bildend. Habituell eher einem Streifenfarn ähnelnd. Blättchen gewellt, zungenförmig, bis über 1 cm lang, herablaufend, kleinzellig und undeutlich gezähnt. Sporogone ziemlich selten, zu mehreren aus der Mitte endständiger Rosetten entspringend, zweihäusig. Die Antheridienstände sind von sternförmig angeordneten Gipfelblättern umgeben (Name!).

Verwechslung: Einmaliger Typ. Nur sterile Kümmerformen können mit *P. rostratum* (mit ähnlich kleinen Blattzellen) verwechselt werden, bei diesem Blätter nicht herablaufend und Sprosse auf der gesamten Länge dem Substrat anhaftend. Häufig ist auch ↑*P. affine,* mit glatten, ovalen Blättern und auffallend großen, bis fast 0,1 mm langen Zellen.

Ökologie und Verbreitung: Auf reicheren Böden feuchtschattiger Wälder sowie auf feuchten Böden, auch z. B. in Park- und Gartenrasen. Von der Ebene bis in mittlere Gebirgslagen in kühltemperaten Lagen Eurasiens allgemein verbreitet.

Sonstiges: Dass diese hochentwickelte Familie relativ viele junge Arten enthält, wird dadurch deutlich, dass diese in Europa und Asien weit verbreitete Art, wie auch *P. affine,* in Amerika fehlt. Sie hat sich wohl erst nach der Trennung der Kontinente weiterentwickelt. Wie alle Mniaceae zur Kultur im absonnigen, abgeschlossenen und kühlen Glas besonders geeignet: junge Sprosse von farnartigem Aussehen. Die Art kannte schon Dillenius 1718 von Gießen.

Aulacomnium palustre
(Hedw.) Schwaegr.
Sumpf-Streifensternmoos (1,5 ×)

Merkmale: Je nach Wassergehalt matt hell- bis dunkelgrüne, 3–5 cm tiefe Hochrasen mit reichlich braunrotem Wurzelfilz. Blättchen mamillös, trocken angedrückt und etwas verdreht, feucht spitzwinklig aufrecht, länglich-lanzettlich, etwa 4 mm lang und gezähnt. Zuweilen mit gestielten, axillären Brutköpfchen (Pseudopodien). Sporogone sind inzwischen sehr selten, deren langgestielte Kapseln sind geneigt, eilänglich.

Verwechslung: Ähnlich, aber nur bis etwa 1 cm hoch, ist *A. androgynum*. Es produziert meist reichlich endständige, im Gegensatz zu ↑*Tetraphis pellucida* immer nackte, gestielte Brutköpfchen, kalkmeidend. An feuchten Felsen und auf morschem Holz. Ziemlich häufig. Sporogone sind in Europa äußerst selten.

Ökologie und Verbreitung: In sauren bis neutralen Sümpfen und Mooren, Schwerpunkt in Niedermooren, oft neben *Sphagnum*, früher von der Ebene bis ins Hochgebirge weit verbreitet. Mit Entwässerung und Überdüngung außerhalb der höheren Gebirge im Rückgang, noch ungefährdet. Kosmopolit.

Sonstiges: Wurzelfilz charakterisiert viele Sumpfmoose. Er dient der kapillaren Wasserleitung. Mit seiner Hilfe werden kürzere Trockenperioden leichter überstanden. Durchnässt fördern die Mamillen (Ausstülpungen der Zellen) über Oberflächenvergrößerung – im Gegensatz zu Papillen (massive Aufsätze) – die Wasserabgabe, was Nährstoffleitung und -aufnahme fördert. Der Name bezieht sich auf die Kapseln (von gr. aulax = Streifen, Furche und mnion = Moos). Von DILLENIUS schon 1718 von Gießen genannt.

Bartramia pomiformis Hedw.

Echtes Apfelmoos (1,8 ×)

Merkmale: Wie vorige Art durch mamillöse, aber gestreckte Zellen ausgezeichnet. Die Blätter durch eine wasserabstoßende Wachsschicht blaugrün und deshalb nass mit Wasserperlen bedeckt. Stängel dicht wurzelfilzig und in dichten, bis 5 cm hohen und bis 10 cm breiten Polsterrasen. Blättchen um 0,5 cm lang, linealisch-lanzettlich, allmählich in die hellere Blattscheide verjüngt, feucht abstehend und trocken fast straff anliegend bis gekräuselt. Kapseln häufig, gestielt, jung hellgrün und glatt, reif länglich, gefurcht und geneigt, aus den Rasen herausragend bis fast verborgen, kugelig bis kugelig-elliptisch, mit Peristom und kleiner Öffnung.

Verwechslung: Ähnlich, aber durch breit weißscheidige, trocken starre Blätter unterschieden ist *B. ithyphylla*, im höheren Gebirge häufiger als *B. pomiformis*. Die kräftigere *B. halleriana* unterscheidet sich durch mehr borstliche Blätter und eine nur bis 5 mm lange, seitlich inserierte Seta. In feuchten Bergwäldern vor allem höherer Gebirge. Eine ähnliche, aber basiphytische Art der Gebirge ist das dunkelgrüne, wegen der fehlenden Mamillen glänzende *Plagiopus oederianus*.

Ökologie und Verbreitung: An lichten bis schattigeren, trockenen bis frischen, kalkfreien Felsen und in deren Nischen, selten auf Erde. Im Mittelgebirge ziemlich häufig, sonst selten. Über die gemäßigte Nordhemisphäre verbreitet.

Sonstiges: Die Gattung wurde 1789 von HEDWIG zu Ehren von John BARTRAM, einem der ersten amerikanischen Moossammler, benannt. Die Art war schon 1718 DILLENIUS aus Gießen bekannt.

Philonotis fontana (Hedw.) Brid.

Gewöhnliches Quellmoos (ca. 1,5 ×)

Merkmale: Meist hellgrüne, nicht glänzende, durch einen Wachsüberzug wasserabstoßende, 1–6 cm tiefe, z. T. ausgedehnte Rasen. Stängel oben rotbraun, im Alter braunfilzig. Blättchen steil aufrecht, trocken anliegend, schmal spitzdreieckig, mit zurückgebogenem Rand. Wie die meisten *Philonotis*-Arten zweihäusig. Kapseln auf 3–7 cm langer Seta, jetzt selten, fast kugelig, wie bei *Bartramia* mit verengter Öffnung, etwas asymmetrisch, geneigt.

Verwechslung: Kleine Formen und Arten sind nur mikroskopisch zu unterscheiden, leichter sind die großen Arten mit deutlich einseitswendigen Blättern zu erkennen. Auch abgebildet ist *P. seriata,* eine Art der Quellfluren des höheren Silikatgebirges. Sie unterscheidet sich durch die regelmäßig in Reihen angeordneten Blätter. Sonst ähnlich ist die dicknervige *P. calcarea*: im Kalkgebirge Süddeutschlands noch zerstreut vorkommend in Quellwiesen und -mooren, sonst oft verschollen, weil durch Entwässerung vernichtet.

Philonotis seriata Mitt.

Reihenblättriges Quellmoos (2,1 ×)

Ökologie und Verbreitung: Typisch für nährstoffarme, kalkfreie, meist unter 10°C kalte Quellmoore und -wiesen, öfter mit ↑*Dichodontium palustre* vergesellschaftet. Außerdem auch auf vernässten, unbefestigten Wegen und in Gräben. Heute nur noch im Gebirge ziemlich verbreitet. In der Ebene oft verschwunden, insgesamt noch nicht gefährdet.

Sonstiges: Wie viele Moose vernässter Standorte durch einen wasserabstoßenden Wachsüberzug ausgezeichnet. Name von gr. philos = Freund und notia = Feuchtigkeit.

Orthotrichum affine Brid.
Lewinskya affinis
(Brid.) F. Lara, Garilleti & Goffinet

Verwandtes Goldhaarmoos (ca. 9 ×)

Merkmale: In dunkelgrünen, meist 1–2 cm hohen Polstern. Blättchen schmallanzettlich, mit etwas aufgesetzter Spitze, feucht abstehend und trocken straff anliegend, dicht papillös und deshalb mattgrün. Vaginula unbehaart, Kapseln trocken gefurcht, kaum aus den Blättern herausragend. Jung zur Hälfte von der kaum behaarten, glockigen Haube bedeckt. Äußeres Peristom mit 8 Paarzähnen, inneres mit 8 Zilien.

Verwechslung: Häufigster einheimischer Vertreter einer sehr artenreichen Großgattung, die neuerdings in mehrere Gattungen aufgeteilt wurde. Bei *O. striatum* (*Lewinskya striata*) inneres und äußeres Peristom mit 16 Einzelzähnen, *O. speciosum* (*L. speciosa*) mit stark behaarter Haube und trocken kaum gefurchter Kapsel auf etwas längerer Seta. *O. patens* und *O. stramineum* mit behaarter Vaginula sowie dunklen Haubenspitzen. Alle vier mit scharf zugespitzten Blättern. Weitere Arten mit zahlreichen Brutkörpern (anstatt Kapseln), deutlich kleiner, sehr selten oder auf Gestein.

Ökologie und Verbreitung: An Laubholzborke, vor allem an frei oder halbschattig stehenden Bäumen oft in Menge, im Waldesinneren z. B. gegenüber *O. stramineum* zurücktretend. In ganz Mitteleuropa mit Abstand häufigste epiphytische Art der Großgattung *Orthotrichum*. Über die ganze Holarktis.

Sonstiges: Viele Orthotrichaceae waren zwischenzeitlich durch Luftverschmutzung, insbesondere durch SO_2-Einwirkung, oft sehr selten geworden. Inzwischen haben sie sich fast ausnahmslos alle infolge verbesserter Lufthygiene wieder ausgebreitet.

Orthotrichum diaphanum
Schrad. ex Brid.

Glashaartragendes Goldhaarmoos (3 ×)

Merkmale: Niedrige grüne Polster von 0,5–1 cm Höhe, Blätter lanzettlich mit zurückgebogenem Rand und hyaliner Glasspitze. Kapseln stets vorhanden, in die Sprossspitze eingesenkt, Urne hell strohfarben. Das äußere Peristom besteht aus 16 abstehenden Einzelzähnen.
Verwechslung: Unverwechselbar. Allen anderen einheimischen Orthotrichaceae fehlt das Glashaar.
Ökologie und Verbreitung: Nitrophytische Art, an basischer und nährstoffreicher Laubholzrinde und seltener an künstlichem Gestein, z. B. auf Betonmauern und Wellasbestdächern, sowie auf weiteren Kunstsubstraten. Findet sich an Straßenbäumen und an Einzelbäumen in der Feldflur, in Feldgehölzen und in Siedlungen; von der Ebene bis in die untere Bergstufe fast überall häufig. Mit Rückgang der Staubimmissionen ist die Art inzwischen leicht rückläufig. Verbreitet in der Holarktis, in Makaronesien und Südamerika.

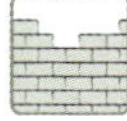

Orthotrichum anomalum Hedw.

Stein-Goldhaarmoos (1,5 ×)

Merkmale: Dunkel- bis bräunlichgrüne Polster von 1–2,5 cm Höhe, Blätter bis 2 mm lang, lanzettlich mit zurückgebogenem Rand, scharf zugespitzt, Rippe in der Spitze endend. Kapseln sind stets vorhanden und auf rötlicher Seta über das Polster emporgehoben. Kalyptra mäßig behaart, gelblichbraun, an der Spitze dunkel. Urne bräunlich, äußeres Peristom aus 16 aufrecht stehenden Einzelzähnen.

Verwechslung: Durch die lange rötliche Seta und die vorgestreckten Peristomzähne in der Gattung *Orthotrichum* ist diese Art eindeutig charakterisiert. Lediglich das sehr seltene *O. laevigatum* (= *Lewinskya laevigata*) hat ebenfalls eine lange Seta, besitzt jedoch in allen Teilen helle Sporophyten und hat stark behaarte Kalyptren. *Ulota*-Arten haben schmal zylindrische, kaum vom Hals abgesetzte Urnen, eine stark behaarte Kalyptra und ein aus acht Paarzähnen bestehendes äußeres Peristom. Zudem sind sie bis auf *U. hutchinsiae* trocken kraus beblättert.

Ökologie und Verbreitung: Auf basischen Felsen und Mauern, gerne auf Kalk, Vulkanit oder Beton, oft auch auf Wellasbestdächern. Zuweilen epiphytisch, besonders an staubimprägnierter basischer Borke von Straßenbäumen. Häufig, auch und vor allem innerorts, von der Ebene bis in die subalpine Stufe. Holarktisch verbreitet, in Nordamerika bis zur Karibik, in Makaronesien und Ostafrika.

Orthotrichum obtusifolium Brid.

Nyholmiella obtusifolia (Brid.) Holmen & E. Warncke

Stumpfblättriges Goldhaarmoos (5 ×)

Merkmale: Niedrige Polster oder seltener Einzelpflanzen von 0,5–1 cm Höhe, Blätter 1–1,5 mm lang, trocken anliegend und kaum verbogen, feucht aufrecht abstehend, hohl, mit flachem oder schwach einwärtsgebogenem Rand und rundlicher Spitze. Blattoberseite fast immer mit Brutkörpern, Kapseln sehr selten, in die Sprossspitze eingesenkt, äußeres Peristom mit acht Paarzähnen. **Verwechslung:** Mit dem nahezu ausgestorbenen *O. gymnostomum* (= *Nyholmiella gymnostoma*), mit peristomloser Kapsel und deutlich nach innen umgebogenen Blatträndern, wodurch die Blätter dem Spross in trockenem Zustand nicht dicht anliegen. Sonst unverwechselbar.

Ökologie und Verbreitung: Auf Laubholzrinde, selten auf behauenem Naturstein oder Kunststein, z. B. Betonmauern. Neutrophytisch und etwas nitrophytisch. Alleen, Gebüsche und Feldgehölze, Sukzessionswälder, Siedlungen, seltener in geschlossenen Hochwäldern. Nach vorübergehendem Rückgang infolge saurer Schwefelimmissionen jetzt wieder fast überall in Ausbreitung und nicht mehr gefährdet. Im Norddeutschen Tiefland noch mit Verbreitungslücken, im Hügelland am häufigsten, bis in die obere montane Stufe aufsteigend. Kommt in der gesamten Holarktis vor.

Orthotrichum lyellii
Hook. & Taylor
Pulvigera lyellii (Hook. & Taylor) Plášek, Sawicki & Ochyra
Lyell-Goldhaarmoos (2 ×)

Merkmale: Kräftige dunkelgrüne Polster oder Decken mit Sprossen von 1–5 cm Länge, längere Sprosse in trockenem Zustand zunächst abwärts gerichtet und an der Spitze aufwärts gekrümmt, in feuchtem Zustand fast gerade. Blätter 2–3 mm lang, lanzettlich, scharf zugespitzt, trocken straff anliegend, feucht aufrecht abstehend und etwas verbogen, Rippe in der Spitze endend. Blattoberseite mit zahlreichen mehrzelligen braungrünen Brutkörpern, Sporophyten extrem selten, Exostom mit 16 Einzelzähnen.

Verwechslung: Unverwechselbar. *Lewinskya-* und *Orthotrichum*-Arten haben sehr häufig Kapseln, keine bis wenige und dann kleinere Brutkörper. Von der Gestalt her ähnlich ist ↑*Leucodon sciuroides*, der sich jedoch sofort durch die eiförmigen, rippenlosen Blätter ohne Brutkörper unterscheidet.

Ökologie und Verbreitung: Fast ausschließlich epiphytisch an neutraler bis basischer und nicht zu nährstoffarmer Laubwaldrinde, an freistehenden Bäumen, in Gebüschen und Vorwäldern sowie in nicht allzu dunklen Hochwäldern. Sehr selten auf Beton oder anderem Kunststein. Nach vorübergehendem Rückgang infolge von schwefelhaltigen Immissionen breitet sich die Art wieder aus und ist nicht mehr gefährdet. Von der Ebene bis in die Bergwaldstufe. Holarktisch verbreitet.

Orthotrichum pulchellum Brunt.

Hübsches Goldhaarmoos (4 ×)

Merkmale: Kleine hellgrüne Einzelpflanzen, oder Polster von 0,5–1 cm Höhe, Blätter trocken stark verbogen bis kraus, feucht gerade, lanzettlich, Rippe in der Spitze endend. Kapsel über die Sprosse emporgehoben, auf 2–3 mm langer Seta, Kalyptra kahl, mit heller Grundfarbe und dreieckigen braunroten Flecken an der Basis sowie braunroter Spitze. Äußeres Peristom mit 8 orangen Paarzähnen.

Verwechslung: *O. columbicum* ist kräftiger, hat eine deutlich längere Seta, schlankere Urnen mit bleichem Exostom, die Flecken an der Basis der Kalyptra sind undeutlich. Epiphytisch wachsende *Lewinskya*- und *Orthotrichum*-Arten sind weder kraus beblättert, noch haben sie verlängerte Seten. Arten der Gattung *Ulota* mit ebenfalls emporgehobenen Seten und trocken krausen Blättern haben eine deutlich behaarte Kalyptra.

Ökologie und Verbreitung: Epiphytisch an neutraler Borke von Sträuchern und Laubbäumen, im Halb- bis Vollschatten von Gebüschen und Wäldern, vor allem in luftfeuchten Lagen mit ozeanisch geprägtem Klima. In rasanter, klimawandelbedingter Ausbreitung begriffen. Noch vor ca. 25 Jahren war die Art auf die Küstenregionen und den atlantischsten Westen Mitteleuropas beschränkt, jetzt ist sie in Deutschland verbreitet in der Ebene und in fast allen Mittelgebirgen bis ca. 1000 m. In den Alpen noch ohne Nachweis und auch in Gebieten mit kontinentalem Regionalklima weiterhin fehlend. In der Schweiz sehr selten im Mittelland, in Österreich noch nicht nachgewiesen. Verbreitet in Westeuropa und in Nordamerika.

Ulota bruchii Hornsch.

Bruch-Krausblattmoos (2 ×)

Merkmale: Hell-, später dunkelgrüne bis schwärzliche, meist halbkugelige Pölsterchen von oft nur 1–2 cm Durchmesser. Blättchen aus eiförmigem Grund linealisch-lanzettlich, feucht aufrecht abstehend und trocken kraus. Unter dem Mikroskop mit wasserhellen, basalen Randzellen. Meist mit Kapseln, diese auf bis 0,5 cm langer Seta, feucht glatt (trocken längsfurchig), länglich-linealisch, 2–3 mm lang, in einen langen Hals und auch zur Mündung hin verjüngt. Die glockige, anfangs sehr schlanke Haube ist dicht goldgelb behaart.

Verwechslung: Steril mit krausblättrigen Dicranaceae und Pottiaceae zu verwechseln, aber durch die charakteristische Blattbasis mikroskopisch zu unterscheiden und mit den fast stets vorhandenen, stark behaarten, glockenförmigen Hauben sofort als *Ulota* zu erkennen. Von den Arten der *U.-crispa*-Gruppe nur mit reifen Kapseln zu unterscheiden, diese mit schmal eiförmigen, kürzeren, entleert unter der Mündung etwas eingeschnürten Kapseln. Weitere *Ulota*-Arten sind sehr selten.

Ökologie und Verbreitung: Häufig an glatter, nicht zu basischer Laubholzborke in luftfeuchten Lagen, sehr gerne an Hasel. Zwischenzeitlich aufgrund von sauren Immissionen selten geworden, heute haben sich die Bestände infolge verringerter Schwefelimmissionen nahezu vollständig erholt; der Ausbreitungsprozess ist immer noch im Gange. Europäischer Endemit, Deutschland bildet das Arealzentrum.

Sonstiges: Name von gr. oulos = kraus oder oulotes = Krausheit, abzuleiten. Das Moos kannte schon Dillenius 1718.

Hedwigia ciliata
(Hedw.) P. Beauv.
Gewimpertes Hedwigsmoos (2 ×)

Merkmale: Stängel unregelmäßig verzweigt, aufsteigend bis niederliegend und zu kleineren Polsterrasen vereint; trocken sind sie matt hell- bis graugrün und angedrückt beblättert. Die eiförmig-lanzettlichen, etwas hohlen, rippenlosen Blättchen sind – außer bei Schattenformen – in ein kurzes Glashaar verjüngt. Im oberen Drittel weißliche bzw. feucht durchscheinende Blättchen hat die neuerdings in den Artrang erhobene *H. emodica*. Die kugeligen, peristomlosen Sporenkapseln sind in den Gipfeln von Seitenzweigen meist ganz durch die gewimperten Hüllblätter (Artname) verborgen und deshalb leicht zu übersehen.

Verwechslung: Die Gattung ist unverwechselbar. Die erst vor wenigen Jahren abgetrennte, subozeanisch verbreitete *H. stellata* hat trocken nach außen abgeknickte Glashaare, so dass die Sprosse von oben ein sternartiges Aussehen haben. Die Glashaarlänge steht bei *H. stellata* zwischen *H. ciliata* und *H. emodica*.

Ökologie und Verbreitung: Auf saurem bis neutralem, meist sonnigem Silikatgestein sowohl in voller Sonne als auch im Waldesinnern, sehr selten auf Mauern, Beton oder Borke. In Silikatgebirgen ziemlich verbreitet. In der Ebene auf erratischen Blöcken, aber oft ausgestorben. Zumindest in höheren Gebirgen weltweit verbreitet.

Sonstiges: Die Gattung wurde durch Ehrhart 1781 zu Ehren des Begründers der heute gültigen Laubmoos-Nomenklatur, J. Hedwig, in Leipzig wirkend, benannt. Dillenius, der sie bereits bei Gießen kannte, stellt sie 1718 in seiner Flora Gießens zu *Sphagnum* (!).

Fontinalis antipyretica Hedw.

Gewöhnliches Brunnenmoos (1,2 ×)

Merkmale: Dunkelgrüne, an sonnigen Stellen gelbgrüne bis kupferrote, etwas glänzende, unregelmäßig verzweigte, einige Zentimeter bis maximal 0,8 m lange, am Substrat haftende Stängelbüschel. Durch die eiförmigen, rippenlosen, gekielten Blättchen auffallend dreizeilig(-kantig) beblättert (Familienmerkmal). Sporogone länglich, seitlich sitzend in Hüllblättchen fast verborgen, sehr selten und wohl nur an trockenfallenden Pflanzen. Das innere Peristom ist wie bei allen Fontinalaceae zu einem Gitterkegel verwachsen.

Verwechslung: *F. squamosa* aus sauren, sauberen Gebirgsbächen sowie die sehr seltene *F. hypnoides* aus Stillgewässern der Ebene haben abgerundete Blattrücken. Dies kommt gelegentlich auch bei Tief- und Stillwasserformen von *F. antipyretica* vor.

Ökologie und Verbreitung: Bis in untere Berglagen an Baumwurzeln und Gestein haftend in klaren bis nicht zu trüben Fließgewässern mit unbelastetem bis deutlich belastetem, saurem bis basischem Wasser ziemlich verbreitet und insgesamt mäßig häufig. Seltener in stehenden Gewässern oder in Brunnen. In allen temperaten Gebieten der nördlichen Hemisphäre.

Sonstiges: Austrocknung wird mehrere Wochen lang überstanden. Der Name *Fontinalis* wird zuerst von Bauhin 1651 benutzt. Er leitet sich von lat. fons = Quelle ab. Der Artname *antipyretica* bedeutet „gegen das Feuer", denn nach altem Aberglauben schützt diese Wasserpflanze, über die Tür gehängt, gegen Feuersbrunst. A. v. Chamisso berichtet, dass dieses Moos als Isolierung in die Zwischenräume zwischen Herdplatte und Zimmerwand gesteckt wurde.

Climacium dendroides
(Hedw.) F. Weber & D. Mohr
Bäumchenartiges Leitermoos (0,6 ×)

Merkmale: Die Artmerkmale kennzeichnen gleichzeitig die Familie: Den langen Kriechsprossen entspringen die winzigen Palmen ähnelnden, hell- bis olivgrünen, oft bräunlichen, bis über 5 cm hohen, im oberen Teil büschelig verzweigten, aufrechten Seitentriebe. Die Blättchen sind eiförmig, stumpflich, gerippt, feucht etwas abstehend und trocken dicht anliegend. Sporophyten sehr selten, zu mehreren in der „Bäumchenkrone“. Die Kapseln sind langgestielt, zylindrisch.

Verwechslung: Ähnlich ist nur das vorwiegend felsbewohnende ↑*Thamnobryum alopecurum,* dessen Äste aber in einer Ebene angelegt und deutlich abgeflacht sind.

Ökologie und Verbreitung: Auf schwach sauren bis schwach basischen Standorten vorwiegend im menschlichen Einflussbereich verbreitet. Vor allem in Zierrasen, aber auch in Nasswiesen, Niedermooren, an und auf wenig benutzten Wegen, auf der Sohle von Abgrabungen, auf Plätzen mit wasserstauendem Substrat und wohl ursprünglich in Bruch-, Quell- und Sumpfwäldern oder in durchsickerten Felsfluren wachsend. Nährstoffliebend, ziemlich unempfindlich gegen Luftverschmutzung, wie auch gegen nicht zu häufige Mahd. Abgeschnittene Triebe werden schnell erneuert. Mäßig häufig und ungefährdet.

Sonstiges: Früher ebenso wie die *Thuidium*-Arten (s. dort), sehr beliebt für geklebte „Moosbilder“. Am lichten Fensterplatz leicht im geschlossenen Glas zu kultivieren. Als „*Hypnum dendroides*“ bereits DILLENIUS 1741 bekannt. Gattungsname abgeleitet von lat. climax = Leiter; geschaffen von WEBER & MOHR (1804).

Antitrichia curtipendula (Hedw.) Brid.

Kurzhängendes Gegenhaarmoos (3,8 ×)

Merkmale: In etwas glänzenden, meist dunkel- bis olivgrünen, oft ausgedehnten, bis quadratmetergroßen Matten aus unregelmäßig verzweigten, niederliegenden, 2–5 cm langen Sprossen. Blättchen feucht spitzwinklig inseriert und trocken anliegend, mit verzweigter Rippe, eiförmig, glatt und plötzlich in eine widerhakig (Name!) gezähnte Spitze verjüngt. Neben der Basis der Hauptrippe dünnere Nebenrippen entspringend. Die früher häufigen, jetzt nur noch gelegentlich bei Felsvorkommen zu findenden länglichen Kapseln aufrecht, mit doppeltem Peristom, auf gebogener, kurzer Seta.

Verwechslung: Ähnliche *Brachythecium*-Arten haben langgestielte Kapseln und nie Hakenzähne an den Blattspitzen. Dem manchmal ähnlichen ↑*Leucodon sciuroides* fehlt die Rippe.

Ökologie und Verbreitung: In wärmebegünstigter Lage in lichteren Laubwäldern, auf reicherem Silikatgestein, seltener Kalk, insbesondere auf Gesteinsbrocken und Felsblöcken, auch auf offenen Blockhalden. Ursprünglich häufiger noch an Borke (besonders Eichen), dort zwischenzeitlich infolge von Luftverschmutzung fast völlig verschwunden, jetzt wieder in Ausbreitung und erneut epiphytische Standorte besiedelnd. Fast nur im Gebirge, in der Ebene immer noch sehr selten. Früher praktisch überall. Lückig über die ganze kühlere Nordhemisphäre wie auch auf den tropischen Hochgebirgen verbreitet.

Sonstiges: Sehr guter Luftreinheitszeiger. Im Mittelalter als kräftiges Astmoos für Matratzen und zum Stopfen von Ritzen benutzt. Name von gr. anti = gegen und thrix = Haar abzuleiten.

Leucodon sciuroides (Hedw.) Schwaegr.

Eichhörnchenschwanzmoos (3,6 ×)

Merkmale: Meist dunkelgrüne, lockere Decken aus unregelmäßig verzweigten, bis 2 cm langen Zweigen. Blättchen rippenlos, schwach faltig, ganzrandig, eiförmig-lanzettlich, trocken anliegend und, wenn feucht, spitzwinklig abstehend. Zweige spitzlich, bogig aufwärts gekrümmt (Artname). Zuweilen an Zweigspitzen entwickelte Brutblättchen lassen diese struppig erscheinen. Sporogone bei uns sehr selten, lang gestielt, mit aufrechter, zylindrischer Kapsel und (durch Reduktion) einfachem Peristom.

Verwechslung: ↑*Antitrichia curtipendula* unterscheidet sich u. a. durch glatte, gerippte Blättchen und gerade Zweige. ↑*Pterogonium gracile* hat stumpf endende Zweige.

Ökologie und Verbreitung: An neutralem bis basischem Gestein, an reicher Laubholzborke und selten an Mauern in lichter bis sonniger Lage, besonders in Kalkgebieten, dort an Alleebäumen z. T. ganze Stämme überziehend. Durch Luftverschmutzung außer in Gebirgslagen sehr zurückgegangen und in der Ebene meist verschwunden, inzwischen erholen sich die Bestände wieder. Eurasiatisch verbreitet.

Sonstiges: Der Gattungsname bezieht sich auf die weißlichen Peristomzähne (von gr. leucos = weiß und odontos = Zahn). Als „Hypnum arboreum, sciuroides“ bereits 1718 von DILLENIUS aus Gießen beschrieben.

Pterogonium gracile
(Hedw.) Sm.

Nogopterium gracile
(Hedw.) Crosby & W. R. Buck

Schlankes Schwingenmoos (1,7 ×)

Merkmale: Dunkel- bis braungrüne, aus kriechendem Hauptstamm fächerförmig verzweigte, glänzende Sprosse, sonst aber, wegen der ebenfalls gekrümmten Zweige, zarterem ↑*Leucodon sciuroides* oft sehr ähnlich. Blättchen feucht aufrecht abstehend, hohl, breit eiförmig, nicht faltig, mit kurzer Doppelrippe und oben unregelmäßig grob gezähnt. Sehr selten mit den lang gestielten, aufrechten Kapseln.

Verwechslung: Trocken auch kräftigen Formen des nordischen ↑*Pterigynandrum filiforme* ähnelnd, aber an anderem Standort, vor allem wärmeliebend. In Gebieten mit submediterran beeinflusstem Klima sind Verwechslungen mit dem im Mittelmeergebiet gemeinen, in Mitteleuropa sehr seltenen *Scorpiurium circinatum* möglich, das viel zierlicher ist und dessen Sprosse nicht glänzen.

Ökologie und Verbreitung: In den warmen Flusstälern Westdeutschlands sowie im Tessin nicht selten. Eine ozeanisch-mediterrane Art, die am Harz und Thüringer Wald ihre Verbreitungsgrenze findet. Auf trockenem, lichtem bis sonnigem, reicherem Silikatgestein, meist in lichten Laubwäldern, auch öfter an Straßenfelsen. Zuweilen an Baumwurzeln, selten auch an Borke. Früher infolge von Luftverschmutzung im Rückgang, neuerdings stabilisiert sich der Bestandstrend. Im Mittelmeergebiet häufig, auch in Kalkgebieten. Von dort bis in die afrikanischen Gebirge; Westküste Nordamerikas.

Sonstiges: Poikilohydrisch und bei Benetzung sofort die Blättchen spreizend. Der Gattungsname leitet sich von gr. pteron = Flügel und gonios = erzeugend ab.

Neckera complanata Hedw.
Alleniella complanata (Hedw.) S. Olsson, Enroth & D. Quandt

Glattes Flachmoos (1,7 ×)

Merkmale: Hell- bis saftgrüne, wie bei allen Neckeraceae abgeflachte, scheinbar 2-zeilig beblätterte, horizontal abstehende, 3–8 cm lange, regelmäßig gefiederte Zweige. Oft mit zahlreichen fadenförmigen Flagellen, die der vegetativen Vermehrung dienen. Blättchen glatt, deutlich asymmetrisch-elliptisch, scharf gespitzt und rippenlos. Zweihäusig, deshalb sehr selten Sporogone ausbildend. Kapseln aufrecht, lang zylindrisch und lang gestielt, mit doppeltem Peristom.

Verwechslung: Die ähnliche, sehr seltene *N. (A.) besseri* hat abgerundete Blättchen und kommt nur in einigen südlichen Mittelgebirgen und in den Alpen vor. Kümmerformen können ↑*Homalia trichomanoides* ähneln, diese hat aber eine deutliche Rippe und nie Flagellen. Zu den *Neckeraceae* mit gewellten Blättern, vgl. bei ↑*N. crispa*. Ähnlich ist noch ↑*Plagiothecium undulatum*, das aber feuchten Rohhumus bewohnt

Ökologie und Verbreitung: An Kalk- und anderem reicherem Gestein, an Borke sowie selten an Mauern nicht zu trockener, schattiger Lagen, über die ganze Nordhemisphäre verbreitet und ungefährdet, aber bei uns durch Luftverschmutzung jetzt in der Ebene seltener.

Sonstiges: Die ganze Familie ist überwiegend tropisch verbreitet. Die Art wurden schon 1718 von DILLENIUS von Gießen beschrieben. Die Aufspaltung der Großgattung *Neckera* in die Segregate *Alleniella* und *Exsertotheca* erfolgte erst kürzlich aufgrund molekularer Merkmale.

Neckera crispa Hedw.

Exsertotheca crispa (Hedw.) S. Olsson, Enroth & D. Quandt

Krausblättriges Flachmoos (1,7 ×)

Merkmale: Unsere stattlichste *Neckeraceae.* Die Pflanzen sind meist deutlich größer als die der meisten übrigen Arten und können an geeigneten Standorten bis quadratmetergroße Decken bilden. Ihre breit zugespitzten, rippenlosen Blättchen sind auffallend querwellig. Die Art ist zweihäusig, aber meist gemischtrasig, deshalb öfter mit Sporogonen zu finden.

Verwechslung: Ähnlich, aber u. a. durch sitzende, relativ häufige Sporogone und das fast ausschließliche Vorkommen an Borke ist *N. pennata* unterschieden, eine als Folge der Luftverschmutzung und möglicherweise auch des Klimawandels inzwischen fast ausgestorbene Art. Ebenfalls empfindlich gegen Luftverschmutzung, aber nicht ganz so selten und zumindest nicht weiter zurückgehend ist die gleichfalls epiphytisch wachsende *N. pumila* mit (selten auftretenden) langgestielten Sporogonen sowie Flagellen. Die reliktisch verbreitete, meist an vertikalen Vulkanit- oder Kalkfelsen wachsende *N. menziesii* besitzt eine deutliche Blattrippe und ebenfalls Flagellen. Meist häufiger ist die glattblättrige, in allen Teilen halb so große ↑*N. complanata.* Auch das kalkmeidende ↑*Plagiothecium undulatum* könnte zu Verwechslungen Anlass geben.

Ökologie und Verbreitung: Vor allem an Kalkfelsen schattig-trockener Lagen, seltener an basenreichem Silikatgestein oder – besonders früher – auch an Borke. Im Flachland sehr selten geworden, aber in den Kalkgebirgen meist noch verbreitet und insgesamt ungefährdet. Das Vorkommen beschränkt sich auf die kühleren, altweltlichen Teile der Nordhemisphäre.

Homalia trichomanoides (Hedw.) Schimp.

Streifenfarn-Flachmoos (2,9 ×)

Merkmale: Unregelmäßig verzweigte, dunkelgrüne, glänzende Decken, zusammengesetzt aus stark abgeflachten, aber deutlich gewölbten, etwa 1–2 cm langen Zweigen. Blättchen glatt, gerippt, an der Spitze fast abgerundet. Einhäusig und Sporogone entsprechend häufig. Kapseln zylindrisch, aufrecht bis schwach geneigt, mit einem *Hypnum* sehr ähnlichen Peristom, auf etwa 1(–2) cm langer Seta emporgehoben. Ohne Flagellen (peitschenförmige Ästchen).

Verwechslung: In Mitteleuropa die einzige Art. Kümmerformen ähneln ↑*Neckera complanata,* unterscheiden sich aber u. a. durch nie scharf bespitzte Blätter, eine Rippe und das häufige Vorkommen von Sporenkapseln. Ähnliche Lebermoose haben immer nur 2-zeilig inserierte Seiten- und z. T. Unterblätter.

Ökologie und Verbreitung: Mäßig häufig und ungefährdet von der Ebene bis in die montane Stufe. In feuchtschattiger Lage in Laubwäldern und Auen auf nährstoffreicherem, oft kalkhaltigem Substrat, sowohl an reicher Borke wie an Gestein und oft an Baumwurzeln. Insbesondere an Ufern der Fließgewässer ziemlich verbreitet, jedoch in Trockengebieten und in der Ebene, aber auch in den Alpen seltener. Vorkommen über die kühleren Gebiete der ganzen Nordhemisphäre, mit Ausnahme des eigentlichen Mittelmeergebietes, bekannt.

Sonstiges: Der Name kommt von gr. homalos = flach, (ähnlich). Die charakteristische Art wird schon von DILLENIUS 1741 aus Gießen beschrieben.

Thamnobryum alopecurum
(Hedw.) Nieuwl. ex Gangulee
Fuchsschwanz-Bäumchenmoos
(ca. 2 ×)

Merkmale: Dunkel- bis schwarzgrüne, oft ausgedehnte Bäumchenrasen von bis Quadratmeterbreite und fast 10 cm Höhe. Die abgeflachten, meist horizontal orientierten „Kronen" der Bäumchen bedecken das Substrat dachziegelartig. Blättchen gerippt, etwas abstehend und etwas hohl, trocken angedrückt, an den Ästen elliptisch und breit gespitzt und oben grob gesägt. Stängelblättchen herzförmig und bis 3 mm lang. Zweihäusig. Selten mit den langgestielten, zu mehreren dem Kronendach entspringenden Sporogonen. Kapsel geneigt, hochrückig, mit doppeltem Peristom.

Verwechslung: An sehr schattigen Standorten oft in nur schwer erkennbaren Kümmerformen. *T. neckeroides* von Basalt-Blockschuttwäldern ist weniger deutlich bäumchenförmig und gleicht einem sehr kräftigen ↑*Isothecium alopecuroides*. Es hat stärker hohle Blätter mit stumpfer Spitze. Früher verkannt und heute vereinzelt in den Mittelgebirgen und Alpen gefunden. Im Gegensatz zu ↑*Climacium dendroides* sind die Äste in einer Ebene angeordnet.

Ökologie und Verbreitung: An wechsel- bis dauerfeuchtem basischem Gestein, besonders auf Kalk, Vulkanit und Sandstein, in schattiger Lage. In Feuchtwäldern auch auf kalkhaltigen Böden und Baumwurzeln, zuweilen auch im Stammbereich von Laubbäumen. Auch sekundär auf Betonteilen und Mauertrümmern. In der Ebene fast nur im Jungmoränengebiet, sonst bis in die montane Stufe verbreitet und gebietsweise häufig, ungefährdet, paläarktische Art, im Mittelmeergebiet selten.

Hookeria lucens (Hedw.) Sm.
Glänzendes Flügelblattmoos (3,6 ×)

Merkmale: Hell- bis goldgrüne, glänzende Decken von Dezimeter- bis Quadratmetergröße aus kaum verzweigten, abgeflacht beblätterten, (1–)2–5 cm langen und 0,5–1 cm breiten Sprossen. Trocken wenig schrumpfend. Blättchen um 3 mm lang, abgerundet, ganzrandig, rippenlos und wegen der großen, mit der Lupe sichtbaren Zellen durchscheinend. Neben lockerem Zellnetz oft mit Blattsaum. Einhäusig, öfter mit Kapseln. Diese geneigt, mit Doppelperistom, auf ca. 1 cm langer Seta.

Verwechslung: Von vielleicht ähnlichen Arten hat ↑*Plagiothecium undulatum* spitze, gewellte Blätter und ↑*Homalia trichomanoides* ist kleiner und hat gezähnelte, kleinzellige, gerippte Blättchen.

Ökologie und Verbreitung: An Wurzelwerk in durchsickerten Quell-, Sumpf- und Auenwäldern, auf Gestein, Totholz und sonstigem Detritus in Quellfluren und an Bachufern. In sehr niederschlagsreichen Lagen z. B. im Nordstau der Alpen auch auf Tangelhumus über Kalk. Standorte stets schattig, mäßig sauer bis neutral. In der Ebene an seltenen Sonderstandorten, in den Silikatmittelgebirgen regelmäßig, in den nördlichen Kalkalpen häufig, die subalpine Stufe erreichend. Durch Entwässerung und Eutrophierung im Rückgang, außerhalb der Alpen gefährdet. In kühlgemäßigten und ozeanisch getönten Gebieten der Holarktis verbreitet.

Sonstiges: Anscheinend, wie das verwandte, höchst seltene *Distichophyllum carinatum* (in Mitteleuropa nur im Allgäu und in Salzburg) ein Tertiärrelikt. Hookeriaceae sind in großer Formenvielfalt meist tropisch-subtropisch verbreitet. Erstmals 1741 von DILLENIUS beschrieben.

Pterigynandrum filiforme
Hedw.

Zwirnmoos (2,9 ×)

Merkmale: Die durch immer angepresste Blättchen fadenförmigen, grau-bis gelbgrünen, unter bis über 1 mm dicken, etwas glänzenden, stumpf endenden Zweige, vereinzelt zwischen anderen Deckenmoosen oder auch ausgedehntere reine Decken bildend. Die winzigen, eiförmigen, stark gewölbten Blättchen sind rippenlos und mikroskopisch fein papillös. Zweihäusig, fast nur im Alpenbereich zuweilen mit den aufrechten, gestielten Kapseln. Öfter mit Brutkörpern.

Verwechslung: Verwechslungen sind vor allem mit dem wärmeliebenden ↑*Pterogonium gracile* möglich. Junge Kriechtriebe noch ohne die sekundären kapseltragenden Sprosse von *Cryphaea heteromalla* sehen sehr ähnlich aus, verraten sich aber durch zugespitzte Sprossenden und gerippte Blätter. Vor allem im höheren Gebirge sind einige Leskeaceae ähnlich, die aber glanzlos sind und ebenfalls gerippte Blättchen haben.

Ökologie und Verbreitung: An Laubholzborke in luftfeuchteren, fast stets höheren Lagen. Auch öfter an neutralem bis basischen Silikatgestein, gerne auf kleineren Steinen, die von Herbstlaub überdeckt werden. In den Alpen häufig, bis in die alpine Stufe vordringend. In den Mittelgebirgen mäßig häufig, im übrigen Gebiet selten bis ausgestorben. Etwas empfindlich gegen Luftverschmutzung. Holarktische Art.

Sonstiges: Name abgeleitet von gr. pterygos = Flügel, gyne = Weib und aner (andros) = Mann. Bezieht sich auf die scheinbar achselständigen Blüten.

Anomodon viticulosus (Hedw.) Tayl.

Rankendes Trugzahnmoos (1,7 ×)

Merkmale: Robuste, nie glänzende Rasen aus bis über 5, selten bis 10 cm hohen, feucht leuchtend- bis gelbgrünen, angetrocknet helleren, aufrecht wachsenden, unverzweigten Seitenästen zusammengesetzt (einem kräftigen akrokarpen Moos gleichend). Blättchen ca. 3 mm lang, feucht abstehend, trocken anliegend, aus eiförmigem Grund zungenförmig verschmälert mit stumpflicher Spitze und bis in die Spitze reichender Rippe. Zweihäusig. Selten mit den zylindrischen, aufrechten, langgestielten Kapseln mit Doppelperistom. Von Leskeaceae durch starke Papillosität und Paraphyllienfilz unterschieden.

Verwechslung: Kümmerformen werden oft für das seltene *A. rugelii* gehalten. Diese Art ist dunkelgrün gefärbt durch die nur an der Rippe aufgehellten, kurz und breit zungenförmigen Blätter charakterisiert. Verbreitet ist auch *A. (Pseudanomodon) attenuatus.* Er ist zierlicher, unregelmäßig gefiedert und hat bespitzte, nur höchstens 2 mm lange Blättchen.

Ökologie und Verbreitung: Oft in ausgedehnten Decken an schattig-trockenem neutralem bis basischem Gestein, auch an Borke, seltener auf Erde, oft zusammen mit *A. (P.) attenuatus,* aber häufiger als diese Art. Vor allem in Kalkgebirgen verbreitet, in den Alpen bis zur montanen Stufe. Mäßig häufig und ungefährdet. Über die Nordhemisphäre verbreitet. Empfindlich gegen stärkere Luftverschmutzung.

Sonstiges: Der Name leitet sich von gr. anomos = gesetzwidrig und odus = Zahn ab und soll eine Ausnahme bezeichnen (nämlich den hier irreführenden Habitus eines akrokarpen Mooses), die nur auf einen Teil der Gattung zutrifft.

Abietinella abietina
(Hedw.) M. Fleisch.
Echtes Tännchenmoos (ca. 1,7 ×)

Merkmale: Matt hell- bis gelbgrüne, dem Untergrund locker aufliegende Fiedern zwischen anderen Moosen, aber auch in ausgedehnten, reinen Decken. Die Zweige einfach gefiedert, meist dachziegelig angeordnet, um 3–5 cm lang und 1–2 cm breit. Astblättchen winzig, spitz, feucht gerade aufrecht abstehend und trocken angepresst. Stängelblätter ähnlich wie bei nachfolgender Art, trocken wenigstens im unteren Stängelteil anliegend. Stängel ebenfalls filzig. Sporogone ähnlich wie bei ↑*T. tamariscinum,* äußerst selten. Keine Brutorgane.

Verwechslung: *Thuidium*-Arten sind mehrfach gefiedert. Etwas ähnlich, aber feuchtigkeitsliebend und glänzend sind *Cratoneuron, Palustriella* und *Kindbergia* (vgl. dort).

Ökologie und Verbreitung: Eine lichtbedürftige, länger austrocknungsfähige, basiphytische Art lückiger Trockenrasen, an Wegsäumen und z. B. auch auf Mauerkronen und freistehendem Felsgestein. In der Ebene selten, aber ziemlich häufig auf den Gebirgen bis in alpine Lagen. Außerhalb der Alpen im Rückgang, noch nicht gefährdet. Stenotherm, d. h. Photosynthese an das kühlgemäßigte Klima der Nord- und Südhemisphäre angepasst.

Sonstiges: Ein typisches „Apermoos", d. h. vorwiegend an Standorten, an denen der Schnee frühzeitig abtaut. Aus dem randlich verbleibenden Schnee rieselt noch lange Wasser in die schneefreien Lücken und hält die dortigen Moose, wie z. B. auch ↑*Rhytidium rugosum* und ↑*Homalothecium lutescens,* feucht und photosyntheseaktiv. Das Tännchenmoos kannte DILLENIUS schon 1718 von Gießen.

Thuidium tamariscinum
(Hedw.) Schimp.
Tamarisken-Thujamoos (1,4 ×)

Merkmale: Matt leuchtend- bis dunkelsamtgrüne, oft ausgedehnte, bis quadratmetergroße, flache Decken aus federartigen, regelmäßig dreifach gefiederten, meist 5–10, selten bis 20 cm langen und etwa 3–5 cm breiten Zweigen zusammengesetzt. Astblättchen gerippt, winzig, spitz-elliptisch, papillös, mit einer Endzelle. Stängelblätter bis 1 mm lang, dreieckig-eiförmig. Stängel durch Paraphyllien dicht filzig. Zweihäusig, selten mit Sporenkapseln. Diese aus der Oberseite der Fiedern wachsend, gestielt, geneigt, gekrümmt, mit Doppelperistom.

Verwechslung: Ähnlich, aber unterschieden durch nur doppelte Fiederung, meist gelblichbraune Färbung und 2-spitzige Astblättchen sind die ebenfalls verbreiteten, aber basiphytischen Arten *T. assimile* und *T. delicatulum*. Auch ↑*Hylocomium splendens* ist ähnlich, unterscheidet sich aber durch rote Stängel und trocken glänzende Zweige.

Ökologie und Verbreitung: In schattigen, feuchten Wäldern auf saurem bis neutralem, humosem Untergrund. Oft in quadratmetergroßen Decken den Boden von Nadelwäldern überziehend. Verbreitet, häufig und ungefährdet von der Ebene bis in die montane Stufe. Arealschwerpunkt in Europa, nur zerstreute Vorkommen in anderen Erdteilen.

Sonstiges: Wohl die Mehrzahl der Moose lebt in Symbiose mit Pilzen. Bei *Thuidium* scheint diese Mykorrhiza besonders wichtig, denn im Vergleichsversuch wuchs pilzfreies Material nur kümmerlich (S. Winkler). Die Gattung wurde in Anlehnung an *Thuja,* den Lebensbaum, dessen Fiederzweige denen von *Thuidium* ähneln sollen, benannt.

Amblystegium serpens
(Hedw.) Schimp.
Kriechendes Stumpfdeckelmoos (2 ×)

Merkmale: Niederliegende Decken aus 1–3 cm langen, miteinander verwobenen, unregelmäßig gefiederten Sprossen. Die Stämmchenblätter sind 0,5–1,5 mm lang und aus breitem Grund in eine feine Spitze ausgezogen, nicht einseitswendig. Rippe 2/3 bis 3/4 der Länge erreichend, Astblätter kürzer. Sporogone häufig, Seta 1–1,5 cm lang, glatt, wie die Kapsel und das Peristom orange, Kapsel gekrümmt, Deckel mit Warze, Peristom zweireihig.

Verwechslung: *A.* (*Pseudoamblystegium*) *subtile* und *A.* (*Serpoleskea*) *confervoides* sind sehr klein und (nahezu) rippenlos, ersteres auf Kalkgestein, letzteres auf Laubbaumrinde in montanen Lagen. Vertreter der Gattung *Hygroamblystegium* sind kräftiger (Blätter > 1,5 mm) und besitzen (bis auf *H. humile*) eine stärkere und längere Rippe. Das gilt auch für *Cratoneuron filicinum*, die zudem Paraphyllien bildet. Bei *Brachytheciastrum velutinum* sind die Blattränder deutlich gezähnt, die Blätter oft etwas einseitswendig, die Seten warzig und die Blattzellen langgestreckt. Solche Zellen hat auch ↑*Kindbergia praelonga*, die breite, herablaufende Stammblätter hat, deren Sprosse meist regelmäßig gefiedert sind und deren Kapseldeckel geschnäbelt sind.

Ökologie und Verbreitung: Formenreiche Art, häufig und ungefährdet von der Ebene bis zur Bergwaldstufe auf vielerlei Substraten. Epiphytisch unter schattig-luftfeuchten und nicht zu nährstoffarmen Bedingungen an Laubbaumrinde, auf Totholz, Felsen und Mauern, auch auf zumindest zeitweise feuchter Erde. Verbreitet in der Holarktis, vereinzelt auch auf der Südhalbkugel.

Leptodictyum riparium (Hedw.) Warnst.

Ufermoos (1,5 ×)

Merkmale: Formenreiche Art. Schmutziggrüne, oft veralgte, spärlich und unregelmäßig verzweigte, verflacht und zuweilen einseitswendig beblätterte Sprosse von 2–8 cm, unter günstigen Bedingungen bis 15 cm Länge. Blätter schmal eiförmig bis dreieckig und in eine lange Spitze ausgezogen, die nicht sehr kräftige Rippe in der oberen Blatthälfte endend. Autözisch und häufig mit Sporogonen, Seta 2–3 cm lang und rötlich, die Kapsel gekrümmt.

Verwechslung: Am ähnlichsten sieht *Drepanocladus aduncus* aus, die in Zweifelsfällen nur mikroskopisch unterschieden werden kann. Die diözische Art hat oft stärker sichelig gekrümmte Blätter und fruchtet äußerst selten, sie meidet in der Regel Fließgewässer. *Hygroamblystegium fluviatile* ist weder einseitswendig noch verflacht beblättert und hat eine kräftige, in der Blattspitze endende Rippe.

Ökologie und Verbreitung: Wassermoos, häufig auf Steinen und Holz an meist nährstoffreichen, oft belasteten Fließgewässern, von der Hoch- und Spritzwasserzone bis dauernd untergetaucht vorkommend. Daneben an und in Stillgewässern, in Flutmulden, Röhrichten und eutrophen Sümpfen. In stark belasteten Fließgewässern oft der letzte vorkommende Makrophyt. In der Ebene sehr häufig, im Hügelland häufig, in den Mittelgebirgen seltener und nicht über die untere montane Stufe hinausgehend, in den Alpen selten. Holarktisch verbreitet, auch in der Karibik und in Ozeanien.

Palustriella commutata
(Hedw.) Ochyra

Veränderliches Starknervmoos (3,6 ×)

Merkmale: Meist in ausgedehnten, hellgrünen Decken aus 3–5 cm langen Trieben mit dichtem Paraphyllienfilz. Blätter faltig. Je nach Feuchtigkeitsgrad des Standortes sehr variabel und oft von großer Modifikationsbreite, so von einfachstängeligen zu regelmäßig gefiederten Formen, von kleinen Blättchen bis zu mehrere Millimeter langen, sicheligen Blättern. Nur selten mit Sporogonen.

Verwechslung: Das ähnliche *Cratoneuron filicinum* zeigt nur ausnahmsweise Kalkverkrustung und hat keine faltigen Blätter. Neben der typischen Form von *P. commutata* werden noch charakteristische Varietäten – auch als Arten angesehen – unterschieden.

Ökologie und Verbreitung: Vorwiegend auf Kalktuff und in Kalkquellmooren und -wiesen sowie an überrieselten Kalk- und kalkhaltigen Felsen und Ufergestein von der Ebene (selten) bis in die alpine Stufe verbreitet. Die kaum gefiederte var. *falcata*, mit größeren Blättern, auch in kalkarmen bis -freien Quellmooren und Gräben. Art außerhalb der Alpen im Rückgang, noch nicht gefährdet. Holarktische Art.

Sonstiges: Über Kalkausscheidungen vermag *P. commutata* mächtige Tuffablagerungen zu bilden, wie wir sie z. B. besonders schön von den bekannten Krka-Wasserfällen (Kroatien) kennen. Die Eifel bietet als Beispiel den 10 m hohen Nohner Wasserfall. Die Kalkablagerung an der Oberfläche des Mooses erweist sich unter dem Mikroskop als Abscheidung flacher Kalktäfelchen. Sie fallen u. a. aus, wenn die Pflanze den im Wasser gelösten doppeltkohlensauren Kalkmolekülen je ein Molekül Kohlendioxid für die Photosynthese entzieht.

Sanionia uncinata
(Hedw.) Loeske
Hakiges Saniomoos (ca. 3 ×)

Merkmale: Habituell ↑*Hypnum cupressiforme* sehr ähnlich. In kleineren, wenige Zentimeter breiten, bis größeren, frisch- bis dunkelgrünen Decken. Blättchen fast kreisförmig-sichelig, in eine feine Spitze ausgezogen, gerippt und deutlich längsfaltig. Stängel mit unscheinbaren Paraphyllien. Einhäusig, oft mit Sporogonen. Die Kapseln sind geneigt, der Deckel ist gewölbt und kurz bespitzt. Formenreich. Neben der üppigen Normalform auch sehr zierliche Borkentypen.

Verwechslung: Mit ↑*Hypnum cupressiforme,* das sich aber durch glatte, rippenlose Blättchen unterscheidet, zu verwechseln. ↑*Palustriella commutata* wächst vorwiegend an vernässten, meist kalkreichen Standorten und hat einen dichten Stängelfilz. Die übrigen Arten der ehemaligen Großgattung *Drepanocladus* sind Sumpf- und Moorbewohner und haben meist glatte Blätter und keine Paraphyllien. In nährstoffarmen Mooren sind *Warnstorfia fluitans* und *W.* (*Sarmentypnum*) *exannulata* verbreitet. In kalkhaltigen Sümpfen und Nasswiesen ist *Scorpidium cossonii* noch am häufigsten. Die übrigen Arten sind meist schwer zu unterscheiden.

Ökologie und Verbreitung: Kalkmeidend. Vorwiegend auf morschem Holz und an Borke sowie häufig in Silikat-Blockhalden der Gebirge. Gerne auch an angesprengten Silikatfelsen, etwa entlang von Bahnlinien. Seltener bei uns auch in Sümpfen. Besonders im höheren Silikatgebirge ziemlich häufig, vor allem in den Zentralalpen. Sonst seltener, aber auch in Kalkgebieten z. B. an Borke. Insgesamt mäßig häufig und ungefährdet. Fast kosmopolitisch verbreitet.

Calliergonella cuspidata
(Hedw.) Loeske

Echtes Spießmoos (ca. 2,1 ×)

Merkmale: Typisch entwickelt in frischgrünen, an sonnigen Plätzen gebräunten, ausgedehnten Decken aus bis über 5 cm langen, meist gefiederten, niederliegenden bis aufrecht stehenden Zweigen. Endblättchen anliegend und eine scharfe Spitze bildend, die Blättchen darunter abstehend. Diese 2–3 mm lang, eiförmig, etwas hohl, ganzrandig und rippenlos, mit auffallenden Blattflügeln. Zweihäusig und ziemlich selten mit Sporogonen. Kapsel zylindrisch, aber gebogen, auf bis über 4 cm langer Seta.

Verwechslung: *C. lindbergii* hat einseitswendige Blätter und gleicht eher einem *Hypnum*. *C. cuspidata* ähnelt eher den ebenfalls stumpfblättrigen, jedoch gerippten und nur sumpfbewohnenden *Calliergon cordifolium* in reicheren und *Straminergon stramineum* in sauren, armen Mooren.

Ökologie und Verbreitung: Wächst an wechsel- bis dauernassen, nicht zu nährstoffarmen, lichten bis ziemlich schattigen Standorten. Besonders auf Waldwegen, in Zierrasen, Mooren und Erlenbruchwäldern zu finden. Von der Ebene bis in die subalpine Stufe im Gebirge sehr häufig und ungefährdet, in den Zentralalpen etwas zurücktretend. Über die nördliche Hemisphäre verbreitet und ungefährdet, auch im australischen Florenreich gefunden.

Sonstiges: Ihren Namen verdankt die Gattung dem bekannten Bryologen LOESKE (1911). *Calliergon* kommt von gr. calo = gut, schön und die Endung „ella" kennzeichnet die Verkleinerungsform. Der alte Name *Acrocladium* scheint einprägsamer. Er leitet sich von gr. acros = scharf und clados = Zweig ab, ist aber für dieses Moos ungültig.

Brachythecium albicans
(Hedw.) Schimp.

Weißliches Kurzbüchsenmoos (ca. 2,5 ×)

Merkmale: Bildet trocken weißliche, feucht gelbliche bis hellgrüne, meist handgroße, aber auch größere Decken aus einfachen, optimal auch gefiederten, dem Substrat aufliegenden Zweigen. Blättchen feucht und trocken meist anliegend, aus elliptischem Grund lanzettlich, etwas hohl, unter 2 mm lang. Rippe bis unter die lang ausgezogene Spitze. Zweihäusig und deshalb sehr selten mit Kapseln. Seta glatt.

Verwechslung: Ähnliche glattblättrige Arten sind selten. *B. salebrosum* und *B. glareosum* haben faltige Blätter, erstere ist einhäusig und hat häufig Sporophyten. Kräftige Schattenformen können auch an das häufige ↑*B. rutabulum erinnern.*

Ökologie und Verbreitung: Kalkmeidend, auf Erde oder erdbedecktem Gestein. Selten auch auf ausgehagertem Kalk. In meist sonnigen, langfristig trockenen Sand-, Silikattrocken- und auch Gartenrasen, an und auf sandigen oder grusigen Wegen, Mauern usf., meidet schwere Lehm- oder Tonböden. Von der Ebene bis in die montane Stufe sehr häufig, in den höheren Lagen der Alpen seltener; ungefährdet. Über die kühlgemäßigte Nordhemisphäre verbreitet und auch auf der Südhalbkugel.

Sonstiges: Die Mehrzahl der *Brachythecium*-Arten ist trockenresistent. *B. albicans* ist besonders widerstandsfähig und durch die dicht anliegenden Blätter ein gutes Beispiel für äußere, kapillare Wasserleitung, was sich experimentell leicht zeigen lässt. Der Name leitet sich von gr. brachys = kurz und theca = Büchse ab, was sich auf die Kapselform bezieht. Der Artname bezieht sich auf die weißliche Färbung ausgetrockneter Pflanzen.

Brachythecium rutabulum
(Hedw.) Schimp.
Raues Kurzbüchsenmoos (ca. 3,1 ×)

Merkmale: Kräftige, hand- bis quadratmetergroße Decken unregelmäßig verzweigter, strohgelber bis hell- oder dunkelgrüner Ästchen. Die um 2 mm langen, eiförmigen bis dreieckig-eiförmigen, plötzlich zugespitzten, gezähnten, gerippten Blättchen am Stängel meist angedrückt oder auch etwas flattrig, kaum herablaufend, meist etwas hohl und nicht faltig. Häufig mit Sporogonen. Seta warzig, bis 2 cm lang.

Verwechslung: Von ähnlichen großen Arten ist das hellgrüne *B. rivulare* auf nasse Standorte beschränkt, kann aber auch in häufig beregneten Zierrasen auftreten und in sehr niederschlagsreichen Gebieten in Frischgrünland wachsen. Die deutlicher hohlen Blättchen zeichnen sich durch großzellige, scharf abgesetzte, breit herablaufende Blattflügel aus, Sporogone sind viel seltener. *B. salebrosum* ist durch glatte Seten und deutlich längsfaltige, länglichere Blätter unterschieden. Zu ↑*B. albicans* vgl. dort. *Sciuro-hypnum curtum* aus Nadelforsten und Heiden hat olivgrüne, etwas abgeflacht stehende, an der Basis verjüngte, deutlich herablaufende Blätter und stark gekrümmte Kapseln.

Ökologie und Verbreitung: Hemerophytisch, d. h. vor allem an anthropogen geprägten Standorten wachsend, daher im Siedlungsbereich häufig. In nahezu allen regelmäßig gedüngten Zierrasen. Ursprünglich vor allem auf Lavagestein; in naturnahen Wäldern auf eutropher Rinde und auf frischen Stümpfen. Auf Unterlagen aller Art wachsend, ein ungefährdeter Ubiquist! Von der Ebene bis in mittlere Gebirgslagen sehr häufig, im Hochgebirge selten. Inzwischen fast weltweit verbreitet.

Isothecium alopecuroides
(Lam. ex Dubois) Isov.
Bäumchenartiges Gleichbüchsenmoos
(1,7 ×)

Merkmale: In schwach glänzenden, grünen, niedrigen, kleineren bis über 50 cm breiten Decken aus undeutlich fiederig-bäumchenförmigen, um 3 cm langen, auch trocken gleichartig wurmförmigen Zweigen. Blättchen bis 2 mm lang, elliptisch-lanzettlich, hohl, gerippt, gegen die Spitze gezähnt und mit kleinen Blattflügelzellen. Obwohl zweihäusig, oft mit Sporogonen. Kapseln zylindrisch, aufrecht, mit über 1 cm langer, glatter Seta.

Verwechslung: An ähnlichen, aber kalkarmen Standorten wächst auch das in allen Teilen zierlichere, gewöhnlich häufige *I. myosuroides* in meist ausgeprägten Bäumchenrasen. Es bildet nur selten Sporogone. Blättchen lang zugespitzt, schmaler. Angedrückte, hohle, eiförmige Blätter kennzeichnen auch *Rhynchostegium murale*, das aber basiphytisch, durch geneigte Kapseln und meist stumpfliche Blätter unterschieden ist.

Ökologie und Verbreitung: An schattigeren, nicht zu trockenen, basen- oder kalkreichen Standorten. Besonders an Baumbasen und -wurzeln, auf Lavagestein, basenreichem und kalkhaltigem Fels und an Laubholzborke. Mit Ausnahme der kalkarmen Sandebenen fast überall verbreitet, bis in die obere montane Stufe häufig und ungefährdet. Sonst im gemäßigten Klimabereich der Nordhalbkugel.

Sonstiges: Wie bei anderen angedrücktblättrigen Moosen, z. B. ↑*Pseudoscleropodium purum,* mit ausgezeichneter äußerer bzw. kapillarer Wasserleitung. Der Name leitet sich ab von gr. isos = gleich und theca = Büchse. Der erste Nachweis stammt von Gießen, DILLENIUS 1741.

Homalothecium sericeum (Hedw.) Schimp.

Echtes Seidenmoos (1,7 ×)

Merkmale: In kleineren bis ausgedehnten, oft über 20 cm breiten, an sonnigen Standorten goldgrünen, mit Rhizoiden haftenden, glänzenden Kriechrasen. Den Kriechsprossen entspringen kurze, nur ca. 0,5–1 cm lange, trocken oft gekrümmte vom Substrat abstehende Kurztriebe. Blättchen feucht spitzwinklig abstehend, aber trocken angedrückt. Sie sind etwa 2 mm lang, schmal-lanzettlich, allmählich zugespitzt, tief längsfaltig und haben eine vor der Spitze endende Rippe. Zweihäusig, Kapseln selten, zylindrisch, auf papillöser Seta.

Verwechslung: An schattigen Stellen und an Borke öfter in winzigen, stark abweichenden Formen. *Sciuro-hypnum populeum* mit häufig bronzenem Farbton ist kleiner, hat schmale, nicht faltige Blätter mit bis in die Spitze reichender Rippe und fruchtet oft. *Brachythecium salebrosum* und *B. glareosum* haben eiförmige Blätter mit geschwungenen Rändern, *B. mildeanum* hat nur schwach faltige Blätter und wächst anders, auf feuchter Erde. ↑*Homalothecium lutescens* hat nie gekrümmte Ästchen; die Hauptsprossachse liegt nicht dem Substrat an; es wächst meist auf Erde.

Ökologie und Verbreitung: Vorwiegend an Kalk und kalkhaltigem, trockenem Gestein und besonders an Mauern, auch an Beton, als Basenzeiger an Laubholzborke wachsend. Verbreitet, häufig und ungefährdet von der Ebene bis in die obere montane Stufe. Über die ganze gemäßigte Holarktis.

Sonstiges: Der Name bezieht sich auf die Kapsel, gr. homalos = gerade und theca = Kapsel. DILLENIUS beschreibt die Art bereits 1718 aus Gießen.

  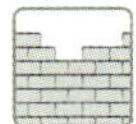

Homalothecium lutescens
(Hedw.) H. Rob.
Gelbliches Seidenmoos (1,7 ×)

Merkmale: Die an sonnigen Plätzen goldgelben, sonst auch hellgrünen Zweige liegen dem erdigen Substrat in kleineren bis quadratmetergroßen Decken locker auf und sind auch an Borke und Gestein nicht auf der ganzen Länge durch Rhizoiden verhaftet. Die trocken glänzenden Zweige sind fiedrig, bis über 5 cm lang und durch längere, schräg abstehende, immer gerade Seitenästchen ausgezeichnet. Die tieffaltigen Blättchen sind bis 3 mm lang und in eine feine Spitze ausgezogen. Kapseln selten, geneigt, Seta rau, bis über 2 cm lang.

Verwechslung: Vgl. ↑*H. sericeum*. *Brachythecium salebrosum* kann sehr ähnlich sein, hat aber u. a. öfter Sporogone, mit glatten Seten, weniger langspitzige, etwas eiförmige Blätter und ist nie fiederig verzweigt. *B. glareosum* hat eine noch feiner ausgezogene, etwas hin- und hergebogene Spitze, das Blatt ist ebenfalls im unteren Teil eiförmig. Das seltene Sumpfmoos *Tomentypnum nitens* ist durch braunen Stängelfilz unterschieden.

Ökologie und Verbreitung: In Halbtrockenrasen, auf Kalk- und Lavaschutthalden und ähnlichen, meist sonnigen Standorten ziemlich häufig. In Kalkgebieten auch epiphytisch an Sträuchern. Auch ruderal im Siedlungsbereich. Ohne große Verbreitungslücken von der Ebene bis in die subalpine Stufe, mäßig häufig und ungefährdet, mit Schwerpunkt in den Kalkgebieten. In der Paläarktis lückenhaft verbreitet.

Sonstiges: Ein typisches Apermoos. Windverbreitung durch Zweige oder auch Tierverbreitung, z. B. Verschleppung durch Vögel beim Nestbau.

Pseudoscleropodium purum (Hedw.) M. Fleisch.

Grünstängelmoos (1,2 ×)

Merkmale: Gelb- bis frischgrüne Decken, oft in Massenvegetation, aus einfach und dicht gefiederten, dem Substrat locker aufliegenden, 5–10 cm langen grünstängeligen Zweigen. Ästchen durch angedrückte Blättchen zylindrisch, um 2 mm dick. Blättchen 3–4 mm lang, breit elliptisch, hohl, schwach faltig, gerippt, fast ganzrandig und plötzlich bespitzt. Zweihäusig, deshalb sehr selten mit Sporogonen. Kapseln horizontal, Deckel spitzkegelig, Seta rau.

Verwechslung: Weitere Arten sind sehr selten und nie regelmäßig gefiedert, wachsen mit der Hauptachse dem Substrat angedrückt (*Scleropodium cespitans*, *S. touretii*). ↑*Pleurozium schreberi* hat rote Stängel. ↑*Cirriphyllum piliferum* hat ein Blatthaar.

Ökologie und Verbreitung: An nicht zu trockenen, lichten, seltener sonnigen, meist nährstoffreicheren Standorten in Wiesen, Brachen, an grasigen oder offenen Weg- und Straßenböschungen, in Forsten usf. Häufig in gestörten Bereichen. In den unteren Lagen und außerhalb geschlossener naturnaher Wälder oft gemein, bis zur montanen Stufe. Inzwischen im temperaten Bereich fast weltweit verschleppt.

Sonstiges: Nützlich durch Behinderung von Bodenerosion und zu schnellem Wasserabfluss. Gutes Verpackungsmaterial. Wegen der angedrückten Blätter eignen sich feuchte Stängel besonders gut zur Demonstration der Wasserleitung – am besten mit gefärbtem Wasser. Der Name leitet sich von gr. scleros = rau, bezieht sich auf die Seta, und pous = Fuß ab. Von DILLENIUS schon 1718 bei Gießen beobachtet.

Cirriphyllum piliferum (Hedw.) Grout

Pinsel-Haarblattmoos (1,7 ×)

Merkmale: Frisch- bis weißlichgrüne, schwach glänzende, wenn gut entwickelt, dicht und regelmäßig gefiederte, über 5 cm lange, dem Substrat locker aufliegende oder zwischen anderen Moosen wachsende Pflanzen, die bis zu quadratmetergroße Decken bilden können. Blättchen elliptisch, hohl, bis 3 mm lang, dünnrippig und plötzlich haarförmig verjüngt. An den Astspitzen kleine charakteristische Pinsel durch spreizende Blatthaare. Zweihäusig, sehr selten sporulierend. Seta rau. Kapseldeckel bei der ganzen Gattung geschnäbelt.

Verwechslung: Von ↑*Pseudoscleropodium purum,* Formen großer *Brachythecium*-Arten und anderer *Cirriphyllum*-Arten, die nie regelmäßig gefiedert sind, durch den spreizenden Haarpinsel mit der Lupe sofort zu unterscheiden.

Ökologie und Verbreitung: Auf frischen bis feuchten, lichten bis halbschattigen, nährstoffreichen und oft kalkhaltigen, humosen Standorten in Wiesenbrachen, Gebüschen und Sukzessionswäldern, sowie in beschatteten Parkrasen von der Ebene bis in die subalpine Stufe verbreitet und häufig, ungefährdet. Im gemäßigten Klimabereich über die ganze Nordhalbkugel verbreitet.

Sonstiges: Wie ↑*Pseudoscleropodium purum* ausgezeichnet zur Demonstration der Wasserleitung geeignet. Gibt man aus einer vollen Pipette etwas Wasser auf das Moos, schießt dieses entlang des Stängels zur Spitze hinauf. Der Name leitet sich von gr. cirrhus = Ranke und phyllos = Blatt ab, wobei die auffallende Haarspitze mit einer Ranke wenig gemein hat.

Rhynchostegium riparioides (Hedw.) Cardot

Ufer-Schnabeldeckelmoos (2,2 ×)

Merkmale: Kräftiges, großen *Brachythecium*-Arten ähnelndes, meist dunkelgrünes, fast glanzloses Moos mit oft etwas abgeflachten, 2–3 cm langen Ästen. Blätter eiförmig, breit gespitzt, gerippt, aufrecht abstehend oder, bei Wasserfallformen, dem Stängel dicht anliegend. Sporogone häufig, mit geneigten Kapseln und geschnäbeltem Deckel. Die Sporen reifen im Herbst, bei allen anderen einheimischen *Rhynchostegium*-Arten erst im Winter.

Verwechslung: Am üblichen Standort mit dem sehr seltenen *R. alopecuroides,* mit immer angedrückten Blättchen und engeren Zellen, und dem häufigen, meist sterilen *Brachythecium rivulare* zu verwechseln. Dieses unterscheidet sich u. a. durch hell- bis saftiggrüne Färbung, eiförmige Blätter mit schmalerer Spitze, zylindrische Äste und deutlichen Glanz. Durch schmal-lanzettliche, zuweilen einseitswendige Blätter und meist abgeflachte Sprosse unterschieden ist das verschmutzungstolerante ↑*Leptodictyum riparium.*

Ökologie und Verbreitung: Wassermoos, nährstoffbedürftig, aber gegenüber dem Basengehalt indifferent. Oft untergetaucht in Fließgewässern oder Brunnen, an überrieselten Felsen, dort u. a. auch Kalktuffbildner. Seltener auf nur zeitweise vernässtem Substrat. Mit Ausnahme der gewässerarmen Geestlandschaften überall verbreitet und häufig, im Gebirge bis zur montanen Stufe. In den temperaten Bereichen der ganzen Nordhemisphäre und auch auf der Südhalbkugel nachgewiesen.

Sonstiges: Als „Hypnum foliis rusciformibus“ erstmals von DILLENIUS 1841 beschrieben. Der alte Artname „rusciforme“ bedeutet „Mäusedorn-blättrig“.

Eurhynchium striatum
(Hedw.) Schimp.

Gestreiftes Schönschnabelmoos (1,7 ×)

Merkmale: Wenn die Zweige gut entwickelt sind, deutlich fiederig und undeutlich bäumchenförmig. Mit deutlich längsfaltigen, allmählich zugespitzten, dreieckig-lanzettlichen, gerippten Blättern, deren Rand konkav ist. Ziemlich selten sporulierend. Seta glatt. Kapsel geneigt, Deckel geschnäbelt.

Verwechslung: Sehr ähnlich ist das mehr östlich verbreitete *E. angustirete.* Es unterscheidet sich durch relativ kürzere Blätter und gegen die Spitze konvex zulaufende Blattränder. Das rotstängelige *Loeskeobryum brevirostre* hat ungerippte, plötzlich zugespitzte Stängelblätter und einen Paraphyllienfilz am Stängel.

Ökologie und Verbreitung: Waldmoos. Verbreitet, häufig und ungefährdet auf frischen, mild-humosen, nährstoffreichen Waldböden bis in die obere Bergstufe. An besonders feuchten Plätzen auf Steinen, an Mauern und im unteren Stammbereich glatter Laubbaumborken sowie auf morschem Holz. Im ganzen temperaten Klimabereich Eurasiens und des nördlichen Afrika vorkommend.

Sonstiges: Längsfaltigkeit der Blätter dient nach dem Wellblechdachprinzip der Festigkeit bzw. Versteifung derselben. Moose mit solchen Blättern schrumpfen bei Trockenheit kaum und verändern entsprechend relativ wenig ihr Aussehen. Der Name leitet sich von gr. eu = schön und rhynchion, Diminutiv von rhynchos = Schnabel ab. Die Art wurde erstmals von DILLENIUS 1741 unterschieden.

Kindbergia praelonga
(Hedw.) Ochyra

Verschiedenblättriges Kindbergmoos (ca. 2 ×)

Merkmale: In typischer Ausbildung frischgrüne, kleinere bis quadratmetergroße Decken aus einfach gefiederten Zweigen von 3–4 cm Länge bildend. Sehr variabel, z. B. unverzweigte Lichtformen nur an den charakteristischen, sparrig (horizontal) abstehenden Stängelblättern zu erkennen. Diese um 1,5–2 mm lang, aus breitem Grund dreieckig, mit herablaufenden Ecken, plötzlich in eine lanzettliche Spitze verjüngt. Die kleineren, elliptisch-lanzettlichen, immer gesägten Astblätter stehen feucht aufrecht ab, trocken anliegend. Zweihäusig. Sporogone ziemlich selten, Seta rau, Kapseldeckel geschnäbelt.

Verwechslung: Ähnlich ist das besonders auf basen- bis kalkreichen Lehm- und Tonböden häufige *Oxyrrhynchium hians*. Es unterscheidet sich durch spitzeiförmige, immer schräg abstehende Stängelblätter. *Cratoneuron filicinum* hat etwas einseitswendige Astblättchen und eine bis in die Spitze reichende Blattrippe.

Ökologie und Verbreitung: Auf frischen, feuchten, zuweilen nassen, nährstoffreichen, gewöhnlich kalkarmen Böden und Gestein in Wäldern, in Wiesen, oft ruderal, vielfach in Zierrasen der Siedlungen. Ziemlich häufig von der Ebene bis in untere Gebirgslagen. Mit subatlantischer Verbreitung, im Westen gemein und dort nahezu substratvag, in Süd- und Ost-Bayern sowie Österreich seltener werdend. In gemäßigten bis wärmeren Lagen der Nordhalbkugel und auch in Südamerika zu finden.

Sonstiges: Das Moos war bereits Dillenius 1718 aus Gießen bekannt.

Entodon concinnus (De Not.) Paris

Gelbstängelmoos (2 ×)

Merkmale: Die Art ist, wie die Familie Entodontaceae, durch gerade, aufrechte Kapseln, glatte Seten und ungerippte Blätter ausgezeichnet. Bei diesem Moos sind die einfach gefiederten, oft etwas abgeflachten, 3–5 cm langen, am Ende spitzen Zweige zu hand- bis quadratmetergroßen, goldgrünen bis bräunlichen, dem Substrat locker aufliegenden Decken vereint. Der Stängel ist grünlich, die dicht anliegenden, etwa 2 mm langen, etwas ausgehöhlten, stumpflich-eiförmigen Blättchen sind ungerippt. Zweihäusig und sehr selten mit Sporogonen.

Verwechslung: Andere Arten haben oft Kapseln und sind seltene Gebirgsmoose. Durch die ungerippten, weniger konkaven Blättchen und die allmählich gespitzten Astenden von ↑*Pseudoscleropodium purum* unterschieden. Die hygrophytische ↑*Calliergonella cuspidata* hat nur im Spitzenbereich anliegende Blättchen. *Pleurozium* hat einen roten Stängel und ist kalkmeidend.

Ökologie und Verbreitung: Wie ↑*Abietinella abietina* ein typisches Apermoos der Halbtrockenrasen, über Kalk oder sehr basischem Silikatgestein. Seltener in lichten Trockenwäldern sowie verschleppt auf Mauern und an Schotterwegen, im Kalkgebirge verbreitet und die alpine Stufe erreichend. In der Ebene fehlend, sonst mäßig häufig und ungefährdet. In gemäßigten Gebieten der Nordhalbkugel vorkommend.

Sonstiges: Der dichte Blattschluss erlaubt beste kapillare Wasserleitung. Der Name *Entodon* bezieht sich auf das innere Peristom. Als fast nur steriles Moos wurde es erst spät als Art erkannt (De Notaris 1835).

Plagiothecium undulatum
(Hedw.) Schimp.

Gewelltes Plattmoos (1,7 ×)

Merkmale: Eine sehr kräftige Art – Ästchen bis über 5 cm lang – und oft in quadratmetergroßen Decken, dazu weißlichgrün und mit quer gewellten Blättern. Zweihäusig und ziemlich selten mit Kapseln.

Verwechslung: Von der ähnlichen, aber basiphytischen und Fels oder Borke bewohnenden ↑*Neckera crispa* u. a. durch die weißlichgrüne Färbung unterschieden. Weitere Arten sind meist steril, kleiner als *P. undulatum* oder selten.

Ökologie und Verbreitung: Subozeanisch verbreitete, kalkmeidende, schattenliebende Art in Wäldern, insbesondere Nadelwäldern, Bruch- und Moorwäldern, auf meist dauerfeuchtem Rohhumus, Nadelstreu und stark zersetztem Totholz. Seltener auf Erde, z. B. in Böschungen und Gestein, am ehesten auf Anreicherungsflächen von Silikatblockhalden in absonniger und luftfeuchter Lage, vor allem im Silikatgebirge ziemlich verbreitet und in Nadelforsten auch ins Flachland verschleppt. In den Alpen auch auf Tangelhumus über Kalk und bis in die obere Bergwaldstufe verbreitet, häufig im Regenstau der nördlichen Kalkalpen.

Sonstiges: Eine Zierde des Bergwaldes und zweifellos auch ein guter Erosionsschutz in Hanglagen. Die dicht schließenden Blättchen erlauben beste kapillare Wasserleitung und -speicherung Von DILLENIUS zuerst 1741 aus dem Raum Gießen als „Hypnum pennatum undulatum Lycopodii instar sparsum“ beschrieben.

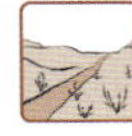

Platygyrium repens (Brid.) Schimp.

Kriechendes Breitringmoos (ca. 3 ×)

Merkmale: In bräunlichen, randlich dunkelgrünen, dem Substrat angedrückten und fest verhafteten Decken mit wurmförmig beblätterten Sprossen mit rippenlosen Blättern, die an kümmerliches ↑*Hypnum cupressiforme* erinnern, aber in der Regel, besonders im Zentrum der Decken, reichlich aufrechte, 2–3 mm hohe, mit kurzen Bruchblättchen besetzte Brutsprösschen produzieren. Sporogone mit aufrechten Kapseln, ziemlich selten.

Verwechslung: Außer verbräuntem *Hypnum* ähnelt diese Art wegen der sehr ähnlichen Brutsprösschen *Pseudoleskeella nervosa.* Letztere kommt aber inzwischen fast nur noch im höheren Bergland sowie häufiger noch im Alpenbereich vor. Sie hat gerippte, kurzzellige Blätter.

Ökologie und Verbreitung: Auf nicht zu basischer Laubbaumborke (bes. Buche) und Totholz, auf umgefallenen Stämmen weiterwachsend und dort infolge der Nährstofffreisetzung durch den Zersetzungsprozess des Holzes und die bessere Wasserversorgung besonders üppig und viel öfter mit Sporogonen als an gesunder Rinde lebender Bäume. Häufig und (noch?) in Ausbreitung, unempfindlich gegenüber Luftverschmutzung und ähnlich *Dicranum tauricum* zugleich saure und nährstoffreiche Substrate besiedelnd. Im Gebirge rasch seltener werdend, die Bergwaldstufe wird noch erreicht. Im Bereich des gemäßigten, etwas kontinentalen Klimas über die ganze nördliche Hemisphäre verbreitet.

Sonstiges: Der Name bezieht sich auf den Kapselring und leitet sich von gr. platys = breit und gyros = Ring ab.

Hypnum cupressiforme Hedw.

Zypressen-Schlafmoos (ca. 1,6 ×)

Merkmale: In flachen, oft ausgedehnten, dunkelgrünen oder braun überlaufenen Decken aus bis zu 3 cm langen, unregelmäßig gefiederten Ästen. Blättchen meist gekrümmt, um 2 mm lang, mit derben, deutlichen Blattflügeln. Zweihäusig, trotzdem häufig mit Sporogonen mit den etwas geneigten Kapseln. Deckel kurz geschnäbelt. Sehr formenreich. Erwähnenswert die var. *lacunosum* mit gelbbraunen, geschwollenen kräftigen Sprossen, häufig in Trockenrasen.

Verwechslung: *H. andoi* von saurer Borke, Totholz und Silikatgestein gleicht einer zierlichen Ausgabe von *H. cupressiforme*. Der Kapseldeckel hat eine kurze Warze, keinen Schnabel. *H. jutlandicum* wächst in hellgrünen, glänzenden Decken aus regelmäßig gefiederten, etwas verflacht beblätterten Sprossen auf Streu, Totholz, Rohhumus sowie in Heiden und ist kalkmeidend. Weitere Verwandte sind meist selten, auf die Gebirge beschränkt und oft nur mikroskopisch zu unterscheiden. *Drepanocladus*-Arten haben immer gerippte Blätter. *Calliergonella lindbergii* ist häufig auf feuchten Waldwegen zu finden. Es hat rötliche Stängel und stumpfliche Blattspitzen.

Ökologie und Verbreitung: Ubiquist, auf fast allen Substraten ohne besondere Habitatbindung wachsend. Auf Kalk seltener, liebt trockenere, schattige Standorte. Unser häufigstes Astmoos und weltweit verbreitet.

Sonstiges: Im Mittelalter glaubte man, dass die großen, niederliegenden Astmoose gute Schlafmittel seien. Sie wurden deshalb als Kissenfüllungen verwendet. *Hypnum,* von gr. hypnos = Schlaf, umfasste bei DILLENIUS alle damals bekannten Astmoose und noch einige akrokarpe Moose.

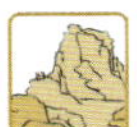

Ctenidium molluscum
(Hedw.) Mitt.

Weiches Kammmoos, Straußenfedermoos (ca. 1,6 ×)

Merkmale: Gold- bis braungrüne, im Schatten auch hellgrüne, meist 2–3 cm lange, dicht gefiederte, im Umriss spitzkeilförmige, niederliegende Zweige in dünnen Überzügen. An günstigen Wuchsorten Zweige auch dicht stehend in ausgedehnten Decken. Stängelblätter bis 1 mm lang, die Astblätter noch kleiner. Alle Blätter sichelig bis kreisförmig gekrümmt, unter dem Mikroskop etwas papillös, fein gezähnt und nicht faltig. Zweihäusig. Kapseln geneigt, öfter nur im höheren Kalkgebirge. Formenreich, Varianten mit kräftigerem Wuchs und weniger regelmäßiger Fiederung z. B. auf feuchtem, neutralem Silikatgestein.

Verwechslung: *Brachytheciastrum velutinum* kann ähnlich wie Kümmerformen aussehen, ist aber durch gerippte Blätter, raue Seten und den kalkarmen Standort unterschieden. ↑*Ptilium crista-castrensis* hat ab 5 cm lange Zweige.

Ökologie und Verbreitung: Charaktermoos nicht zu trockenen, lichten bis beschatteten Kalkgesteins, auch in absonnigen Kalktrockenrasen und kalkreichen Nasswiesen. Im Kalkgebirge häufig, im Silikatgebirge nur auf kalkreichem Gestein; bis zur alpinen Stufe aufsteigend, ungefährdet. In der Ebene selten. Im temperaten Bereich über die ganze Holarktis, insbesondere auf den Gebirgen, verbreitet.

Sonstiges: W. P. Schimper hat für diese Art 1860 eine eigene Untergattung gegründet, d. h. von *Hypnum* unterschieden. Mitten hat sie dann 1879 zur Gattung erhoben. Der Name leitet sich vom Diminutiv des gr. ctenios = Kamm ab. Sehr geeignet zum Kleben von Mooslandschaften.

Ptilium crista-castrensis
(Hedw.) De Not.

Farnwedelmoos (ca. 1 ×)

Merkmale: Zweige dicht und einfach gefiedert, etwa 5 (–10) cm lang, meist hellgrün, oft fast aufrecht, dicht bei dicht stehend, in oft ausgedehnten Decken oder auch kleineren Beständen zwischen anderen Astmoosen. Blättchen sichelig, faltig. Die Stängelblätter eiförmig-lanzettlich, lang gespitzt, 2–3 mm lang. Astblättchen kleiner und schmaler. Zweihäusig. Kapseln oft selten, geneigt, auf langer Seta.

Verwechslung: Die ähnlichen ↑*Ctenidium molluscum*, ↑*Palustriella commutata* und *Cratoneuron filicinum* sind Kalkmoose. ↑*Kindbergia praelonga* hat sparrige Stängelblätter und ist, wie die in Kümmerformen ähnliche ↑*Sanionia uncinata*, durch gerippte Blätter unterschieden.

Ökologie und Verbreitung: Auf kalkfreiem, frischem Rohhumus vor allem in Nadelwäldern wie auch auf Silikatgestein der Blockhalden im höheren Gebirge verbreitet und öfter sporulierend. Sonst meist selten; Art der Vorwarnstufe.

Sonstiges: Zuerst 1856 als Untergattung durch den Amerikaner Sullivan von *Hypnum* abgetrennt und durch De Notaris zur Gattung erhoben. Der Name vom gr. ptilon = Feder bezieht sich auf die dichte Fiederung der Zweige. Zuerst durch Linné 1753 beschrieben, 1787 durch R. Timm erstmals für Deutschland in Mecklenburg nachgewiesen. Als eines unserer schönsten Moose früher gern gepresst und für „Mooslandschaften“ verwendet.

Rhytidium rugosum (Hedw.) Kindb.

Echtes Hasenpfötchenmoos (1,8 ×)

Merkmale: Matt oliv- bis braungrüne oder hell- bis gelbbraune, trocken kaum glänzende, oft ausgedehnte, locker aufliegende Decken aus 3–5 cm langen, einfachen bis unregelmäßig fiederigen Zweigen von 3–4 mm Dicke. Öfter die einzelnen, wurmförmigen Stängel auch zerstreut zwischen anderen Pflanzen. Blättchen dicht anliegend, einseitswendig, eiförmig-lanzettlich, gerippt, etwas hohl und auffallend querrunzlig. Zweihäusig. Sehr selten mit Kapseln.

Verwechslung: Ähnelt nur ↑*Hypnum cupressiforme* var. *lacunosum*. Dieses unterscheidet sich leicht durch glänzende, hohle und glatte Blätter.

Ökologie und Verbreitung: Typisches Apermoos (↑*Abietinella abietina*) der Trockenrasen und lichten Kiefernwälder. Meist auf Kalk, zuweilen auf kalkfreier, basenreicherer Unterlage. In der norddeutschen Ebene fehlend oder verschollen. In den Gebirgen ziemlich verbreitet, bis zur subalpinen Stufe. Gesamte Holarktis, vereinzelt auch in der Südhemisphäre.

Sonstiges: Anscheinend empfindlich gegen stärkere Luftverschmutzung. Bemerkenswert ist die relativ weite Verbreitung, obwohl Sporogone äußerst selten sind und spezielle Brutkörper fehlen. Deshalb vermutete HERZOG reichlicheres Vorkommen von Sporogonen in früheren Erdperioden. Heute fast nur als ganze Pflanze verschleppt, da Blätter oder Ästchen leicht an Tier und Mensch haften. Die dicht angepressten (runzligen) Blätter fördern auf das Beste die kapillare Wasserleitung. Name abgeleitet von gr. rhytideus = runzlig, bezieht sich auf die Blätter. Die Art war bereits DILLENIUS von Gießen bekannt.

Pleurozium schreberi
(Brid.) Mitt.

Rotstängelmoos (ca. 1,8 ×)

Merkmale: In oft ausgedehnten, hell- bis dunkel- oder bräunlichgrünen, glänzenden Decken aus meist regelmäßig gefiederten Zweigen von etwa 4 (–10) cm Länge. Die etwa 2 mm langen Blätter eiförmig, stumpflich, schwach faltig, fast rippenlos, mit rotem Grund, feucht locker, trocken dicht anliegend. Stängel rotbraun, glatt, durch die Blätter durchscheinend. Zweihäusig. Nur sehr selten mit den horizontalen Kapseln auf langer Seta.

Verwechslung: ↑*Pseudoscleropodium purum* unterscheidet sich durch grüne Stängel und kurz bespitzte, gerippte Blättchen. Junge, einfach gefiederte Triebe von ↑*Hylocomium splendens* unterscheiden sich durch den Paraphyllienfilz, ebenso *Hylocomiastrum pyrenaicum,* ein Hochgebirgsmoos.

Ökologie und Verbreitung: Auf kalkfreien, trockeneren Böden, Rohhumus, Nadelstreu und Silikatgestein, in Heiden und lichten Kiefern-und Eichenwäldern oft gemein, von der Ebene bis zur subalpinen Stufe. Im kühl-gemäßigten Bereich der Nordhemisphäre und auch aus Südamerika bekannt.

Sonstiges: Bei dieser wie bei mehreren anderen Arten mit borealer Hauptverbreitung steht die Häufigkeit in keinem Verhältnis zum seltenen Auftreten von Sporogonen. Eine plausible Erklärung könnte sein, dass die Sporen über große Entfernungen verfrachtet werden und aus den borealen Nadelwäldern, wo Sporogone deutlich häufiger auftreten, zu uns gelangen. Eine monotypische, d. h. nur aus einer Art bestehende Gattung. Vom Habitus her steht sie *Hylocomium* am nächsten. Artname zu Ehren SCHREIBERS.

Rhytidiadelphus loreus
(Hedw.) Warnst.
Schöner Runzelpeter (1,2 ×)

Merkmale: Bräunlich- bis olivgrüne, aus niederliegenden bis aufsteigenden, bis fast 10 cm langen, regelmäßig einfach gefiederten Zweigen zusammengesetzte, oft über quadratmetergroße Decken. Blättchen mehr oder weniger abstehend, fein gespitzt und längsfaltig, an der Sprossspitze einseitswendig. Zweihäusig, aber zerstreut auch mit Sporogonen. Diese ähnlich wie bei *R. squarrosus*.

Verwechslung: Am ehesten mit ↑*R. squarrosus* und *R. subpinnatus* zu verwechseln. Aber beide haben im Gegensatz zu dieser Art glatte, nicht längsfaltige Blätter und rötliche Stängel, die Blätter an der Triebspitze sind nicht einseitswendig. Letztere ist außerhalb der höheren Gebirge sehr selten.

Ökologie und Verbreitung: Kalkmeidend. Auf Nadelstreu, Rohhumus und stark zersetztem morschem Holz in Nadelwäldern sowie auf Silikatgestein, vorrangig in Blockschuttwäldern. An feuchteren, meist schattigeren Plätzen, aber trotzdem bis über einen Monat andauernde Trockenzeiten schadlos überstehend. Insbesondere in den Silikatgebirgen bis in mittlere Lagen verbreitet. In der Ebene und in Kalkgebieten selten. Mit Lücken im kontinentalen Klimabereich der gesamten kühl-gemäßigten Nordhemisphäre nachgewiesen.

Sonstiges: Wie die anderen verwandten Arten als Verpackung, wie auch für Kränze genutzt. Zuerst als „Hypnum loreum montanum" von DILLENIUS 1718 aus dem Raum Gießen beschrieben. Lat. loreus bedeutet „aus Riemen", was sich auf die Blattform bezieht.

Rhytidiadelphus squarrosus (Hedw.) Warnst.

Sparriger Runzelpeter (1,7 ×)

Merkmale: Diese Art bildet dichte, maximal 10 cm tiefe, hellgrüne, glänzende Hochrasen aus aufrechten, wenig verzweigten Seitentrieben mit rötlichem Stängel. Blättchen um 3 mm lang, abwärts gebogen, langspitzig, oben rinnig, kaum längsfaltig. Zweihäusig. Die horizontal ausgerichteten, relativ kurzen und dicken Kapseln werden von einer langen Seta emporgehoben und sind selten.

Verwechslung: *R. subpinnatus* unterscheidet sich durch fiederig abstehende, aber anliegend beblätterte Seitenästchen. Die Stängelblätter überdecken sich kaum, so dass der nackte Stängel vielfach sichtbar ist. Die Art kommt fast nur im höheren Gebirge vor. ↑*R. loreus* ist meist braungrün und ↑*R. triquetrus* viel kräftiger; beide wachsen nie als Hochrasen.

Ökologie und Verbreitung: Charakterart frischer bis feuchter, mäßig nährstoffreicher, besonnter bis halbschattiger Park- und Gartenrasen, frischen und feuchten Wiesen, Waldböschungen, vor allem auf kalkärmeren Böden im menschlichen Einflussbereich sehr häufig. Verbreitet über die ganze gemäßigte Holarktis. Sonst wohl nur verschleppt.

Sonstiges: In lichteren Nadelforsten oft Anzeiger ehemaliger Wiesenwirtschaft. Vermehrung und Verbreitung nur über Stängelteile, besonders mit dem Grasschnitt; aber auch an Tieren haftend. Bemerkenswert erscheint die schnelle Wiedereinbürgerung in Rasen im Ruhrgebiet nach dem Rückgang der Luftverschmutzung. Der Name leitet sich von gr. rhytideus = runzlig und von gr. delphys = Gebärmutter (im weiteren Sinne) ab, eine unverständliche Namensgebung. DILLENIUS hat dieses Moos erst 1741, später als die beiden anderen Arten, von Gießen beschrieben.

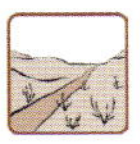

Rhytidiadelphus triquetrus
(Hedw.) Warnst.
Hylocomiadelphus triquetrus
(Hedw.) Ochyra & Stebel
Großer Runzelpeter (ca. 0,7 ×)

Merkmale: Oft in viele Quadratmeter großen, hell- oder gelbgrünen Hochrasen oder Decken. Unser größtes Astmoos. Stängel bis 20 (oder 30) cm lang und mehr oder weniger gefiedert. Zweige oft aufrecht, viel gröber als bei anderen *Rhytidiadelphus*-Arten und nur abstehend beblättert. Blättchen aus eiförmigem Grund lanzettlich (schmal dreieckig), kaum längsfaltig und bis 5 mm lang. Trocken verbogen. Zweihäusig und selten mit Sporogonen.
Verwechslung: Nur kümmerliche Feuchtwiesen- und Alpenformen der Art können durch mehr oder weniger anliegende Blätter ↑*Rhytidium rugosum* ähneln, jedoch sind sie immer durch die nicht querrunzligen Blättchen sofort zu unterscheiden.

Ökologie und Verbreitung: In lichten Waldungen und Gebüschen sowie an grasigen Böschungen besonders in absonniger Lage auf Kalk und reicheren Böden. Auch in Pfeifengraswiesen und Niedermooren. Vor allem in den Gebirgen verbreitet bis gemein. In Kanada auf Vancouver Island auch als Epiphyt und durch LOESKE im Zillertal noch auf Hausdächern beobachtet. In der Ebene zwischenzeitlich, wahrscheinlich durch oberflächliche Entkalkung und Düngeranflug, im Rückgang, mittlerweile wieder in Ausbreitung. Mäßig häufig und ungefährdet. Im kühl-gemäßigten Klimabereich über die ganze Nordhemisphäre verbreitet, entsprechend im Mittelmeerraum nur sehr selten und dann im Gebirge.
Sonstiges: Erstbeschreibung durch DILLENIUS 1718 von Gießen.

Hylocomium splendens
(Hedw.) Schimp.

Etagenmoos (ca. 1,1 ×)

Merkmale: In oliv- bis gelblich- oder bräunlichgrünen, trocken deutlich glänzenden, oft ausgedehnten Beständen. Aufsteigende Seitenzweige aus 3–5 cm hohen, rotbraunen, grünfilzigen Stängeln mit 1 bis mehreren „Etagen“ glänzender, doppelt (bis 3-fach) gefiederter, horizontaler Zweige. Der jüngste (oberste), anfangs nur einfach gefiederte Trieb entspringt der Mitte der Oberseite des vorjährigen Zweiges. Blätter eiförmig, unter 2 mm lang, hohl, rippenlos, nicht faltig. Stängelblätter plötzlich in die Spitze verjüngt. Zweihäusig. Im Gebirge öfter mit den geneigten Kapseln auf langer Seta.

Verwechslung: Von bräunlich- oder gelblichgrünen *Thuidium*-Arten durch deutlichen Glanz und rotbraune Stängel mit Paraphyllienfilz unterschieden. *Hylocomiastrum umbratum* und *H. pyrenaicum* sind seltene Gebirgsmoose. Ersteres hat tief faltige Blätter, Letzteres ähnelt ↑*Pleurozium schreberi*.

Ökologie und Verbreitung: Auf frischem, saurem bis neutralem Rohhumus, auf Laub- und Nadelstreu in Wäldern und Gebüschen, auf erdbedecktem Silikatgestein sowie in Magerrasen (auch über Kalk) in sonniger bis fast vollschattiger Lage. In Gebirgen oft gemein, in der Ebene nach zwischenzeitlichem Rückgang jetzt wieder in Ausbreitung; häufig und ungefährdet. Über die temperate Nordhalbkugel verbreitet.

Sonstiges: Es wird jährlich eine neue „Etage“ angelegt, an deren Zahl man das Alter der Pflanzen abschätzen kann. Der Name leitet sich von gr. hyle = Wald und komeo = lieben ab. DILLENIUS kannte die Art schon 1718 um Gießen.

Begriffserklärungen

Aggregat: Zusammenfassung nächstverwandter, schwer unterscheidbarer Sippen zu sogenannten Sammelarten (Komplexarten).
akrokarp: gipfelkapslig. Sporogone an der Spitze der aufrechten, unverzweigten Laubmoospflanze oder am Gipfel kurzer Hauptäste.
Amphigastrium: Unterblatt. Kleinere, anders gestaltete Blättchen auf der Stängelunterseite von Lebermoosen.
Antheridien: männliche Geschlechtsorgane, die die Schwärmerzellen enthalten.
Apothecien: Fruchtkörper, bei denen die sporenerzeugenden Bereiche (Hymenium) gewöhnlich offen liegen, meist scheibenförmig-rundlich, aber auch länglich bis verzweigt und fast sternartig, auch gestielt, mit deutlichem Rand oder unberandet.
Archegonien: weibliche Geschlechtsorgane, die die Eizellen enthalten.
areoliert: das Lager ist durch Risse in kleine Felder von ± unregelmäßiger Gestalt aufgeteilt (bei Krustenflechten).
Asci: zylindrische, keulige oder bauchige Gebilde im Hymenium, in denen die Sporen erzeugt werden.
Atemhöhlen: Luftkammern, d.h. durch Seitenwände abgegrenzte Hohlräume im Thallus. Sie enthalten oft besonderes Assimilationsparenchym, besitzen in der Deckwand immer eine Atemöffnung.
Atemöffnung: Atempore, die begrenzt regelbar ist.
autözisch: einhäusig, d. h. männliche und weibliche Gametangien befinden sich zwar auf der gleichen Pflanze, aber an getrennten Ästen.
azidophytisch: üblicherweise auf sauren Substraten wachsend (pH-Wert unter 7).
basenreich: hier zur Charakterisierung der Baumrinde benutzt: Rinden-pH relativ hoch, im schwach sauren bis neutralen Bereich (etwa pH 5–7,5), Beispiele: Nussbaum, Schwarzer Holunder, Spitzhorn, Ulme, Esche.
basiphytisch: üblicherweise auf basischen Substraten wachsend (pH-Wert über 7).
Bauchschuppen: lanzettliche, hyaline oder oft ± rot gefärbte Anhängsel auf der Bauchseite der Thalli von Marchantiales.
berindet: (Lager/Apothecium) durch eine anatomisch deutlich differenzierte Schicht (Rinde) begrenzt; sorediöse Teile sind unberindet.
Blattflügel: deutlich durch ihre Form (meist vergrößerte, quadratische oder aufgeblasene Blattzellen mit anders gestalteten Wänden) und öfter auch durch andere Färbung abgegrenzte Zellgruppen beiderseits der Rippe an der Blattbasis.
Blattscheide: (bei Laubmoosen) der von der Lamina deutlich abgesetzte, verbreiterte und oft wasserhelle Basalteil eines Blattes. Er dient sowohl als Bewegungsmechanismus als auch der kapillaren Wasserleitung.
Bortensoral: Soral, das bortenartig den Lappenrand säumt (Abb. 2).
Brutäste: Zweige, deren Seitenblätter verkümmert sind und an deren Ende oft Brutkörper gebildet werden.
Brutbecher: schüsselförmige Brutkörperbehälter.
Brutblatt: sich leicht ablösende Blätter (oder Blattteile, dann Bruchblätter!),

die sich bewurzeln und dadurch der vegetativen Vermehrung dienen.

Brutköpfchen: köpfchenförmige, aus Brutkörpern bestehende Gebilde am Ende von Haupt- und Seitenzweigen.

Brutkörper: ein- oder mehrzellige Gebilde, die an Blättern, Stängeln oder Rhizoiden produziert werden und der ungeschlechtlichen Vermehrung dienen.

Brutsprosse: leicht abbrechende Seitentriebe mit ± reduzierten Blättern.

C+/C-: positive/negative Reaktion mit Natriumhypochlorit.

Chlorocyten: Grünzellen, Chloroplasten enthaltende Zellen.

Deckel: Kapseldeckel, fällt bei den stegokarpen Moosen zur Sporenreife ab.

diplolepid: doppelreihiges Peristom.

Eigenrand: Apothecienrand, der sehr ähnlich wie die Apothecienscheibe und meist anders als das Lager gefärbt ist, enthält keine Algen (Abb. 5).

Elateren: Schleuderfäden, meist verstärkte, sterile Zellen zwischen den Sporen der Lebermoose. Ihre hygroskopischen Bewegungen dienen der Ausstreuung.

Epihymenium: oberster, gewöhnlich gefärbter Bereich des Hymeniums.

Excipulum: die vom Lager deutlich zu unterscheidende sterile Hülle des Hymeniums, oft als Rand des Apotheciums zu erkennen (Abb. 8).

Exostom: äußeres Peristom.

Flankenblätter: vgl. Oberblätter.

Flecksoral: rundlich bis fleckenförmig unregelmäßig begrenztes Soral auf der Lageroberfläche.

Flagellen: dünne, kleinblättrige Seitensprosse, die als Brutsprosse dienen.

Gametophyt: die grüne, Gametangien bildende, haploide Moospflanze, d. h. die geschlechtliche Generation.

Gefäßpflanzen: (Tracheophyta) Pflanzen mit speziellen Wasserleitsystemen (Leitbündeln), umfasst Blüten- bzw. Samenpflanzen und Farnpflanzen.

Glashaar: die meist farblose, seltener braune, haarförmig verlängerte Blattspitze.

haplolepid: Peristom einreihig.

Haube: Kalyptra.

Haustorium: Sporophytenfuß. Verbindungsstück zwischen Sporogon und Gametophyt, in die Stängelspitze eingesenkt.

Helmsoral: Soral unter einer helm- oder kuppelartigen Aufwölbung von Lappen.

holarktisch, Holarktis: Bereich gemäßigten, borealen und arktischen Klimas auf der Nordhalbkugel, kennzeichnend für entsprechende Tier- und Pflanzenareale.

Hüllblätter: Perichaetial- oder Perigonialblätter.

Hyalocyten: wasserhelle, ausgewachsen abgestorbene Zellen mit Poren, z. B. bei Torfmoosen.

hygroskopisch: Feuchtigkeit aufsaugend und dann ggf. bestimmte Bewegungen ausführend.

hygrophytisch: unter nahezu ständig feuchten bzw. nassen Standortbedingungen wachsend.

Hymenium: sporenerzeugender Teil in den Fruchtkörpern, im Wesentlichen aus fädigen Paraphysen und Asci bestehend, im Schnitt durch den Fruchtkörper an der ± parallelen Anordnung der vertikal ausgerichteten Paraphysen zu erkennen, im obersten Teil gewöhnlich gefärbt; die Oberseite ist bei Apothecien als Scheibe zu erkennen (Abb. 8).

Hyphen: fädige Gebilde der Pilze, die in Fruchtkörpern der Pilze oder in Flechtenlagern zu dichten Geflechten zusammentreten.

Hypothecium: farbloser oder gefärbter Bereich unter dem Hymenium (Abb. 8).

Isidien: stiftförmige bis korallenartig verzweigte oder halbkugelige bis fast kugelige, leicht abbrechende Auswüchse aus dem Flechtenlager, bestehen aus Rinde und Algenschicht, dienen der vegetativen Fortpflanzung (Abb. 1).

J+: blaue oder violette Reaktion mit Jod-Lösung.

Kalyptra: Haube, aus dem oberen Archegoniumbauch und dem Archegoniumhals hervorgehend, besonders die junge Kapsel umhüllend und später abfallend.

K+/K-: positive/negative Reaktion mit Kalilauge.

KC+/KC-: Reaktion nach Anwendung von Kalilauge und anschließender Zugabe von Natriumhypochlorit-Lösung.

kleistokarp: geschlossenfrüchtig (besser: -kapslig), Kapsel ohne abfallenden Deckel. Die Sporen werden durch Zerfall der Wand frei.

Kolumella: Säulchen im Zentrum der Laubmooskapsel, bei manchen Arten den Kapseldeckel emporhebend.

kopfig: halbkugelige bis fast kugelige Ausbildung eines Sorals.

koralloid: korallenartig verzweigt oder aus verzweigten Körnern aufgebaut.

Kryptogamen: „Verborgengeschlechtige", nach heutiger Sicht keine taxonomische Einheit, gemeint sind blütenlose Pflanzen. U. a. Farne, Bärlappe, Moose, Flechten und Algen zählen hierzu.

Lager: Thallus, Flechtenkörper.

Lagerrand: Apothecienrand von der Farbe des Lagers, enthält Algen (Abb. 5); auch: Rand des Flechtenlagers.

Lamina: Blattspreite, Blattfläche.

Lappen: auch „Loben", ± flächige, oft langgestreckte Lagerabschnitte der Laub- und mancher Strauchflechten.

Lippensoral: Soral an der lippenförmig aufgebogenen Unterseite von Lagerlappen (Abb. 2).

Makrophyten: mit bloßem Auge sichtbare Pflanzen.

Mamillen: hohle, papillenartige Auswölbungen der Zellen; mamillös: mit Mamillen.

Mark: ausschließlich von Pilzhyphen gebildete, im Anschnitt gewöhnlich weiß erscheinende Schicht des Flechtenlagers, liegt unterhalb der Algenschicht; bei Krustenflechten ist das Mark mit dem Substrat verwachsen, bei Laubflechten ist es meist nach unten von einer Unterrinde begrenzt (Abb. 6).

Marsupium: Fruchtsack. Beutelförmige, im Substrat versenkte, bauchseitige Ausbuchtung der Stängel mancher Lebermoose, die Archegonium und Sporogon verbirgt.

mineralreich: verwendet zur Charakterisierung von Silikatgesteinen, bedeutet, dass die Verwitterungsoberfläche nicht stärker sauer, sondern eher schwach sauer bis subneutral ist.

Modifikation: durch Umweltfaktoren bedingte, nicht erbliche Abänderung.

montan: Hauptverbreitung im Gebirge.

Moosballen: sind (vom Wild losgelöste) kleinere Moospolster, die auch unterseits ergrünen.

nitrophytisch, Nitrophyt: an gut bis sehr gut stickstoffversorgten Standorten wachsend.

Oberblätter: die in zwei Reihen stehenden, großen, seitenständigen Blätter der beblätterten Lebermoose.

Oberlappen: in der Aufsicht sichtbarer Lappen der scharf gekielten Blätter mancher Lebermoose.

oberschlächtig: beblätterte Lebermoose mit in Aufsicht sichtbarem Blattvorderrand.

Ölkörper: stark lichtbrechende Zelleinschlüsse (aus Terpenen), regelmäßig bei Lebermoosen.

P+/P-: positive/negative Reaktion mit para-Phenylendiamin.

Papillen: warzige, nicht hohle Strukturen auf den Zellen.

Paraphyllien: „Nebenblätter". Grüne, meist pfriemliche oder auch fädig verzweigte Gebilde zwischen oder besonders am Grunde der normalen Blätter.

Paraphysen: s. bei Hymenium.

parenchymatisch: Blattzellen rechteckig, quadratisch oder isodiametrisch, kurz bis langgestreckt, mit waagerechten Querwänden.

Perianth: Hüllkelch, aus drei verwachsenen Blättern entstandene kelchartige Hülle der weiblichen Gametangien bei den beblätterten Lebermoosen.

Perigonialblätter: abweichend gestaltete Hochblätter, die als Perigonium Antheridien einhüllen.

Perichaetialblätter: abweichend gestaltete Hochblätter, die als Perichaetium Archegonien oder Sporogone einhüllen.

Perichaetium: Hüllkelch der Moose. Bei thallosen Lebermoosen auch eine Thalluswucherung, die die Gametangien bzw. jungen Sporogone schützt.

Peristom: Zahnkranz, ein- oder zweireihiger Besatz an der Kapselmündung bei Laubmoosen aus (4), 16, 32 oder 64 Zähnen.

Perithecien: kugelige bis birnenförmige (aber oft ± stark eingesenkte) Fruchtkörper, die sich nur durch eine Pore öffnen; das Hymenium ist völlig von der Fruchtkörperwand eingeschlossen (Abb. 7).

Phanerogamen: „Offengeschlechtige", Samen- bzw. Blütenpflanzen.

Podetien: die meist ± vertikal orientierten, stift-, horn-, trompeten-, strauchähnlichen, fruchtkörpertragenden Teile der *Cladonia*-Arten (Becher- und Rentierflechten); Pseudopodetien: stiftartige Teile der Gattung *Stereocaulon*.

poikilohydrisch: fast völlige Austrocknung überlebend.

POL: Bei Betrachtung mikroskopischer Schnitte im polarisierten Licht können Teile aufleuchten (POL+) oder nicht (POL-). Dabei handelt es sich in der Regel um kristallhaltige Bereiche im Apothecienrand oder -mark und im Epihymenium. Die Kristalle können bei Zugabe von K verschwinden oder bleiben (spielt bei der Bestimmung mancher *Lecanora*-Arten eine Rolle).

prosenchymatisch: Blattzellen mit spitzen Enden, ineinander verzahnt, länglich bis linealisch oder wurmförmig.

Protonema: Vorkeim. Bei den Laubmoosen meist algenartiges Vorstadium des beblätterten Gametophyten. Andreaea, Tetraphis, Sphagnum und alle Lebermoose haben blattartige Vorkeime.

Pseudocyphellen: auf der Oberfläche von Flechten erkennbare, weißliche, punkt- bis strichförmige oder vernetzte Durchbrechungen der Rinde, dienen dem Gasaustausch („Atemporen"); an diesen Stellen entstehen zuweilen Sorale (z. B. S. 73).

Pseudopodium: Scheinfuß bzw. -seta, dem Gametophyten zugehöriger, kurzstieliger Kapselfuß der Torfmoose.

Pyknidien: Sehr kleine, in das Lager eingesenkte Fortpflanzungsorgane, deren Mündung meist als dunkler Punkt erkennbar ist, selten in warzige bis zylindrische, vorstehende Gebilde eingesenkt.

R-: Keine chemischen Reaktionen mit den üblichen Reagenzien vorhanden.

Rhizinen (Haftfasern): längliche, einfache bis verzweigte, der Festheftung dienende Organe an der Unterseite von Laubflechten (z. B. Abb. 3).

Rhizoiden: Wurzelhaare der Moose, farblos oder gefärbt, aber nie grün. Bei Lebermoosen einzellig, bei Laubmoosen mehrzellig, mit schrägen Querwänden.

Rinde: bei Flechten: relativ dichtes Geflecht aus Pilzhyphen, welches das Flechtenlager nach außen begrenzt und schützt. Berindete Teile wirken äußerlich glatt und glänzen oft etwas, unberindete Teile sind meist rau.
Sammelart: Aggregat.
Scheibe: Oberseite von Fruchtkörpern (Apothecien), oft von einem Rand umgeben (Abb. 5).
Schläuche: s. Asci.
Schnabel: lang zugespitzter zentraler Fortsatz des Kapseldeckels.
Seitenblätter: vgl. Oberblätter.
Seta: Kapselstiel, gerade oder gekrümmt.
Sippe: systematische Einheit beliebiger Ranghöhe (= Taxon).
Sorale: verschieden geformte, meist weißliche Aufbrüche der Ober- oder Unterrinde, die aus einer Ansammlung von Soredien bestehen; sie dienen der vegetativen Fortpflanzung (Abb. 2).
Soredien: feine, mehr oder weniger kugelige, der vegetativen Fortpflanzung dienende Gebilde aus Algen und diese umhüllenden Pilzhyphen, meist zwischen 25 und 100 µm dick, werden im Bereich der Algenschicht angelegt und lösen sich von der Flechtenoberfläche, meist in Soralen vereinigt.
sorediös: mit Soredien versehen.
Spaltöffnungen: s. Stomata.
Spermatozoiden: Schwärmerzellen, männliche Geschlechtszellen.
Sporen: sexuelle Fortpflanzungskörper von verschiedener Form, Farbe und Septierung, entstehen meist zu 8 in den Asci der Flechtenpilze. Bei Moosen Meiosporen (Entstehung über Meiose = Reifungsteilung). Dienen der Vermehrung.
Sporenpflanze: Sporophyt; allgemein: sporenbildender Organismus.
Sporogon: Sporophyt. Die blattlose, Sporen (in Kapseln) produzierende, dem Gametophyten aufsitzende, diploide Generation der Moospflanze.
Sporophyt: Sporogon, Sporengeneration.
stenotherm: Lebewesen mit engen Umweltansprüchen bezüglich der Temperatur.
stegokarp: Kapsel mit sich ablösendem Deckel.
Stomata: Spaltöffnungen aus 1–2 Schließzellen, kommen nur an den ausdauernden Sporenkapseln vor.
Taxon: (pl. Taxa) Sippe, gleich auf welcher taxonomischen Rangstufe.
Thallus: Lager, nicht in Stängel und Blätter gegliederter Pflanzenkörper (thallos).
Unterblatt: Amphigastrium.
Unterlappen: der dem Substrat zugewandte Lappen scharf gekielter Blätter mancher Lebermoose.
unterschlächtig: wenn bei zweizeilig beblätterten Lebermoosen in Aufsicht der Blatthinterrand sichtbar ist.
UV+/UV-: im UV-Licht (UV-Lampe) aufleuchtend/nicht aufleuchtend.
Vorkeim: Protonema.
Vorlager: farblich meist abweichende, oft dunkle, begrenzende Linie an der Peripherie der Lager von Krustenflechten.
warzig: Lager aus gewölbten Felderchen oder mit unebener, buckeliger Oberfläche.
Wassersäcke und -taschen: kommen bei einigen beblätterten Lebermoosen vor. Sie sind Umwandlungen der Unterlappen.
Wasserzellen: Hyalocyten.
Wimpern: auch Zilien, borstenartige Gebilde, die am Rand oder im randnahen Bereich der Lappenunterseite entstehen und seitlich hervorragen, ähnlich wie Rhizinen gestaltet (Abb. 4).
Zäpfchenrhizoiden: Rhizoidentyp der Marchantiales, der sich durch innenseitige Papillen auszeichnet.
Zilien: Borsten, s. Wimpern.

Literatur

Flechten

DOBSON, F. (2018): Lichens. An illustrated guide to British and Irish species. – ed. 7, 520 p.; Slough, Richmond Publishing.

VAN HERK, K., APTROOT, A. & SPARRIUS, L. (2018): Veldgids Korstmossen. – ed. 3, 400 S.; KNNV Uitgeverij, Soest.

JAHNS, H. M., MASSELINK, A. K. (1995): Flechten Mittel-, Nord- und Westeuropas. – 4. Aufl., 256 S.; BLV, München.

KIRSCHBAUM, U. & WIRTH, V. (2010): Flechten erkennen – Umwelt bewerten. – 204 S.; Hessisches Landesamt für Umwelt und Geologie, Wiesbaden.

MOBERG, R. & HOLMASEN, I. (1995): Flechten von Nord- und Mitteleuropa. – 237 S.; Spektrum Akad. Verlag, Heidelberg.

SMITH, C. W., APTROOT, A., COPPINS, B. J., FLETCHER, A., GILBERT, O. L., JAMES, P. W. & WOLSELEY, P. A. (2009): The lichens of Great Britain and Ireland. – ed. 2, 1046 p.; Natural History Museum Publications, London.

WIRTH, V. (1995); Die Flechten Baden-Württembergs. – 2. Aufl., 1006 S.; Ulmer, Stuttgart.

WIRTH, V. & KIRSCHBAUM, U. (2017): Flechten einfach bestimmen. – 2. Aufl., 416 S.; Quelle & Meyer, Wiebelsheim.

WIRTH, V., HAUCK, M. & SCHULTZ, M. (2013): Die Flechten Deutschlands. – 1244 S.; Ulmer, Stuttgart.

Moose

CASPARI, S., DÜRHAMMER, O., SAUER, M. & SCHMIDT, C. (in Vorb.): Rote Liste und Gesamtartenliste der Moose (*Marchantiophyta, Anthocerotophyta, Bryophyta*) Deutschlands. In: Metzing, D., Hofbauer, N., Ludwig, G. & Matzke-Hajek, G. (Red.): Rote Liste gefährdeter Tiere, Pflanzen und Pilze Deutschlands. Band 7: Pflanzen. – Münster (Landwirtschaftsverlag). – Naturschutz und Biologische Vielfalt 70 (7).

CRANDALL-STOTLER, B., STOTLER, R. E. & LONG, D. G. (2009): Classification of Marchantiophyta. In: Goffinet, B. & Shaw, A. J. (eds.): Bryophyte Bryology, second edition, p. 1–54, Cambrigde University Press.

DÜLL, R. (1997): Exkursionstaschenbuch der Moose. – 280 S.; IDH-Verlag, Bad Münstereifel.

GOFFINET, B., BUCK, W. R. & SHAW, A. J. (2009): Morphology, anatomy and classification of the Bryophyta. In: Bryophyte Biology, second edition, p. 55–138, Cambridge University Press.

HERZOG, T. (1926): Geographie der Laubmoose. – 439 S., G. Fischer-Verlag, Jena.

KÖCKINGER, H., SCHRÖCK, C., KRISAI, R. & ZECHMEISTER, H. G.: Checkliste der Moose Österreichs. – http://cvl.univie.ac.at/projekte/moose/, zuletzt abgerufen am 17.2.2018.

KOPERSKI, M., SAUER, M., BRAUN, W. & GRADSTEIN, S. R. (2000): Referenzliste der Moose Deutschlands. – Schriftenreihe für Vegetationskunde 34: 1–519.

MEIER, M. K., URMI, E., SCHNYDER, N., BERGAMINI, A. & HOFMANN, H. (2013): Checkliste der Schweizer Moose. – http://swissbryophytes.ch/documents/checkliste/Checkliste_CH_Moose_2013.pdf, zuletzt abgerufen am 17.2.2018.

MEINUNGER, L. & SCHRÖDER, W. (2007): Verbreitungsatlas der Moose Deutschlands. – 3 Bände: 636 + 699 + 708 S.; Regensburgische Bot. Ges., Regensburg.

RICHARDSON, D. H. (1974): The Biology of Mosses. – 220 p.; Blackwell Press, Oxford.

WATSON, E. V. (1971): The Structure and Life of Bryophytes. – 211 p.; Hutchinson University Library, London.

Register

Der wissenschaftliche Name einer Art setzt sich aus dem Gattungsnamen (erster Teil des Namens, groß geschrieben) und dem „Artepitheton“ (zweiter, klein geschriebener Namensteil) zusammen (z. B. *Anemone nemorosa*, das Busch-Windröschen). Da der Gattungsname von Arten durch Fortschritte der Verwandtschaftsforschung im Laufe der Zeit öfter wechselt als das Artepitheton, sind hier die Arten zum besseren Auffinden nach diesen Artepitheta sortiert.

Deutsche Namen und **fettgedruckte** Seitenangaben verweisen auf die ausführliche Beschreibung einer Art (der Hauptart). Normal gedruckte Seitenangaben verweisen auf Arten, die im Text nur erwähnt werden. Bei den *kursiv* geschriebenen Namen handelt es sich jeweils um häufig anzutreffende Synonyme der Hauptarten auf den genannten Seiten; diese Synonyme sind dort (aus Platzgründen) **nicht** aufgeführt.

Wissenschaftliche Artnamen

E

F

G

R

S

Deutsche Artnamen

Bildquellen

Fotos von V. Wirth mit Ausnahme von (Seite):
H. Bellmann/Naturfoto Hecker: 229, 263 l
R. Düll: 193 r, 211, 253, 267, 296–297
W. Glöckner & V. Wirth: 98 r, 155
H. M. Jahns: 258
U. Kirschbaum: 77, 173
M. Lüth: 235, 240, 244–245, 261, 265–266, 272–276, 278, 293–294, 298, 305, 308, 310
A. Piasecka: 220, 227 r
H. & K. Rasbach: 25 r, 36 l, 38 r, 122 l, 181, 200, 205–206, 222, 248, 259, 279, 283–284, 292
M. Schultz: 158 r
G. Schwab: 199, 221, 234, 249, 262 l, 264 l, 287
S. Woike: 218, 223–224, 236, 246, 250, 257, 262 r, 264 r, 299, 307

Die Bilder ohne Legende im Text zeigen:
S. 2: Lungenflechte (*Lobaria pulmonaria*);
S. 4: Massenvorkommen der Landkartenflechte (*Rhizocarpon geographicum*) in der Hohen Tatra;
S. 7: Finger-Becherflechte (*Cladonia digitata*) auf morschem Baumstumpf;
S. 8: Isländisch Moos (*Cetraria islandica*);
S. 21: Gabelflechte (*Pseudevernia furfuracea*);
S. 178: Moos-Quellflur im Ötztal.

Die Zeichnungen im Flechtenteil sind entnommen aus Wirth et al. (2013), Abb. 8 aus Wirth (1995).

Prof. Dr. Volkmar Wirth war Direktor des Staatlichen Museums für Naturkunde in Karlsruhe.
Prof. Dr. Ruprecht Düll († 2014) war Professor für Botanik und Didaktik der Biologie an der Universität Duisburg.
Dr. Steffen Caspari ist Leiter des Rote-Liste-Zentrums beim DLR Projektträger in Bonn.

Bibliografische Information der Deutschen Nationalbibliothek
Die Deutsche Nationalbibliothek verzeichnet diese Publikation in der Deutschen Nationalbibliografie; detaillierte bibliografische Daten sind im Internet über http://dnb.d-nb.de abrufbar.

Die 1. Auflage erschien im Jahr 2000 unter dem Titel „Farbatlas Flechten und Moose“

Wollgrasweg 41, 70599 Stuttgart (Hohenheim)
E-Mail: info@ulmer.de
Internet: www.ulmer.de
Umschlag-Gestaltung: Antje Warnecke, nordendesign.de, Appen
Projektleitung und Lektorat: Ulf Müller, Wuppertal
Herstellung: Verlag Eugen Ulmer
Satz 3. Auflage: r&p digitale medien, Echterdingen
Druck und Bindung: Livonia Print, Riga/Lettland
Printed in Latvia

ISBN 978-3-8186-2050-9